火电厂多管自立式钢烟囱施工技术

中国电建集团核电工程有限公司　组织编写
《火电厂多管自立式钢烟囱施工技术》编委会　编　著

内 容 提 要

为了系统总结中国工业烟囱建筑史上的首例180m自立式三管曲线钢烟囱的施工经验，中国电建集团核电工程有限公司组织编写了《火电厂多管自立式钢烟囱施工技术》一书。全书共分七章，内容包括工业烟囱概述、三管自立式钢烟囱详图设计、工具装置设计及使用说明、钢烟囱工厂制作方案、钢烟囱吊装施工机械选择及使用、钢烟囱吊装施工、钢烟囱吊装实践与成果等。

本书可供火电厂多管自立式钢烟囱的设计、施工安装、运行维护、检修人员阅读，也可供高等学校有关专业师生参考。

图书在版编目（CIP）数据

火电厂多管自立式钢烟囱施工技术 / 《火电厂多管自立式钢烟囱施工技术》编委会编著 ; 中国电建集团核电工程有限公司组织编写. -- 北京 : 中国水利水电出版社, 2019.11
ISBN 978-7-5170-8134-0

Ⅰ. ①火… Ⅱ. ①火… ②中… Ⅲ. ①火电厂—钢结构—烟囱—建筑施工 Ⅳ. ①TU271.1

中国版本图书馆CIP数据核字(2019)第238874号

书　　名	**火电厂多管自立式钢烟囱施工技术** HUODIANCHANG DUOGUAN ZILISHI GANG YANCONG SHIGONG JISHU
作　　者	中国电建集团核电工程有限公司　组织编写 《火电厂多管自立式钢烟囱施工技术》编委会　编著
出版发行	中国水利水电出版社 （北京市海淀区玉渊潭南路1号D座　100038） 网址：www.waterpub.com.cn E-mail：sales@waterpub.com.cn 电话：(010) 68367658（营销中心）
经　　售	北京科水图书销售中心（零售） 电话：(010) 88383994、63202643、68545874 全国各地新华书店和相关出版物销售网点
排　　版	中国水利水电出版社微机排版中心
印　　刷	北京瑞斯通印务发展有限公司
规　　格	184mm×260mm　16开本　18.75印张　456千字
版　　次	2019年11月第1版　2019年11月第1次印刷
定　　价	**138.00**元

《火电厂多管自立式钢烟囱施工技术》编委会

前言

建设生态文明是关系人民福祉、关乎民族未来的大计，是实现中华民族伟大复兴中国梦的重要内容。习近平总书记指出，绿水青山就是金山银山。随着国家宏观经济调控政策的不断加强，“绿水青山”的环保治理导向已非常明确，国能中电能源集团有限责任公司作为国内节能环保领域业绩较为突出的公司，在山东钢铁集团有限公司（以下简称“山钢”）日照精品钢铁基地的2×350MW自备电厂工程建设中，大胆创新，将传统的钢筋混凝土烟囱改为180m高的自立式三管曲线钢烟囱。其结构形式为钢烟囱根部的3根钢筒呈鼎立式布置，延伸至上部后三筒聚拢紧靠，相对于以往混凝土外筒加钢内筒的设计形式，取消了混凝土烟囱外筒，可以有效缩短施工工期和节省混凝土、钢筋、模板等相关传统建筑材料，其社会意义及经济效益十分显著，更为未来工业烟囱设计的可行性发展提供了有益借鉴。

山钢日照精品钢铁基地的2×350MW自备电厂工程位于山东省日照市岚山工业园区，中国电建集团核电工程有限公司（以下简称中电建核电公司）承担两台机组的主体及附属工程施工任务。中电建核电公司作为中国电力建设集团的全资A级子公司，拥有民用核安全设备安装许可证、电力工程施工总承包特级资质。作为有着67年发展史的电力施工企业，该公司高度重视吊装技能创新和吊装人才的培养，承建的各类工程在吊装速度和质量方面得到了各方业主的好评，公司吊装选手在全国第一届、第二届吊装技能竞赛中分别获得团体冠军和亚军，先后五次荣获“中国吊装十强企业”称号。与此同时，中电建核电公司在焊接领域更是独树一帜。在全国性焊接职业技能竞赛中，先后7次夺得团体冠军，8次摘得个人冠军，目前共计23项工程荣获全国优秀焊接工程奖。基于中电建核电公司在吊装和焊接两方面的超强实力，国能中电集团将钢烟囱制作安装的重任交给了他们。

相对于传统的钢筋混凝土套筒烟囱，三管自立式钢烟囱具有以下优点：一是通过“二运一备”方案可实现在两台机组不停机情况下对钢排烟筒的防腐进行检修维护；二是三管自立式钢烟囱结构合理、造型美观；三是占地面积少，结构自重轻，施工周期短；四是三管自立式钢烟囱内部防腐材料采用钛板贴衬技术，很好地解决了钛板现场焊接质量不高等问题。

由于山钢日照精品钢铁基地的2×350MW自备电厂工程的钢烟囱结构形式尚属国内首次采用，其超高、超重、无外支撑的特殊结构，国内尚无施工先例，无施工经验可借鉴。因此，在制作加工、机具站位布置、高空吊装、角度控制、高空焊接组装等方面存在着诸多施工难点。中电建核电公司针对以上难点着手研究，通过运用电脑Tekla三维模拟软件、异形构件数控切割下料、钢板四辊数控卷制、埋弧自动焊接、自制轴式扁担梁十吊装加强箍（箍上配轴式吊耳）、自制靠模工装、自制“承插式”对口工具装置、自制托架工装等十余项技术，圆满完成了山钢日照精品钢铁基地2×350MW自备电厂工程钢烟囱的安装施工。上述技术创新应用显著地提高了施工效率和安全系数，缩短了施工工期，节省了施工成本，应用效果良好。

为了系统总结中国工业烟囱建筑史上的首例180m自立式三管曲线钢烟囱的施工经验，中电建核电公司组织编写了《火电厂多管自立式钢烟囱施工技术》一书。全书共分七章，内容包括工业烟囱概述、三管自立式钢烟囱详图设计、工具装置设计及使用说明、钢烟囱工厂制作方案、钢烟囱吊装施工机械选择及使用、钢烟囱吊装施工、钢烟囱吊装实践与成果等。本书可供火电厂多管自立式钢烟囱的设计、施工安装、运行维护，检修人员阅读，也可供高等学校有关专业师生参考。

参加本书编写的还有王晋生、李军华、胡中流、李佳辰、王娜、李禹萱、郑雅琴、张丽、王政等。

在本书编写过程中，参考了大量最新有关火电厂钢烟囱等方面的论文、报告、图书、标准等文献，在此谨向文献作者表示真诚的谢意。

由于时间紧促，作者水平有限，书中难免有不当和疏漏之处，恳请读者批评指正。

作者

2019年9月

目录

前言

第一章　工业烟囱概述 …… 1
第一节　烟囱 …… 3
一、烟囱的作用和高度 …… 3
二、烟囱的历史和结构 …… 3
第二节　烟囱效应 …… 5
一、烟囱效应及其负面影响 …… 5
二、减弱烟囱效应负面影响的措施 …… 5
第三节　烟囱的建筑施工 …… 6
一、施工顺序 …… 6
二、砌筑工程 …… 7
三、搭架工程 …… 8
四、模板工程 …… 8
五、工程质量目标及质量保证措施 …… 8
第四节　火力发电厂烟囱 …… 9
一、烟囱的特点和形式的确定 …… 9
二、烟囱的施工技术 …… 10
第五节　烟囱的防腐蚀 …… 11
一、一般规定 …… 11
二、烟囱结构形式选择 …… 11
三、砖烟囱的防腐蚀 …… 13
四、单筒式钢筋混凝土烟囱的防腐蚀 …… 13
五、套筒式和多管式烟囱的砖内筒防腐蚀 …… 14
六、套筒式和多管式烟囱的钢内筒防腐蚀 …… 15
七、钢烟囱的防腐蚀 …… 15
八、烟囱防腐的结构特点 …… 15
第六节　高烟囱的航空障碍灯和标志 …… 17
一、一般规定 …… 17
二、障碍灯的分布 …… 17

三、航空障碍灯的设计要求 …… 18
第七节 三管自立式钢烟囱 …… 19

第二章 三管自立式钢烟囱详图设计 …… 23
第一节 详图设计简介 …… 25
一、工程概况 …… 25
二、设计内容及方法 …… 27
第二节 详图设计步骤及各部件详图设计 …… 27
一、烟囱分段方案选择 …… 27
二、烟囱组件清单和详图图示 …… 27
第三节 平台钢梁刚接节点设计计算 …… 50
一、梁 H400mm×400mm×13mm×21mm 刚接节点计算书 …… 51
二、梁 H3000mm×1200mm×22mm×25mm 刚接节点计算书 …… 59
三、梁 H3000mm×1200mm×25mm×32mm 刚接节点计算书 …… 67

第三章 工具装置设计及使用说明 …… 77
第一节 烟囱防变形吊装工具装置设计及使用说明 …… 79
一、烟囱防变形吊装工具装置设计 …… 79
二、烟囱防变形吊装技术方案 …… 82
三、吊装技术方案附图说明 …… 83
四、吊装技术方案具体实施方式 …… 85
第二节 烟囱安装角度找正工具设计及功能 …… 87
一、烟囱安装角度找正工具设计 …… 87
二、烟囱安装角度找正工具功能 …… 87
三、烟囱安装角度找正工具具体实施方式 …… 90
第三节 烟囱托架及斜置烟囱设计及实施 …… 91
一、背景技术 …… 91
二、烟囱托架及斜置烟囱设计 …… 91
三、烟囱托架及斜置烟囱功能 …… 92
四、烟囱托架及斜置烟囱具体实施方式 …… 92
第四节 烟囱对接辅助工具功能 …… 96
一、背景技术 …… 96
二、烟囱对接辅助工具设计 …… 96
三、烟囱对接辅助工具功能 …… 97
四、烟囱对接辅助工具具体实施方式 …… 97

第四章 钢烟囱工厂制作方案 …… 101
第一节 钢烟囱制作质量计划 …… 103
第二节 钢烟囱制作作业指导书 …… 105

一、工程概况 …… 105
二、依据的标准 …… 105
三、作业准备和条件要求 …… 107
四、作业程序内容 …… 109
五、质量要求 …… 116
六、安全措施 …… 119
七、环保要求 …… 122
八、附录 …… 123

第五章　钢烟囱吊装施工机械选择及使用 …… 125
第一节　备选机械概况 …… 127
一、LR1400履带式起重机 …… 127
二、SCC9000液压履带式起重机 …… 131
第二节　吊装方案初期策划 …… 135
一、方案初期策划 …… 135
二、各吊装方案的优缺点分析 …… 136
第三节　施工机械的装、拆、工况变更 …… 136
一、施工流程 …… 136
二、施工工艺要求 …… 137
第四节　施工机械的润滑与维护保养 …… 156
一、润滑与维护保养工作之前注意事项 …… 156
二、润滑与维护保养工作中的注意事项 …… 157
三、润滑与保养工作内容 …… 157
第五节　施工机械的安全管理 …… 160
一、全体作业人员的责任 …… 160
二、管理人员的职责 …… 160
三、起重机械安全的预防与预警 …… 160

第六章　钢烟囱吊装施工 …… 163
第一节　前期准备 …… 165
一、地基处理 …… 165
二、准备工作 …… 165
三、Tekla模拟布置技术 …… 170
第二节　钢烟囱吊装方案 …… 174
一、分段吊装 …… 174
二、吊耳及吊装钢丝绳选择 …… 176
三、施工工艺流程 …… 178
第三节　筒体安装施工和吊装工艺 …… 183
一、筒体安装施工 …… 183

二、第一层钢烟囱（0.5～33m）吊装 …… 189
三、第二层钢烟囱（33～58m）吊装 …… 193
四、第三层钢烟囱（58～83m）吊装 …… 196
五、第四层钢烟囱（83～108m）吊装 …… 200
六、第五层钢烟囱（108～133m）吊装 …… 202
七、第六层钢烟囱（133～158m）吊装 …… 205
八、第七层钢烟囱（158～180m）吊装 …… 208

第七章　钢烟囱吊装实践与成果 …… 215

第一节　钢烟囱吊装实践 …… 217

一、第一层C筒体吊装（2018-8-12）…… 217
二、第一层B筒体吊装（2018-8-20）…… 217
三、第一层A筒体吊装（2018-8-25）…… 217
四、第一层BC大梁吊装（2018-8-31）…… 219
五、第一层AC大梁吊装（2018-9-1）…… 219
六、第一层AB大梁吊装（2018-9-2）…… 220
七、第二层C筒体吊装（2018-9-10）…… 220
八、第二层B筒体吊装（2018-9-16）…… 221
九、第二层A筒体吊装（2018-9-20）…… 221
十、第二层AC大梁吊装（2018-9-22）…… 222
十一、第二层AB大梁吊装（2018-9-24）…… 222
十二、第二层BC大梁吊装（2018-9-25）…… 222
十三、电梯井第一层筒体吊装（2018-9-27）…… 222
十四、第三层C筒体吊装（2018-10-1）…… 222
十五、第三层A筒体吊装（2018-10-6）…… 222
十六、第三层AC大梁吊装（2018-10-10）…… 224
十七、第三层B筒体吊装（2018-10-16）…… 224
十八、第三层BC大梁吊装（2018-10-13）…… 224
十九、第三层AB大梁吊装（2018-10-14）…… 224
二十、第二层电梯井吊装（2018-10-16）…… 224
二十一、第四层A筒体吊装（2018-10-21）…… 224
二十二、第四层C筒体吊装（2018-10-24）…… 224
二十三、第四层AC大梁吊装（2018-10-26）…… 226
二十四、第三层电梯井吊装（2018-10-28）…… 226
二十五、第四层B筒体吊装（2018-10-30）…… 226
二十六、第四层AB大梁吊装（2018-10-31）…… 226
二十七、第四层BC大梁吊装（2018-11-1）…… 226
二十八、第四层电梯井吊装（2018-11-2）…… 226

二十九、第五层C筒体吊装（2018－11－7）…… 227
三十、第五层A筒体吊装（2018－11－9）…… 228
三十一、第五层AC大梁吊装（2018－11－11）…… 228
三十二、第五层电梯井吊装（2018－11－12）…… 228
三十三、第五层B筒体吊装（2018－11－14）…… 228
三十四、第五层AB大梁吊装（2018－11－15）…… 228
三十五、第五层BC大梁吊装（2018－11－16）…… 228
三十六、第五层C烟道口吊装（2018－11－19）…… 228
三十七、第五层A烟道口吊装（2018－11－21）…… 230
三十八、第六层C筒体吊装（2018－12－2）…… 230
三十九、第六层电梯井吊装（2018－12－5）…… 230
四十、第六层B筒体吊装（2018－12－7）…… 230
四十一、第六层A筒体吊装（2018－12－9）…… 230
四十二、第七层C筒体吊装（2018－12－21）…… 230
四十三、第七层B筒体吊装（2018－12－23）…… 232
四十四、第七层A筒体吊装（2018－12－25）…… 232
第二节　关键技术总结 …… 232
一、概述 …… 232
二、主要用途 …… 233
三、技术难点 …… 233
四、关键技术和创新点 …… 234
五、施工工艺流程 …… 238
六、与同类型先进成果主要技术指标比对情况 …… 251
七、重要照片及检测报告 …… 251
八、授权专利 …… 260
第三节　质量管理和科技进步成果 …… 260
一、QC小组活动成果 …… 261
二、科技进步活动成果 …… 281
三、国家级工法申报 …… 283

第一章

工业烟囱概述

第一节 烟 囱

一、烟囱的作用和高度

1. 烟囱的作用

烟囱（chimney）是最古老、最重要的防污染装置之一，是一种为锅炉、炉子或壁炉的热烟气或烟雾提供通风的结构。烟囱通常是垂直的，或尽可能接近垂直，以确保气体平稳流动。烟囱内的空间，被称为烟道。在建筑物、过去的蒸汽机车和大型船只中经常遇到烟囱。

烟囱的主要作用是拔火拔烟，排走烟气，改善燃烧条件。烟囱是一种排除工具，用来排除由火引起的气体或烟尘，是一种把烟气排入高空的高耸结构。能改善燃烧条件，减轻烟气对环境的污染。高层建筑内部一般设置数量不等的楼梯间、排风道、送风道、排烟道、电梯井及管道井等竖向井道，当室内温度高于室外温度时，室内热空气因密度小，便沿着这些垂直通道自然上升，透过门窗缝隙及各种孔洞从高层部分渗出，室外冷空气因密度大，由低层渗入补充，这就形成烟囱效应。

2. 烟囱的高度

烟囱都是有一定高度的，其高度会影响通过烟囱效应将烟道气输送到外部环境的能力。此外，在高海拔地区使用烟囱，会使烟囱排出的污染物扩散到较远的地方，从而可以减少对周围环境的影响。在化学腐蚀性输出的情况下，足够高的烟囱可以允许空气中的化学物质在到达地平面之前部分或完全自我中和。污染物在更大面积上的分散可以降低其浓度，以便符合环保法规的有关限制。

二、烟囱的历史和结构

1. 烟囱的历史

烟囱的发明极早，当原始人发现火时，同时发现了哪里有火，哪里必有烟，最早的烟囱就是室内的通气孔。当把“火”带进室内做饭和取暖时，烟也随之而入。这就迫使人们不得不设法在屋顶和墙壁上开些通气孔，以此来驱除屋内的烟雾。这种方法作为一种规范的人类实践活动已保留了几十万年，人类曾花了很长的时间来改进烟囱。12 世纪北欧的大房子里已有壁炉、暖墙的烟道。然而，直到 16 世纪和 17 世纪，它们在房间里的使用还不普遍。工业烟囱在 18 世纪后期才变得很普遍，成为工业文明的象征之一，如图 1-1-1 所示。现在世界上已建成的高度超过 300m 的烟囱达数十座，例如米切尔电站的单筒式钢筋混凝土烟囱高达 368m。

2. 烟囱的结构

普通住宅的烟囱最初是用木头和石膏或泥土建成的。从那以后，无论是在大建筑中，还是在小建筑物中，烟囱都是由砖石建成的。早期的烟囱是一个简单的砖结构，后来的烟囱是通过在砖衬里上放置耐火砖来建造的。为了控制下沉道，有时在烟囱顶部放置各种通风帽（通常称为烟囱盆）。

图 1-1-1 向蓝天排着黑烟的工业烟囱

在 18 世纪到 19 世纪期间，由于从矿石中提取铅的方法会产生大量的有毒烟雾，所以在英格兰北部，建造了约 3km 长的近似水平的烟囱，然后在一个烟雾造成危害很小的偏远地方，建一个较短的垂直烟囱排出烟雾。在这些长长的烟囱里面会积淀形成铅和银的矿床，工人们沿着烟囱定期把这些有价值的矿床刮掉。

3. 烟囱的特点

烟囱的一个特征是当它作为木材燃料的排烟设施使用时，在烟囱结构的壁上会形成杂酚油沉积物。这种沉积物会干扰气流，更重要的是，它们是可燃的。如果烟囱中的沉积物点燃，会引起危险的烟囱火灾。因此，有些国家甚至强制每年对烟囱进行检查并定期清理，以避免这些问题，执行这项任务的工人被称为烟囱扫帚（steeplejacks)，完成这项工作的人过去主要是童工，在维多利亚时代的文学作品中常有这样的描述。中世纪在欧洲一些地区曾开发了一种乌鸦式的山墙设计，这样就可以不使用梯子而直接进入烟囱。

燃烧天然气的加热器大大减少了由于天然气燃烧造成的杂酚浓度，比传统固体燃料更清洁和有效，在大多数情况下不需要每年清理烟囱。但随着时间的推移，由于腐蚀而造成的烟囱配件断开连接或松动，还可能会由于一氧化碳泄漏到家中而造成严重危险。

4. 烟囱的分类

按结构不同，一般将烟囱分为砖烟囱、钢筋混凝土烟囱、玻璃钢烟囱和钢烟囱。

按所用材料不同，一般分为砖砌筑烟囱、铁质烟囱、石棉烟囱、陶质烟囱。这几种材质的烟囱一般用在小型场所，如家庭、办公室等。目前我国农村地区的土灶和北方土炕的烟囱多为砖砌方形。

按使用场所不同，分为民用烟囱和工业用烟囱。民用烟囱很简单，主要用于排烟。工业用的烟囱主要为了散落废物，和达到一定的拔风力，我国最高的工业烟囱已达到 300m。工业用烟囱多为圆柱体，上细下粗，一般用在工业的大厂房中，如大锅炉、冶炼厂、电厂等，如图 1－1－2 所示为经过除尘的工业烟囱。

图 1－1－2　经过除尘的工业烟囱

第二节　烟　囱　效　应

一、烟囱效应及其负面影响

1. 烟囱效应

烟囱效应是室内外温差形成的热压及室外风压共同作用的结果，通常以前者为主。热压值与室内外温差产生的空气密度差及进排风口的高度差成正比。这说明，室内温度越是高于室外温度，建筑物越高，烟囱效应也越明显，同时也说明，民用建筑的烟囱效应一般只是发生在冬季。就一栋建筑物而言，理论上视建筑物的一半高度位置为中和面，认为中和面以下房间从室外渗入空气，中和面以上房间从室内渗出空气。

2. 负面影响

在烟囱效应的作用下，室内的自然通风、排烟排气得以实现，但其负面影响也是多方面的。首先，风沙通过低层部分各种孔洞、缝隙吹入室内，消耗热量并污染室内；其次，风通过电梯井由底层厅门人口被抽到顶层的过程中，导致梯门不能正常关闭；第三，当发生火灾时，随着室内空气温度的急剧升高，体积迅速增大，烟囱效应更加明显，此时，各种竖井成为拔火拔烟的垂直通道，是火灾垂直蔓延的主要途径，从而助长火势扩大灾情。有资料显示，烟气在竖向管井内的垂直扩散速度为 3～4m/s，意味着高度为 100m 的高层建筑，烟火由底层直接窜至顶层只需 30s 左右。如果燃烧条件具备，整个大楼顷刻间便可能形成一片火海。

二、减弱烟囱效应负面影响的措施

为有效减弱烟囱效应产生的负面影响，可采取以下措施。

（1）在冬季，空气主要是通过各种外门从底层流入室内，最直接的方法是将建筑通向外界的所有门，尽可能地设置成两道门、旋转门、加装门斗或在外门内侧设置空气幕等，这对于大厅门尤为必要。对于那些次要通道连同地下停车场的外门口等，在冬季也要装门，至少应增挂厚门帘。在冬季，电梯井顶部的通风孔应适当向小调整或关闭。

（2）对于已采暖的建筑物，尽量不使低层部分的室内温度高于高层部分。

（3）当火灾发生时，不仅在任何季节通过各类竖井产生烟囱效应，而且还可能在小范围内通过穿越楼板的空调管道，甚至是一些不引人注意的孔隙，产生烟囱效应。

对此，《高层民用建筑设计防火规范》（GB 50045）明确规定：

1）当围护结构采用幕墙形式时，与每层楼板、隔墙处的缝隙，应采用不燃烧材料严密填实。

2）建筑高度不超过100m的高层建筑，其电缆井、管道井应每隔2～3层在楼板处用相当于楼板耐火极限的不燃烧体作防火分隔；建筑高度超过100m的高层建筑，应在每层楼板处用相当于楼板耐火极限的不燃烧体作防火分隔。因施工缺陷、桥架和管道根部形成的各种孔隙，必须用不燃烧材料填塞密实。

3）楼梯间和前室的门均为乙级防火门，并应具有自行关闭的功能；各种竖向管井井壁上的检查门应采用丙级防火门；电缆井、管道井与房间、走道等相连通的孔洞，其空隙应采用不燃烧材料填塞密实；垂直风管与每层水平风管交接处的水平管段上应设防火阀；厨房、浴室、厕所等的垂直排风管道，应采取防止回流的措施或在支管上设置防火阀，以确保火灾时与走道及房间的分隔，防止各楼层之间通过竖井交叉蔓延。

第三节 烟囱的建筑施工

本节以某普通工业砖砌烟囱为例介绍烟囱的建筑施工基础知识。

一、施工顺序

1. 施工程序

井字架和外架区域场地平整夯实→井字架基础浇150mm厚C30混凝土→垫架板搭架→砌筑烟囱筒身→砌筑耐火砖→填充膨胀珍珠岩隔热层→向上翻架→在标高2.1m处搭设安全网→内架搭设→筒体砌筑。高于100m的大型工业烟囱的外形如图1-3-1所示。

2. 施工准备

（1）先定烟囱中心、轴线位置、标高尺寸。中心浇灌混凝土固定一根钢筋，划出十字线，确定中心位置，并用钢板制成的铁斗盖在上边保护。

（2）制作5个靠尺板。把1000mm长、150mm宽、25mm厚木板刨光，先用墨斗弹出中心线，然后做出2.5%的坡度。

（3）制作线锤。用钢板焊成锥形，内浇混凝土做成线锤，重3～5kg，线锤用16号铅丝悬吊在轮度板中心，与中心桩对中确定中心。

（4）制作轮度板。把4000mm长、100mm宽、50mm厚木板刨光，上边以中心为轴设置一长2200mm、宽150mm、厚30mm木板，其上按烟囱斜度2.5%刻分格，旋转轮度

图 1-3-1 高度超过 100m 的大型工业烟囱

板用以测量烟囱外圈圆周。

（5）制作井字架顶横梁。用 2 根金属杆焊成，中间固定 2 个滑轮，1 个设在井字架中心，1 个设在井字架边沿。

（6）制作砖吊笼。用 ϕ8mm 钢筋焊成，每次限吊 30 块砖。

（7）制作砂浆桶。每次限吊 0.05m^3 以下。

（8）制作异径横杆。用管径 50mm 和 60mm 的钢管，分别裁成 1000～1500mm 长，并在上边钻孔，插套起来后用钢筋插销固定，就成为一组可以伸缩、使用方便的横杆了。

二、砌筑工程

先摆 3 层砖排缝，环状垂直缝应交错$\frac{1}{2}$砖，辐射缝应交错$\frac{1}{4}$砖；$\frac{1}{2}$砖用量不得超过 30%，$\frac{1}{4}$砖以下的砖禁止使用，检查无误后再砌筑。一边砌砖，一边用水平尺、靠尺板检查，砌完 300mm 后，即砌 5 层砖后，砌耐火砖 300mm，中间填充膨胀珍珠岩，每天砌筑 1.2m 高为宜。竖向钢筋和环形温度钢筋以及爬梯的安装设置要符合设计要求。每砌完一步架用轮度板垂吊线锤检查中心及圆周，并用经纬仪检查。10.0m 以下，每 5.0m 高沿筒周间隔 1.0m 留设 120mm×10mm 温度缝，上下错开砌筑，变截面处也留设温度缝。

三、搭架工程

（1）先将烟囱四周平整夯实，井字架基础浇灌 150mm 厚 C30 混凝土，然后垫木板，搭井字架和六角形金属外架 20.0m 高，井字架要挨紧烟囱爬梯处，先搭 23.0m 高。

（2）同时建两个烟囱的井子架的搭建要求为：Ⅰ号烟囱的井字架设在烟囱北部，卷扬机设在井字架东边；Ⅱ号烟囱的井字架设在烟囱西北部，卷扬机设在井字架西边。

（3）架子离开烟囱外围最少 200mm，架板用 50mm 厚木板搭设，不得有探头板，以对接板为宜，挂上立式安全网。井字架每隔 10.0m 拉一道缆风绳，在 3.0m 和 10.0m 处外挑挂 6.0m 宽安全网 2 道。

（4）在标高 21.0m 处挑挂 6.0m 宽安全网 1 道，这道安全网内圈用 ϕ6mm 钢筋固定在砖烟囱上，其方法是利用砖烟囱上细下粗的特点，在高处拴好向低处下降自然捆紧。外圈用架杆支撑，拆除时从爬梯口剪断就自动离散。这样一来，20.0m 以下金属架就可以提前拆除，便于周转了。

（5）标高 20.0m 以上砌筑用里脚手架，搭设时用 2 根异径横杆，并用木楔塞紧架眼与横杆。在标高 30.0m 以下可在横杆上绑架杆，铺设木制架板，使之成弧度形。在标高 30.0m 以上由于筒径变小，可把架板直接铺在 2 根异径横杆上，用 12 号铅丝把架板绑牢。砌筑翻架时，留下此 2 根异径横杆，退架时从上到下，边退边拆，边补架眼。井字架搭设高度，每次至少比烟囱高 2 步架。

四、模板工程

在标高 26.7m 和 39.5m 处各有圈梁 1 道，先绑扎钢筋，支模时可选用 450mm×100mm 或者 600mm×100mm 的钢模。先固定内模，用木龙骨和架杆支撑，12 号铅丝拉结。外模放在事先在筒身上预埋的 ϕ10mm 间隔 500mm 外露 60mm 的钢筋头上，用 12 号铅丝与内模拉结，并用钢丝绳、手搬葫芦在外围固定。浇灌完毕后，拆掉内外模再砌砖。

筒身竖向钢筋为 ϕ10mm 间隔 500mm，钢筋搭接长度为 40 倍钢筋直径（不含钩），为便于高空作业，钢筋长度以 3000～4000mm 为宜。环形温度钢筋为 ϕ8mm 间隔 250mm，变截面处 500mm 范围内钢筋为 ϕ8mm 间隔 125mm，钢筋搭接长度为 40 倍钢筋直径（不含钩），爬梯安装要上下一致，最上部要对准固定后再焊接。

五、工程质量目标及质量保证措施

（1）材料的质量一定要符合设计及规范要求，要有合格证和试验报告。

（2）砂浆和混凝土事先有试配比通知单，施工中要计量准确，按规定留设试块，检测砂浆和混凝土强度。

(3) 砌筑先排底，按规范排好缝，砂浆饱满度要求达到95%以上，要经常用靠板靠，线锤吊，水平尺测平，圆度规（轮度板）测圆。

(4) 认真开展自检、互检、专职检的三检制，边干边检，做好原始记录，严格按照规范和操作规程要求进行施工。

(5) 认真计算好各个高度的烟囱直径，便于随时抽检，严格控制标高、轴线，做好书面和口头质量交底工作。

第四节 火力发电厂烟囱

一、烟囱的特点和形式的确定

1. 火电厂烟囱的特点

火力发电厂的烟囱是火力发电厂中重要的构筑物，如图1-4-1所示。

图1-4-1 火力发电厂的钢筋混凝土浇筑烟囱

火电厂对于烟囱设计的技术要求和经济指标要求都比较高。由于环保的需要，对火电厂烟囱的高度要求也越来越高，烟囱的高度在不断增加。当前单筒式钢筋混凝土烟囱已很少在建，套筒和多管式钢筋混凝土烟囱已成为目前火电厂运用最广的烟囱形式。

2. 火电厂烟囱结构形式的确定

如何确定火力发电厂烟囱的结构形式，是结构工程师必须面对和解决的问题。现代环保燃煤火力发电厂大多采用湿法脱硫工艺，烟气具有较强腐蚀性，若处理不当将影响烟囱结构安全，进一步危及发电厂的运行安全。

目前，可供火电厂选择的烟囱形式有：防腐型单式烟囱、单套筒式烟囱、塔架式烟囱三种方案。

3. 多管烟囱

多管烟囱（double flue chimney）主要由烟筒、混凝土外壳和基础 3 部分组成。在大型火电厂中，多管烟囱是将几个独立烟囱集中在一起组成的通风构筑物，又称集束烟囱。早期的火电厂一台（或两台）锅炉配一个独立的单筒烟囱。20 世纪 60 年代初期，英国、美国等开始将几个独立烟囱集中组建在一起，建成含有几个烟囱的多管烟囱（其中含有 4 个独立烟囱的情况较多，称 4 管烟囱）。几个烟囱集中在一起后，烟囱排出烟气所含热量增大，烟气的热浮力大增，烟气上升高度相应增加，从而可提高烟囱的有效高度，增强烟气扩散效果，减少近地面大气污染，并且施工方便，因而在大型火电厂中的应用越来越广泛。到 20 世纪 80 年代后期，世界上最大的多管烟囱是英国 Drax 电厂的烟囱，高度超过 258m。

4. 多管烟囱的结构形式

多管烟囱的结构形式主要有 3 种：

（1）内部为几个钢制、混凝土或砖砌的烟筒，外套一个混凝土外壳。英国和中国等国家采用较多。

（2）用铁塔等钢结构把几个钢烟筒支撑在一起。日本、德国采用较多。

（3）内部为几个钢烟筒，外套一个混凝土外壳。苏联、美国等国家采用较多。

二、烟囱的施工技术

1. 烟囱施工的 4 种方法

目前国内火电厂钢内筒烟囱施工常采用液压顶升倒装法、气压顶升倒装法、卷扬机提升法和悬索液压提升法，4 种方法分别适用于不同工程的需要，施工技术人员可根据现场情况选用。

2. 烟筒施工技术

烟筒可用钢板焊接，也可用钢筋混凝土浇筑。用钢筋混凝土浇筑的烟筒有分段式和自立式。分段式是每个烟筒分成若干段，由与混凝土外壳相连的各层楼板支承；自立式是各个烟筒自承荷重，烟筒与混凝土外壳之间每隔 40m 左右有一层楼板，用做维修航空警灯的通道。烟筒还可用特制耐火砖分段砌筑，每段长约 10m，支承在混凝土外壳上的牛腿与烟筒之间的梁上。

3. 混凝土外壳施工技术

混凝土外壳又称挡风筒，主要用以承受风压下产生的静态偏斜作用及背风面涡流的动力作用。当采用分段式烟囱时，它还可以承受烟筒的荷重。混凝土外壳一般比烟筒低 10m 左右，并设有一定数量的航空警灯和通风窗。

4. 烟囱基础及烟囱内外壁施工技术

烟囱基础一般采用混凝土筏板基础，并要求有较好的地基以便承受上部数万吨的荷重。此外，各种烟筒的内壁或外壁均需敷设不同的绝热、防腐材料或砌置防腐耐火砖。多管烟囱的中部一般设置电梯间。

5. 接地和防雷装置

各种形式的烟囱均需设置接地和防雷装置。在多管烟囱的烟筒和混凝土外壳顶部设置避雷针，并与在不同高度设置的冠状铁箍（避雷带）连接，同时用金属导体（接地引下线）连接各处铁箍，再与埋设在土壤中的接地装置相连接，构成火电厂烟囱的防雷接地系统。对于由铁塔构架支撑的多筒钢烟囱，则只需将钢烟囱与接地系统相接即可。

第五节 烟囱的防腐蚀

一、一般规定

（1）燃煤烟气可按下列规定分类：

1）相对湿度小于60%、温度大于或等于90℃的烟气，应为干烟气。

2）相对湿度大于或等于60%、温度大于60℃但小于90℃的烟气，应为潮湿烟气。

3）相对湿度为饱和状态、温度小于或等于60℃的烟气，应为湿烟气。

（2）当排放非燃煤烟气时，烟气分类可根据经验并按《烟囱设计规范》（GB 50051—2013）第11.1.1条的规定确定。烟囱设计应按烟气分类及相应腐蚀等级，采取对应的防腐蚀措施。

（3）对于烟气主要腐蚀介质为二氧化硫的干烟气，当烟气温度低于150℃，且烟气二氧化硫含量大于500ppm时，应计入烟气的腐蚀性影响，并应按下列规定确定其腐蚀等级：

1）当二氧化硫含量为500～1000ppm时，应为弱腐蚀干烟气。

2）当二氧化硫含量大于1000ppm且小于或等于1800ppm时，应为中等腐蚀干烟气。

3）当二氧化硫含量大于1800ppm时，应为强腐蚀干烟气。

（4）湿法脱硫后的烟气应为强腐蚀性湿烟气；湿法脱硫烟气经过再加热后应为强腐蚀性潮湿烟气。

（5）烟囱设计应计入周围环境对烟囱外部的腐蚀影响，可根据现行国家标准《工业建筑防腐蚀设计标准》（GB/T 50046—2018）的有关规定采取防腐蚀措施。

（6）当烟囱所排放烟气的特性发生变化时，应对原烟囱的防腐蚀措施进行重新评估。

（7）湿烟气烟囱设计应符合下列规定：

1）排烟筒内部应设置冷凝液收集装置。

2）烟囱顶部钢筋混凝土外筒筒首、避雷针和爬梯等，应计入烟羽造成的腐蚀影响，并应采取防腐蚀措施。

3）排烟筒应按大型管道设备的要求设置定期检修维护设施。

二、烟囱结构形式选择

（1）烟囱的结构形式应根据烟气的分类和腐蚀等级确定，可按表1-5-1的要求并结合实际情况进行选取。

表 1-5-1　　烟囱结构形式

<table>
<tr><th colspan="3" rowspan="2">烟气类型
烟囱类型</th><th colspan="3">干烟气</th><th rowspan="2">潮湿烟气</th><th rowspan="2">湿烟气</th></tr>
<tr><th>弱腐蚀性</th><th>中等腐蚀</th><th>强腐蚀</th></tr>
<tr><td colspan="3">砖烟囱</td><td>○</td><td>□</td><td>×</td><td>×</td><td>×</td></tr>
<tr><td colspan="3">单筒式钢筋混凝土烟囱</td><td>○</td><td>□</td><td>△</td><td>△</td><td>×</td></tr>
<tr><td rowspan="6">套筒或多管式烟囱</td><td colspan="2">砖内筒</td><td>□</td><td>○</td><td>○</td><td>□</td><td>×</td></tr>
<tr><td rowspan="4">钢内筒</td><td>防腐金属内衬</td><td>△</td><td>△</td><td>□</td><td>□</td><td>○</td></tr>
<tr><td>轻质防腐砖内衬</td><td>△</td><td>△</td><td>□</td><td>□</td><td>○</td></tr>
<tr><td>防腐涂层内衬</td><td>□</td><td>□</td><td>□</td><td>□</td><td>□</td></tr>
<tr><td>耐酸混凝土内衬</td><td>□</td><td>□</td><td>□</td><td>△</td><td>×</td></tr>
<tr><td colspan="2">玻璃钢内筒</td><td>△</td><td>△</td><td>□</td><td>□</td><td>○</td></tr>
</table>

注　1. “○”表示建议采用的方案；“□”表示可采用的方案；“△”表示不宜采用的方案；“×”表示不应采用的方案。

2. 选择表中所列方案时，其材料性能应与实际烟囱运行工况相适应。当烟气温度较高时，内衬材料应满足长期耐高温要求。

(2) 排放干烟气的烟囱结构形式的选择应符合下列规定：

1) 烟囱高度小于或等于 100m 时，可采用单筒式烟囱。当烟气属强腐蚀性时，宜采用砖套筒式烟囱。

2) 烟囱高度大于 100m，且排放强腐蚀性烟气时，宜采用套筒式或多管式烟囱；当排放中等腐蚀性烟气时，可采用套筒式或多管式烟囱，也可采用单筒式烟囱；当排放弱腐蚀性烟气时，宜采用单筒式烟囱。

(3) 排放潮湿烟气的烟囱结构形式的选择应符合下列规定：

1) 宜采用套筒式或多管式烟囱。

2) 每个排烟筒接入锅炉台数应结合排烟筒的防腐措施确定。300MW 以下机组每个排烟筒接入锅炉台数不宜超过 2 台，且不应超过 4 台；300MW 及其以上机组每个排烟筒接入锅炉台数不应超过 2 台；1000MW 及其以上机组为每个排烟筒接入锅炉台数不应超过 1 台。

(4) 排放湿烟气的烟囱结构形式的选择应符合下列规定：

1) 应采用套筒式或多管式烟囱。

2) 每个排烟筒接入锅炉台数应结合排烟筒的防腐措施确定。200MW 以下机组每个排烟筒接入锅炉台数不宜超过 2 台，且不应超过 4 台；200MW 及其以上机组每个排烟筒接入锅炉台数不应超过 2 台；600MW 及其以上机组每个排烟筒接入锅炉台数宜为 1 台；

1000MW 及其以上机组为每个排烟筒接入锅炉台数不应超过 1 台。

三、砖烟囱的防腐蚀

（1）当排放弱腐蚀性等级干烟气时，烟囱内衬宜按烟囱全高设置；当排放中等腐蚀性等级干烟气时，烟囱内衬应按烟囱全高设置。

（2）当排放中等腐蚀性等级干烟气时，烟囱内衬宜采用耐火砖和耐酸胶泥（或耐酸砂浆）砌筑。

四、单筒式钢筋混凝土烟囱的防腐蚀

（1）单筒式钢筋混凝土烟囱筒壁混凝土强度等级应符合下列规定：

1）当排放弱腐蚀性干烟气时，混凝土强度等级不应低于 C30。

2）当排放中等腐蚀性干烟气时，混凝土强度等级不应低于 C35。

3）当排放强腐蚀性干烟气或潮湿烟气时，混凝土强度等级不应低于 C40。

（2）单筒式钢筋混凝土烟囱筒壁内侧混凝土保护层最小厚度和腐蚀裕度厚度，应符合下列规定：

1）当排放弱腐蚀性干烟气时，混凝土最小保护层厚度应为 35mm。

2）当排放中等腐蚀性干烟气时，筒壁厚度宜增加 30mm 的腐蚀裕度，混凝土最小保护层厚度宜为 40mm。

3）当排放强等腐蚀性干烟气或潮湿烟气时，筒壁厚度宜增加 50mm 的腐蚀裕度，混凝土最小保护层厚度宜为 50mm。

（3）单筒式钢筋混凝土烟囱内衬和隔热层，应符合下列规定：

1）当排放弱腐蚀性干烟气时，内衬宜采用耐酸砖（砌块）和耐酸胶泥砌筑或轻质、耐酸、隔热整体浇注防腐内衬。

2）当排放中等以及强腐蚀性干烟气或潮湿烟气时，内衬应采用耐酸胶泥和耐酸砖（砌块）砌筑或轻质、耐酸、隔热整体浇注防腐内衬。

3）当排放强腐蚀性烟气时，砌体类内衬最小厚度不宜小于 200mm；当采用轻质、耐酸、隔热整体浇注防腐蚀内衬时，其最小厚度不宜小于 150mm。

4）烟囱保温隔热层应采用耐酸憎水性的材料制品。

5）钢筋混凝土筒壁内表面应设置防腐蚀隔离层。

（4）烟囱内的烟气压力宜符合下列规定：

1）烟囱高度不超过 100m 时，烟囱内部烟气压力可不受限制。

2）烟囱高度大于 100m 时，当排放弱腐蚀性等级烟气时，烟气压力不宜超过 100Pa；当排放中等腐蚀性等级烟气时，烟气压力不宜超过 50Pa。

3）当排放强腐蚀性烟气时，烟气宜负压运行。

4）当烟气正压压力超过本条第 1 款～第 3 款的规定时，可采取下列措施：

a. 增大烟囱顶部出口内直径，降低顶部烟气排放的出口流速。

b. 调整烟囱外形尺寸，减小烟囱外表面的坡度或内衬内表面的粗糙度。

c. 在烟囱顶部做烟气扩散装置。

(5) 烟囱内衬耐酸砖（砌块）和耐酸砂浆（或耐酸胶泥）砌筑，应采用挤压法施工，砌体中的水平灰缝和垂直灰缝应饱满、密实。当采用轻质、耐酸、隔热整体浇注防腐蚀内衬时，不宜设缝。

五、套筒式和多管式烟囱的砖内筒防腐蚀

(1) 砖内筒的材料选择应符合下列规定：

1) 当排放中等腐蚀性干烟气时，砖内筒宜采用耐酸砖（砌块）和耐酸胶泥（耐酸砂浆）砌筑；砖内筒的保温隔热层宜采用轻质隔热防腐的玻璃棉制品。

2) 当排放强腐蚀性干烟气或潮湿烟气时，排烟内筒应采用耐酸砖（砌块）和耐酸胶泥（耐酸砂浆）砌筑；砖内筒的保温隔热层应采用轻质隔热防腐的玻璃棉制品。

3) 在满足砖内筒砌体强度和稳定的条件下，应采用轻质耐酸材料砌筑。

4) 排烟内筒耐酸砖（砌块）宜采用异形形状，砌体施工应符合 GB 50051—2013 第 11.4.5 条的规定。

(2) 砖内筒防腐蚀应符合下列规定：

1) 内筒中排放的烟气宜处于负压运行状态。当出现正压运行状态时，耐酸砖（砌块）砌体结构的外表面应设置密实型耐酸砂浆封闭层；也可在内外筒间的夹层中设置风机加压，并应使内外筒间夹层中的空气压力超过相应处排烟内筒中的烟气压力值 50Pa。

2) 内筒外表面应按计算和构造要求确定设置保温隔热层，并应使烟气不在内筒内表面出现结露现象。

3) 内筒各分段接头处，应采用耐酸防腐蚀材料连接，烟气不应渗漏，并应满足温度伸缩要求，如图 1-5-1 所示。

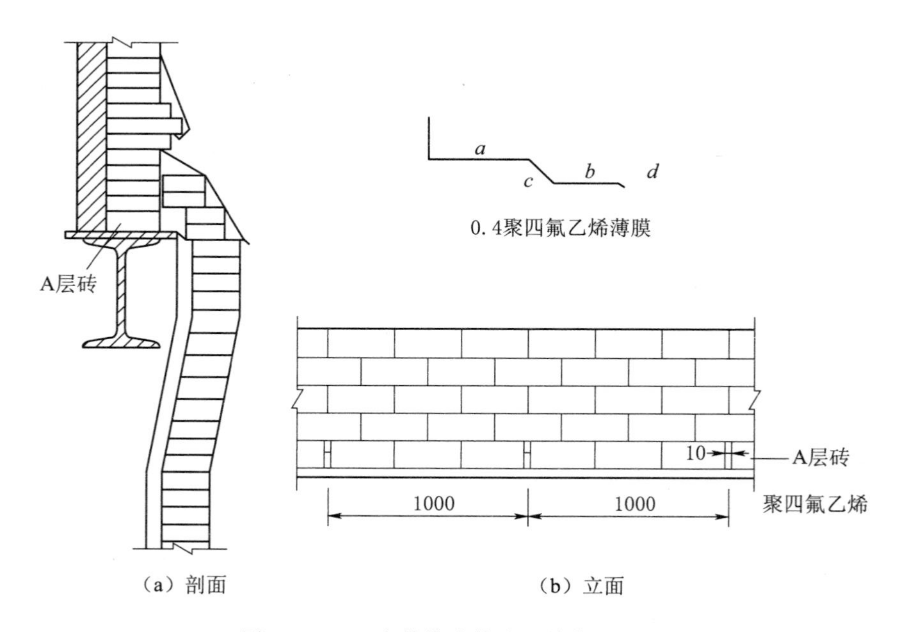

图 1-5-1 内筒接头构造（单位：mm）

4）砖内筒支承结构应进行防腐蚀保护。

六、套筒式和多管式烟囱的钢内筒防腐蚀

（1）钢内筒内衬应按 GB 50051—2013 表 11.2.1 选用。

（2）钢内筒材料及结构构造应符合下列规定：

1）钢内筒的外表面和导流板以下的内表面应采用耐高温防腐蚀涂料防护。

2）钢内筒的外保温层应分两层铺设，接缝应错开。钢内筒采用轻质防腐蚀砖内衬时，可不设外保温层。

3）钢内筒筒首保温层应采用不锈钢包裹，其余部位可采用铝板包裹。

七、钢烟囱的防腐蚀

（1）钢烟囱内衬防腐蚀设计可按 GB 50051—2013 第 11.6 节设计进行。

（2）钢烟囱外表面应计入大气环境的腐蚀影响因素，宜采取长效防腐蚀措施。

八、烟囱防腐的结构特点

1. 烟气加热系统

在系统不设置 GGH（烟气加热系统）时，脱硫后的烟气温度一般在 40～50℃之间，且湿度很大并处于饱和状态，烟气易于冷凝结露并在潮湿环境下产生腐蚀性的水液液体，使烟囱内壁长期处于浸泡状态。系统设置 GGH 可升高脱硫处理后排放的烟气温度（80℃及以上），以减缓烟气冷凝结露产生的腐蚀性水液液体（弱酸）。从理论上讲，采用 GGH 时能有利于减缓烟气的腐蚀（即提高烟气温度，减少结露），但烟气湿度、水分这些诱发腐蚀的因素依然存在，况且 GGH 的运行能否满足运行温度值的要求，尤其是在发电机组低负荷运行、机组开启和关停期间及其他不利工况时能否满足运行温度值的要求值得关注和重视。

2. 砖排烟囱

砖排烟囱采用耐酸胶泥砌筑耐酸砖，排烟筒外形尽量做成等直径直段，这样可以增大烟气流速，减小烟气对排烟筒的压力，改善烟气的运行状况。砖排烟囱中的砖体本身耐腐蚀性和经济性都较好，但考虑到大面积的砌体间的砌筑缝在温度变化和长期作用下仍有可能会产生开裂，为防止这些裂缝在低温度和高湿度的烟气环境下引起渗漏，对钢筋混凝土承重外筒产生腐蚀。因此，在砖排烟囱外侧加设耐酸水泥砂浆封闭层进行防护，并在耐酸水泥砂浆封闭层外侧做保温保护层，用以保证排放的烟气温度和降低检修维护空间的温度，使钢筋混凝土承重外筒温度应力显著减少。保温层采用岩棉或超细玻璃棉毡。砖套筒烟囱承重外筒的钢筋混凝土工程量比单筒烟囱稍大些，但内衬砌体量要少些，采用砖套筒式烟囱，虽然相对于单筒式烟囱造价稍高，但是对承重外筒的裂缝和腐蚀等影响均得到很大的改善，其对于湿法脱硫并设置 GGH 后的烟气具有较强的适应性。砖套筒烟囱承重外筒的钢筋混凝土工程量比单筒烟囱稍大些，但内衬砌体量要少些，采用砖套筒式烟囱，虽然相对于单筒式烟囱造价稍高，但是对承重外筒的裂缝和腐蚀等影响均得到很大的改善，其对于湿法脱硫并设置 GGH 后的烟气具有较强的适

应性。

3. 套筒式烟囱

钢筋混凝土套筒式烟囱是将钢筋混凝土承重外筒与排烟内筒相互脱开的一种结构形式。承重外筒的直径及线形根据结构自身自振周期及变位限值，考虑风荷载与地震作用和检修空间、排烟内筒直径共同决定。由于其承重外筒与排烟筒脱开，承重外筒不直接受烟气的高温和腐蚀作用，而且具有检查、维修方便，可靠性高等特点，是火力发电厂烟气设置脱硫装置后较多采用的结构形式，目前被广泛地应用。钢筋混凝土套筒式烟囱在混凝土侧壁与内筒之间形成通风区域，该通风区的作用如下：

（1）有助于清除由于烟气弥漫或正压条件下有可能漏过内衬的烟气，避免其腐蚀烟囱主体结构。

（2）降低可能漏入内衬的烟气的部分蒸汽压力，这样也降低了其酸露点并使酸在敏感表面上的沉积的可能性减到最小。

（3）设置检修平台、楼梯，方便工作人员可以进入进行维护和检查。

从排烟筒的材质上可分为砖套筒和钢套筒烟囱，烟囱砖内筒结构与钢内筒结构在支承体系上有较大差别，砖内筒为分段支承结构，分段支承在各层平台的环梁上。钢内筒有自立式、整体悬挂式、分段悬挂式的结构，同时还需设置一定数量的侧向支撑和检修平台（吊装平台）。采用套筒烟囱具有检修和维护空间，一旦需要，可随时方便地对排烟筒实施维护和补强，更为安全可靠。在正常运行条件下，钢筋混凝土筒身承重结构不直接与烟气接触，基本处于常温条件下工作，其温度应力显著减少，避免了筒体由于温差过大造成裂缝的产生和腐蚀，延长烟囱寿命，保证电厂的安全运行。而且由于温度应力的显著减少，承重外筒钢筋用量相对低于单筒式烟囱。

4. 钢排烟囱

钢排烟囱的钢内筒由于封闭性好、整体性强、无连接接头，其优势相对砖砌内筒就较为突出。钢排烟囱有自承重式结构、整体悬挂式结构、分段悬挂式结构，沿高度每隔一定距离设一道止晃点。钢内筒的防腐内衬材料可以采用钛板内衬、进口泡沫玻璃砖内衬、国产泡沫玻璃砖内衬、国产泡沫玻化砖内衬、防腐涂料内衬的形式，其中，钛板内衬效果最好，但价格较贵，进口泡沫玻璃砖内衬价格也较高，国产泡沫玻璃砖内衬、国产泡沫玻化砖内衬、防腐涂料内衬价格适中。国产泡沫玻璃砖内衬与国产泡沫玻化砖内衬相比，两者价格相差不大，后者具有更好的耐久性、更好的耐冲刷性。钢排烟囱外采用超细玻璃棉毡作保温层外包镀锌钢丝网。钢排烟囱防腐内衬采用钛钢复合板，钛板由于其特定的化学性能，有非常好的防腐效果，脱硫后的强腐蚀性烟气对钛板的腐蚀性很小，是国际工业烟囱协会推荐的FGD系统不设GGH情况下烟囱防腐内衬之一。钛是一种非常活泼的金属，其平衡电位很低，在许多介质中很稳定。因为钛和氧的亲和力很大，在空气中或含氧介质中，钛表面生成一层致密的、附着力强、惰性大的氧化膜，保护了钛基体不被腐蚀。钛是具有强烈钝化倾向的金属，介质温度在315℃以下钛的氧化膜始终保持这一特性，完全满足钛在恶劣环境下的保护性能。

第六节　高烟囱的航空障碍灯和标志

一、一般规定

烟囱对空中航空飞行器视为障碍物，是造成飞行安全的隐患，因此烟囱应设置障碍标志。我国颁布的《民用航空法》和国务院、中央军委发布的《关于保护机场净空》的文件等一系列行政法规都规定了航空障碍灯必须设置的场所和范围。民用机场净空保护区域是指在民用机场及其周围区域上空，依据现行行业标准《民用机场飞行区技术标准》（MH 5001—2006）规定的障碍物限制面划定的空间范围，在该范围内的烟囱应设置航空障碍灯和标志。

国际民用航空公约《附件十四》，针对烟囱尤其是高烟囱有严格的技术要求和规定。中国民用航空局制定的《民用机场飞行区技术标准》（MH 5001—2006）和国务院、中央军事委员会《军用机场净空规定》（国发〔2001〕29号）对障碍灯和标志都有明确规定。本节的内容参照了上述标准。在《民用机场飞行区技术标准》（MH 5001—2006）中将高光强障碍灯划分为A、B型，将中光强障碍灯划分为A、B、C型。其中适合安装在高耸烟囱的障碍灯形式为高光强A型障碍灯及中光强B型障碍灯。

（1）对于下列影响航空器飞行安全的烟囱应设置航空障碍灯和标志：

1）在民用机场净空保护区域内修建的烟囱。

2）在民用机场净空保护区域外，但在民用机场进近管制区域内修建高出地表150m的烟囱。

3）在建有高架直升机停机坪的城市中，修建影响飞行安全的烟囱。

（2）中光强B型障碍灯应为红色闪光灯，并应晚间运行。闪光频率应为20～60次/min，闪光的有效光强不应小于2000cd±25%。

（3）高光强A型障碍灯应为白色闪光灯，并应全天候运行。闪光频率应为40～60次/min，闪光的有效光强应随背景亮度变光强闪光，白天应为200000cd，黄昏或黎明应为20000cd，夜间应为2000cd。

（4）烟囱标志应采用橙色与白色相间或红色与白色相间的水平油漆带。

二、障碍灯的分布

（1）障碍灯的设置应显示出烟囱的最顶点和最大边缘。

（2）高度小于或等于45m的烟囱，可只在烟囱顶部设置一层障碍灯。高度超过45m的烟囱应设置多层障碍灯，各层的间距不应大于45m，并宜相等。

（3）烟囱顶部的障碍灯应设置在烟囱顶端以下1.5～3m范围内，高度超过150m的烟囱可设置在烟囱顶部7.5m范围内。

（4）每层障碍灯的数量应根据其所在标高烟囱的外径确定，并应符合下列规定：

1）外径小于或等于6m，每层应设3个障碍灯。

2）外径超过6m，但不大于30m时，每层应设4个障碍灯。

3）外径超过 30m，每层应设 6 个障碍灯。

（5）高度超过 150m 的烟囱顶层应采用高光强 A 型障碍灯，其间距应控制在 75～105m 范围内，在高光强 A 型障碍灯分层之间应设置低、中光强障碍灯。

（6）高度低于 150m 的烟囱，也可采用高光强 A 型障碍灯，采用高光强 A 型障碍灯后，可不必再用色标漆标志烟囱。

（7）每层障碍灯应设置维护平台。

烟囱设置航空障碍灯的分布及标志如图 1－6－1 所示。

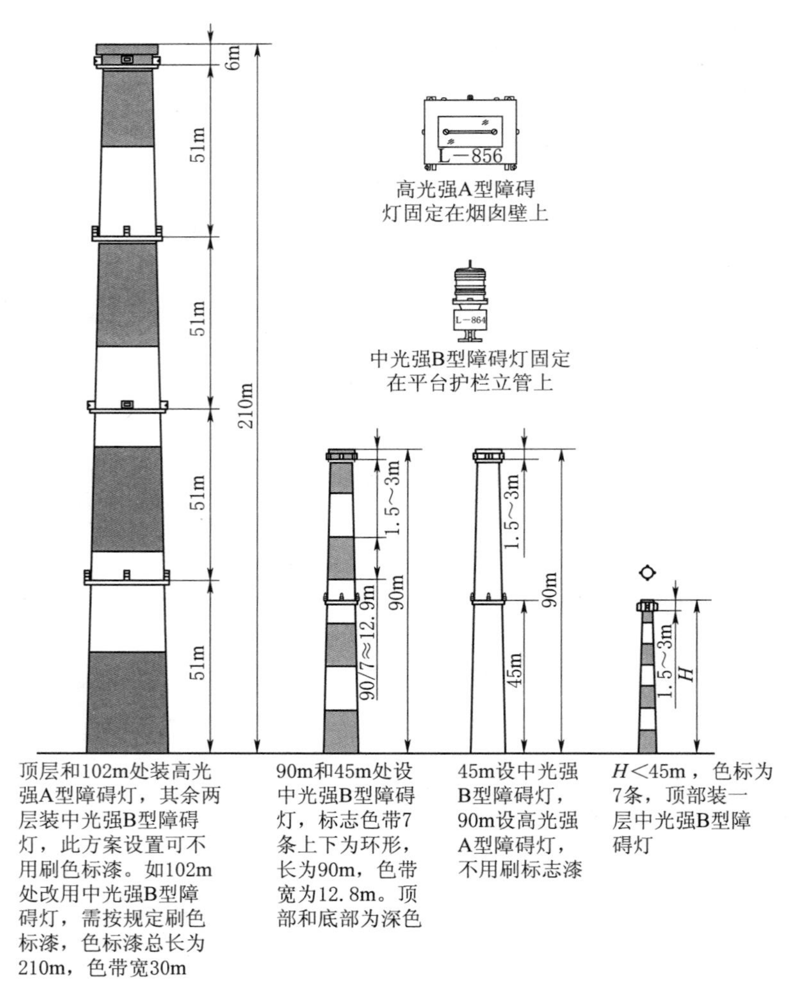

图 1－6－1　烟囱设置航空障碍灯分布及标志

三、航空障碍灯的设计要求

（1）所有障碍灯应同时闪光，高光强 A 型障碍灯应自动变光强，中光强 B 型障碍灯应自动启闭，所有障碍灯应能自动监控，并应使其保证正常状态。

（2）设置障碍灯时，应避免使周围居民感到不适，从地面应只能看到散逸的光线。

第七节　三管自立式钢烟囱

2018年12月25日上午10点10分，山钢日照精品钢基地2×350MW自备电厂工程三管自立式钢烟囱第七层A、B、C筒顺利吊装就位，烟囱主体钢结构吊装到顶。这标志着我国第一座180m三管曲线自立式钢烟囱，也是世界首座采用内壁钛板贴衬防腐的大型钢管结构烟囱的落成，如图1-7-1所示。

图1-7-1　国内首根180m三管曲线自立式钢烟囱

项目配套的三管自立式钢烟囱，是国能中电引进日本三菱多管自立烟囱技术，并整合了日本钛板贴衬技术建设而成。烟囱3根钢管内径均为4.5m，高度为180m，分7层，总重为2108t。三管自立式钢烟囱结构合理、造型美观。烟囱3根钢管按正三角形布置，通过三角形钢梁进行刚性连接，形成集束式稳定结构。每根钢管由多个直段拼接成流线型曲线。通过整体空间结构来共同抵抗地震荷载、风荷载及其他荷载，整个烟囱结构形体规则，各向受力均匀，造型简洁、美观，全面融入了现代气息和建筑美学的设计理念。该类型钢烟囱形式，尚属国内首例。自 2018 年 8 月 12 日开始施工建设，采用 SCC9000/900t 履带式起重机分 7 层进行吊装，在参建各方的共同努力下，历时 135d，于 2018 年 12 月 25 日顺利吊装到顶。

山钢日照精品钢基地 2×350MW 自备电厂工程是山钢集团日照有限公司年产 850 万 t 精品钢配套项目，由山东煦国能源有限责任公司承担项目建设和后续运营管理。工程建设 2 台 350MW 国产超临界燃煤、掺烧煤气、海水冷却、纯凝机组，主机采用上海电气集团设备，项目于 2017 年 10 月开工。

图 1-7-2 所示为山钢日照精品钢基地 2×350MW 自备电厂全貌。该项目是国能中电在火力发电行业的大胆尝试和科学创新之举，该烟囱技术秉承“两运一备”的生产运行理念，摒弃了传统的钢筋混凝土外筒支撑结构，采用正三边形排布的自立式结构，具备安装快速、自重轻、维护便捷、成本低廉、简约美观等特点，很好地解决了传统烟囱防腐、检修和维护的难题。多管自立式钢烟囱技术的成功运用，必将提升中国在烟囱设计建造技术领域的水平，必将助推中国火力发电技术的提质升级。图 1-7-3 所示为起吊第七层烟囱。

图 1-7-2 山钢日照精品钢基地 2×350MW 自备电厂全貌

图 1-7-3 起吊第七层烟囱

第二章

三管自立式钢烟囱详图设计

第一节 详图设计简介

一、工程概况

山钢日照精品钢铁基地 2×350MW 自备电厂工程位于山东省日照市岚山工业园区，为山钢集团日照有限公司年产 850 万 t 钢配套项目。该电厂定位为企业自备电厂，自发自用，满足日照钢铁基地电力需要。烟囱设计为三管自立式钢烟囱，采用 3 根钢筒根部鼎立式布置、上部三筒紧靠的结构形式。由 108 根筒、梁、加强环、电梯梁组成，烟囱架高 180m，总重 2100t。第一层高度 29.5m，第二层高度 25m，第三层高度 25m，第四层高度 25m，第五层高度 25m，第六层高度 25m，第七层高度 23m，顶部平台高度 2m，如图 2-1-1 所示。

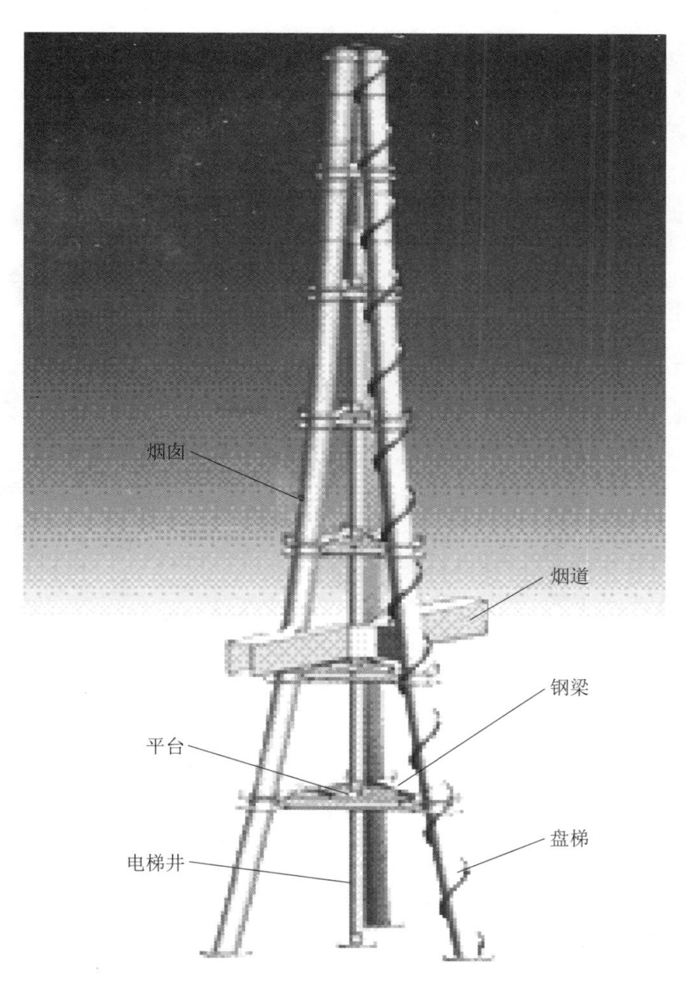

图 2-1-1 三管自立式钢烟囱

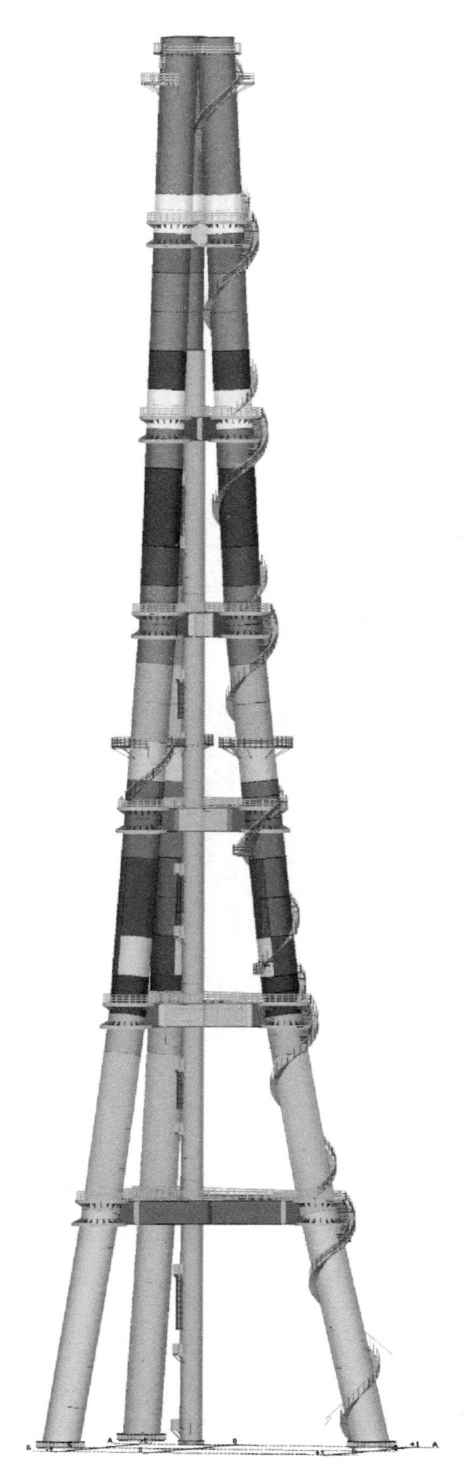

图 2-1-2 Tekla Structures 软件建立的山钢日照精钢烟囱三维立体图

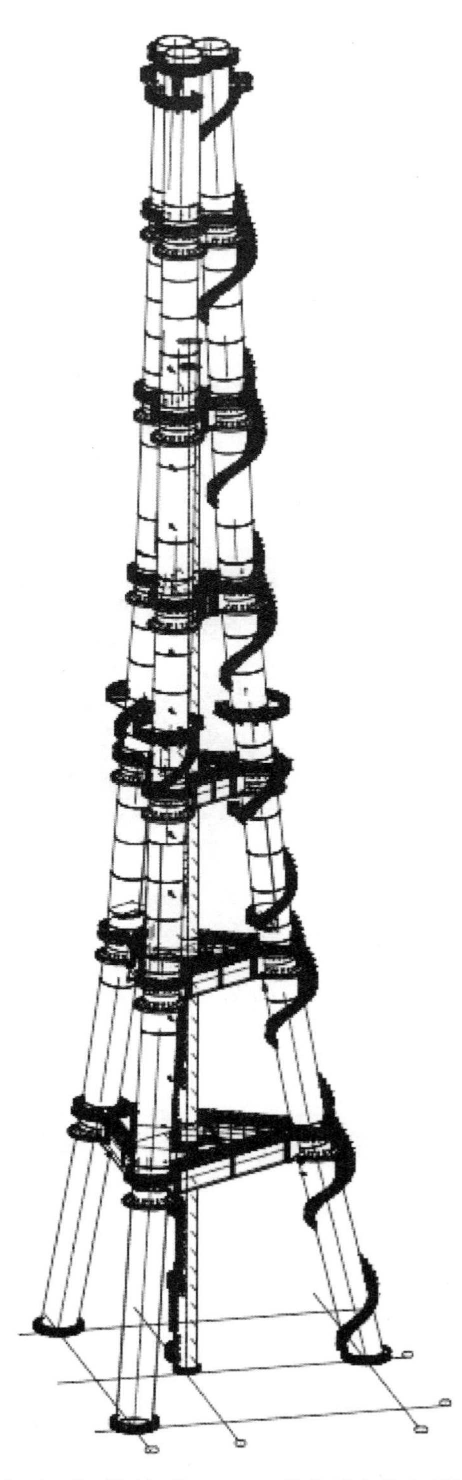

图 2-1-3 Tekla Structures 软件建立的山钢日照精钢钢烟囱 CAD 3D 图

二、设计内容及方法

山东鲁能光大钢结构有限公司作为钢烟囱设计、制作单位，主要任务是烟囱的详图设计、工厂预制、半成品安装、附近制作、现场工作设计制作等工作。详图设计软件使用Tekla Structrues钢结构详图设计软件，Tekla Structures软件是Tekla公司出品的钢结构详图设计软件。Tekla Structures软件的功能包括3D实体结构模型与结构分析完全整合、3D钢结构细部设计、3D钢筋混凝土设计、专案管理、自动Shop Drawing、BOM表自动产生系统，3D模型包含了设计、制造、构装的全部资讯需求，所有的图面与报告完全整合在模型中产生一致的输出文件。与以前的设计文件使用的系统相较，Tekla Structures软件可以获得更高的效率与更好的结果，让设计者可以在更短的时间内做出更正确的设计。Tekla Structures软件可有效地控制整个结构设计的流程，设计资讯的管理可透过共享的3D界面得到提升。

Tekla Structures软件可完整、深化地设计日照钢烟囱，创建钢烟囱完整的三维模型，然后生成制造详细的安装图、构件详图、零件图和制作使用的数据，准确地体现钢烟囱各部件之间的空间关系，准确地表达各部件的尺寸和位置关系，对制作加工、安装提供非常方便的指导作用。图2-1-2所示为Tekla Structures软件建立的山钢日照精钢钢烟囱三维立体图，图2-1-3所示为Tekla Structures软件建立的山钢日照精钢钢烟囱CAD 3D图。

第二节　详图设计步骤及各部件详图设计

一、烟囱分段方案选择

钢烟囱的曲线筒第一层为77°，第二层为79°，第三层、第四层为84°，第五层、第六层、第七层均为87°，最终180m处三管聚拢在一起。每根钢管内径为4.5m，钢管平面处截面为椭圆形，每层的钢管壁厚度在12～38mm之间变化；根据安装需要，每层吊装分段位置为平台上1.5m处，共分为7段，如图2-2-1所示。

二、烟囱组件清单和详图图示

根据烟囱结构设计详图分为烟囱地锚图、烟道本体图、烟囱筒内直爬梯布置图、检修孔及吊检支架布置图、烟囱平台布置图、59m漏斗积液平台布置图、烟囱平台栏杆布置图、烟囱螺旋爬梯布置图、电梯井布置图、烟囱钢格栅布置图、烟囱钢格栅支撑布置图等，烟囱总体重量约为2164.4t。

烟囱设计详图程序如下：建模→安装总图→构件详图→零件图。

山钢日照精钢烟囱组件清单见表2-2-1。

1. 烟囱地锚设计图

由于地锚直径80mm、长度3m，需要设计地锚框架进行地锚安装固定，总质量约27t。烟囱地锚框架三维图如图2-2-2所示。

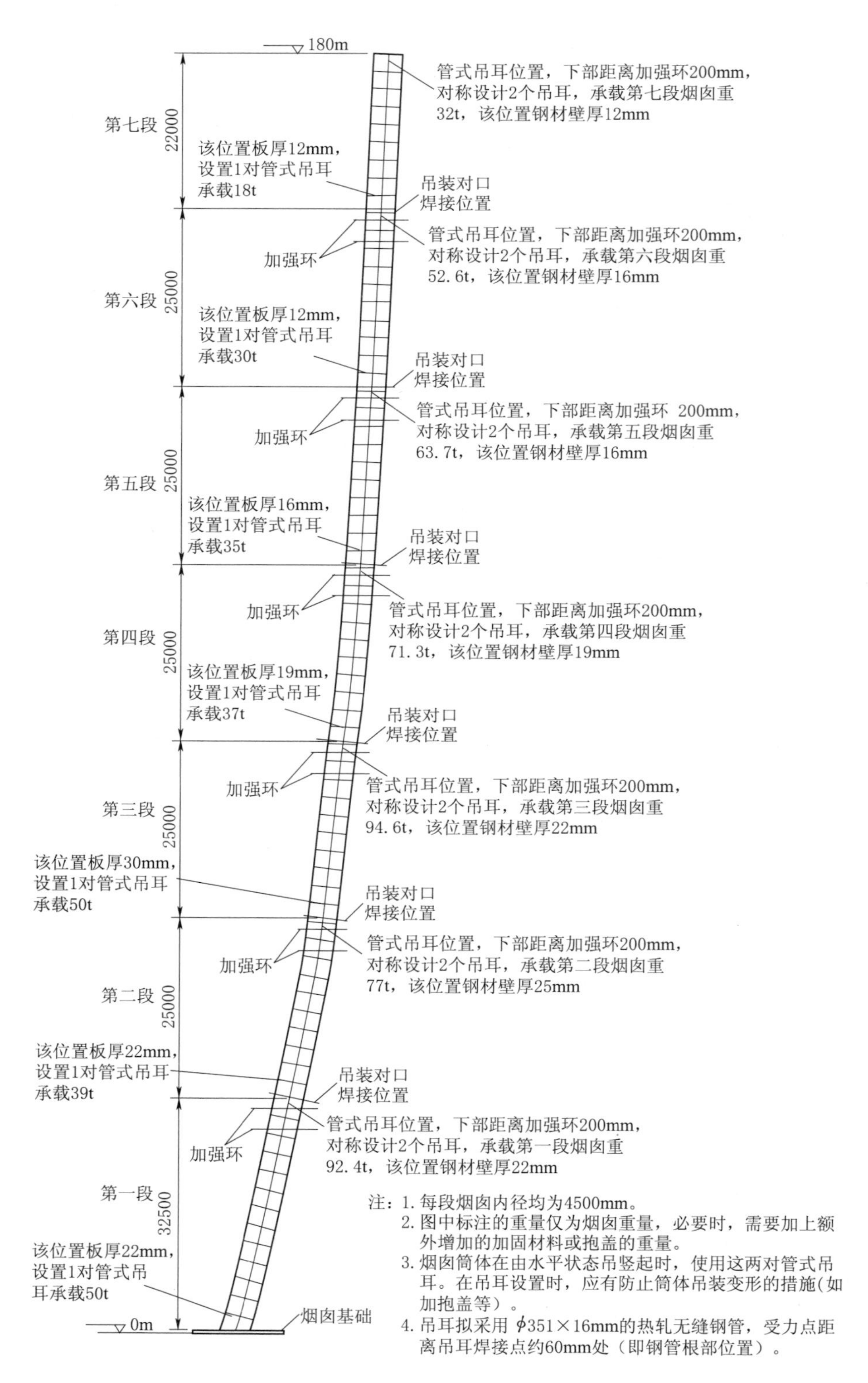

图 2-2-1 钢烟囱分段方案图（单位：mm）

地锚框架清单

序号	构件编号	规格型号	数量	材质	长度/mm	重量/kg	总重/kg
1	法兰	PL300×20	24	Q345B	4316	203	4872
2	法兰	PL300×20	8	Q345B	2272	107	856
合计							5728

采购清单

序号	构件编号	规格型号	数量	材质	长度/mm	重量/kg	总重/kg
1	地脚螺栓	D30	36	Q345B	3000	16	576
2	垫板	22×150×150	72	Q235B	150	4	288
3	螺母	M30	144	Q345B		0.6	86.4
4	地脚螺栓	D85	108	Q345B	3000	130	14040
5	垫板	55×200×200	108	Q235B	200	17	1836
6	垫板	38×200×200	108	Q235B	200	12	1296
7	螺母	M85	432	Q345B	68	6.6	2808
合计							20930.4

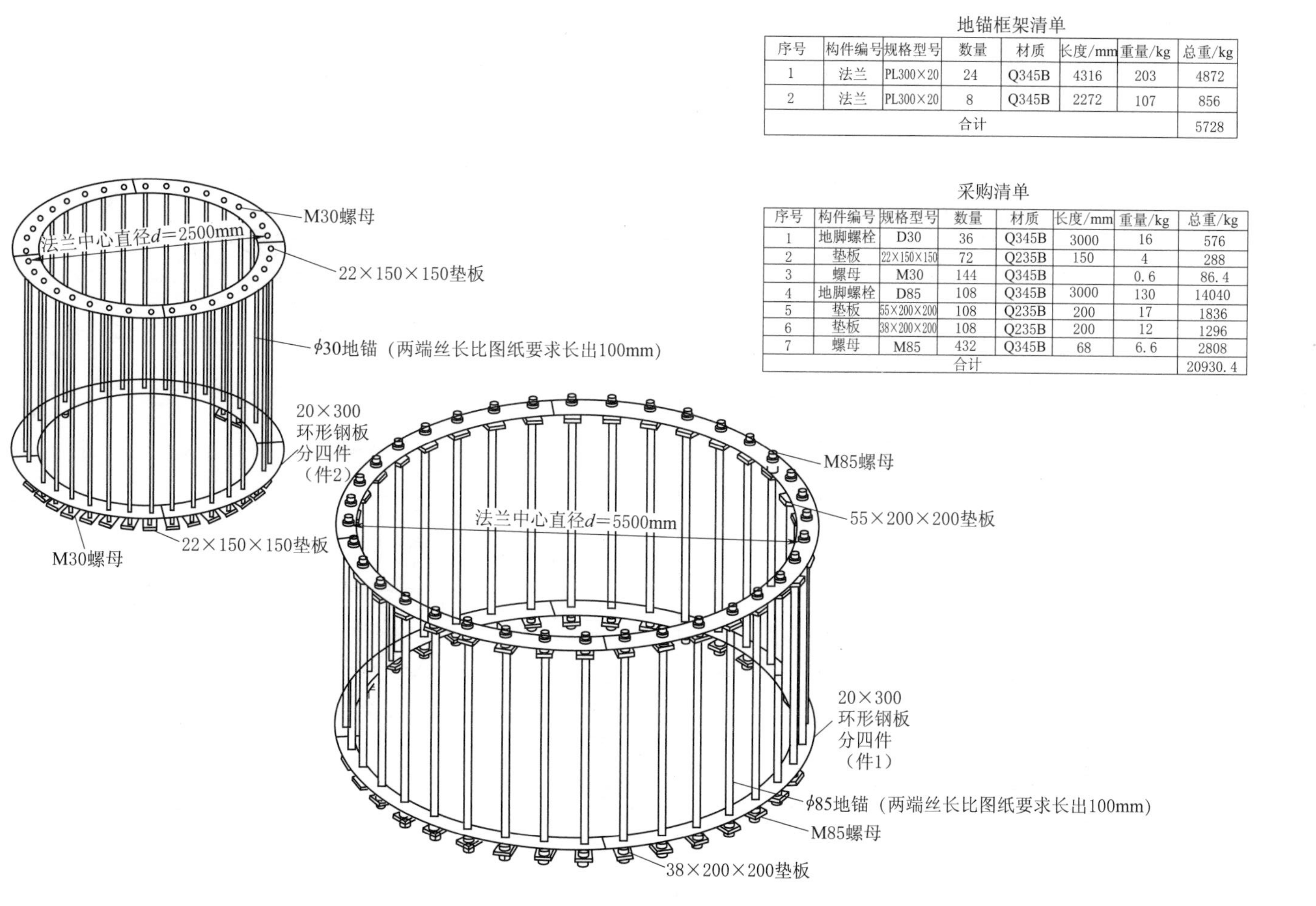

图 2-2-2 烟囱地锚框架三维图（单位：mm）

表 2-2-1　　山钢日照精钢烟囱组件清单

序号	组件图号	版次	组件图名称	数量	范围	总重/kg
1	T0401-D1-01	0	烟囱本体布置图	1	1～7层	1612350.00
2	T0401-D1-05	0	烟道出口详图	1	1层	37201.00
3	T0401-D1-06	0	烟囱筒内直爬梯布置图	1	1～7层	12909.00
4	T0401-D1-08	0	检修孔及吊检支架布置图	1	1层	5315.00
5	PT0401-D1-01	0	烟囱平台布置图	1	1～7层	290177.00
6	LDPT-D1-01	0	59m漏斗积液平台布置图	1	1层	5498.00
7	LG0401-D1-01	0	烟囱平台栏杆布置图	1	1～7层	28043.00
8	XT0401-D1-01	0	烟囱螺旋爬梯布置图	1	1～7层	14839.00
9	DT0401-D1-01	0	电梯井布置图	1	1～5层	144271.00
10	GS0401-D1-01	0	烟囱钢格栅布置图	1	1～7层	13168.00
11	ZC401-D1-01	0	烟囱钢格栅支撑布置图	1	1～3层	585.00
合　计						2164356.00

2. 烟囱底板设计图

按照安装方案，现场烟囱底板优先安装，然后再安装烟囱本体。烟囱上层底板设计55mm，下层底板50mm，内口截面为椭圆截面，共分为三部分制作，现场安装。烟囱底板三维图如图2-2-3所示。

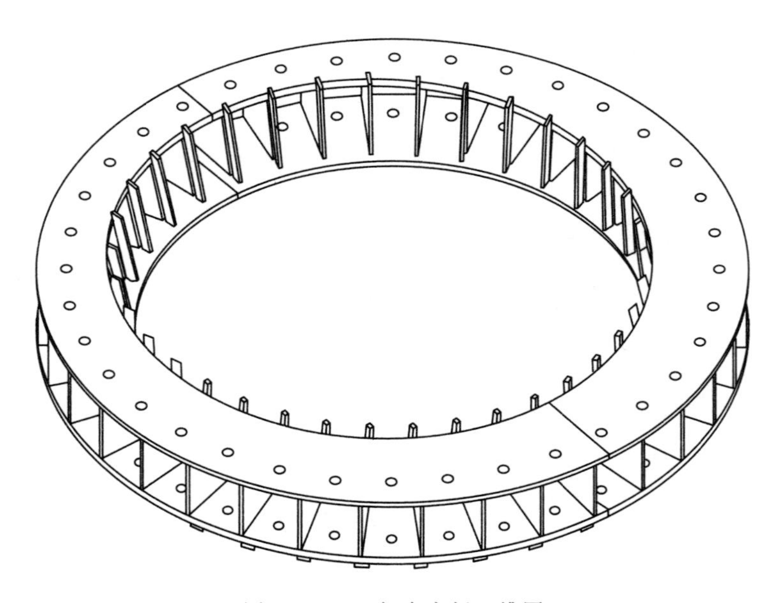

图 2-2-3　烟囱底板三维图

3. 烟囱本体组件清单和设计图

烟囱本体组件清单见表 2－2－2。

表 2－2－2 烟囱本体组件清单

序号	组件图号	版次	组件图名称	数量	总重/kg
1	T0401－D1－01001	0	第一层筒详图	3	292119
2	T0401－D1－01002	0	第二层筒详图	3	258042
3	T0401－D1－01003	0	B 筒第三层筒详图	1	101024
4	T0401－D1－01004	0	第四层筒详图	3	238599
5	T0401－D1－01005	0	第五层筒详图	3	194787
6	T0401－D1－01006	0	第六层筒详图	3	164838
7	T0401－D1－01007	0	第七层筒详图	3	92271
8	T0401－D1－01008	0	C 筒第三层筒详图	1	101024
9	T0401－D1－01009	0	A 筒第三层筒详图	1	101024
10	T0401－D1－01010	0	地锚详图	1	68622
合计					1612350

（1）第一层烟囱内径 4502mm，钢板厚度 22mm，长度 33669mm，单重 98t，第一层烟囱筒体三维图如图 2－2－4 所示。

（2）第二层烟囱内径 4502mm，钢板厚度 22～25mm，长度 25559mm，单重 86t，第二层烟囱筒体三维图如图 2－2－5 所示。

（3）第三层烟囱内径 4502mm，钢板厚度 22～38mm，长度 25559mm，单重 102t，第三层烟囱筒体三维图如图 2－2－6 所示。

（4）第四层烟囱内径 4502mm，钢板厚度 20～22mm，单重 81t，第四层烟囱筒体三维图如图 2－2－7 所示。

（5）第五层烟囱内径 4502mm，钢板厚度 16～20mm，单重 65t，第五层烟囱筒体三维图如图 2－2－8 所示。

（6）第六层烟囱内径 4502mm，钢板厚度 16～20mm，单重 55t，第六层烟囱筒体三维图如图 2－2－9 所示。

（7）第七层烟囱内径 4502mm，钢板厚度 12mm，单重 33t，第七层烟囱筒体三维图如图 2－2－10 所示。

4. 烟囱平台结构清单及各层平台设计图

烟囱 6 层平台结构清单见表 2－2－3。

构件清单							
编号	名称	图号	截面规格	数量	单重/kg	总重/kg	版次
T-1	T0401-D1-01001	第一层筒详图	D4546×22	3	105204	315612	
				合计：3件	总重量：315612kg		

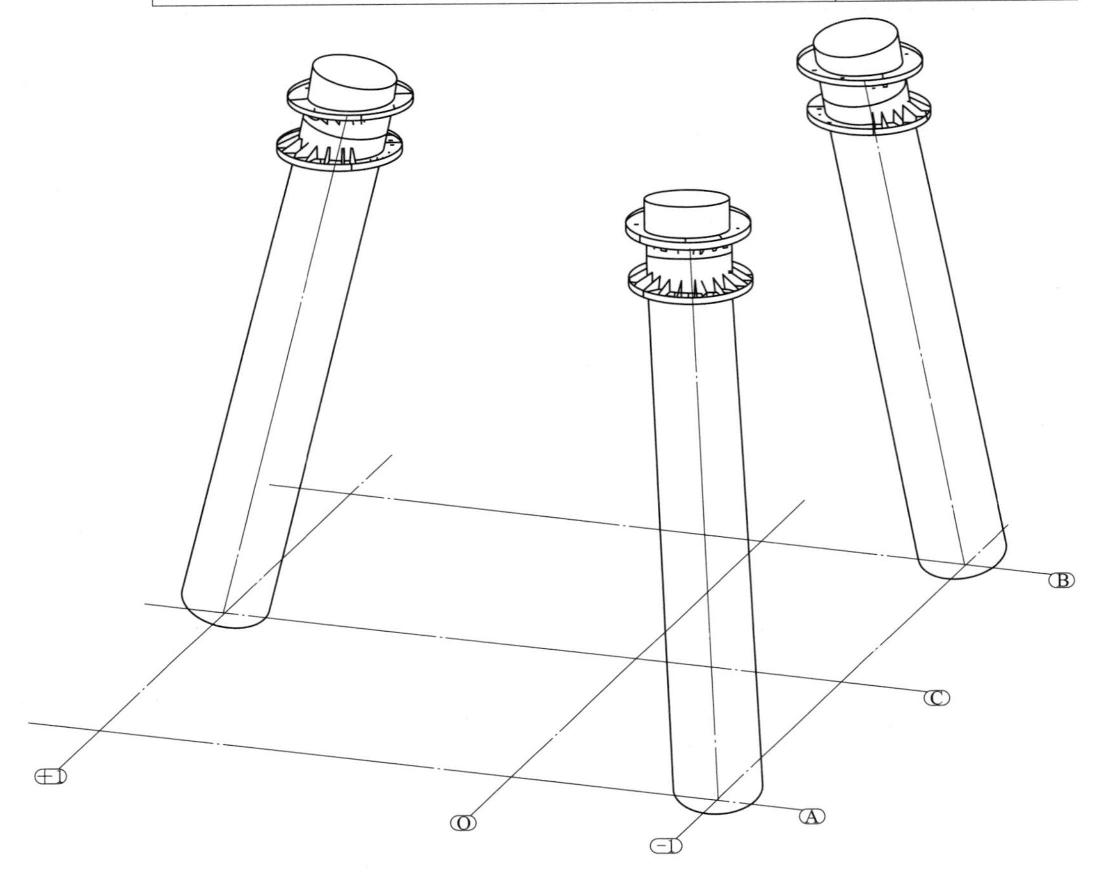

图 2-2-4　第一层烟囱筒体三维图

表 2-2-3　　　　烟囱 6 层平台结构清单

序号	组件图号	版次	组件图名称	数量	总重/kg
1	PT0401-D1-01	0	第一层平台详图	1	95582
2	PT0401-D1-02	0	第二层平台详图	1	73721
3	PT0401-D1-03	0	第三层平台详图	1	54984
4	PT0401-D1-04	0	第四层平台详图	1	36093
5	PT0401-D1-05	0	第五层平台详图	1	20854
6	PT0401-D1-06	0	第六层平台详图	1	6343
7	PT0401-D1-07	0	59m 漏斗平台	1	2600
合　计					290177

构件清单							
编号	名称	图号	截面规格	数量	单重/kg	总重/kg	版次
T-2	T0401-01-01002	第二层筒详图	D4546×22	3	96967	290961	
				合计:3件	总重量:290961kg		

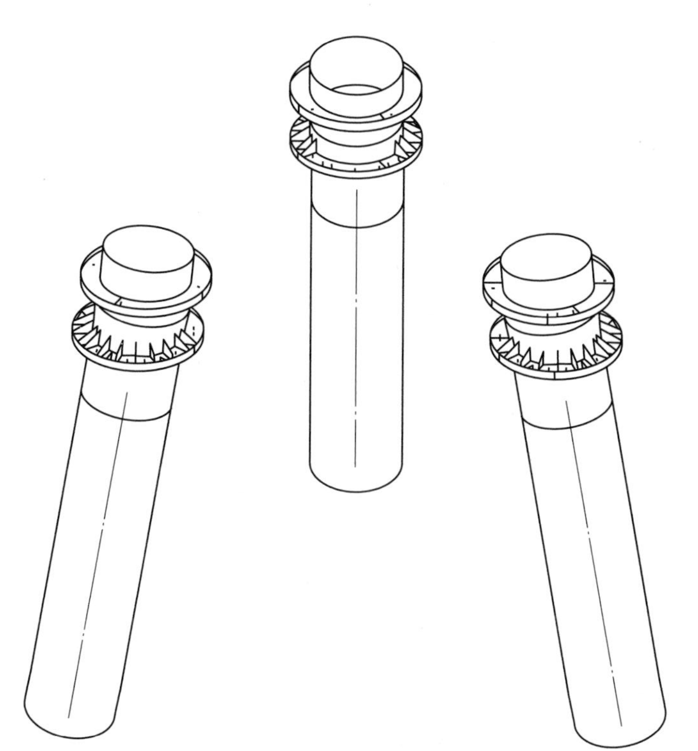

图 2-2-5　第二层烟囱筒体三维图

构件清单							
编号	名称	图号	截面规格	数量	单重/kg	总重/kg	版次
T-3	T0401-D1-01003	B筒第三层筒详图	D4546×22	1	165963	165963	
T-9			D4546×22	1	165963	165963	
T-12	T0401-D1-01009	A筒第三层筒详图	D4546×22	1	165963	165963	
				合计:3件	总重量:497889kg		

图 2-2-6　第三层烟囱筒体三维图

构件清单							
编号	名称	图号	截面规格	数量	单重/kg	总重/kg	版次
T-4	T0401-D1-01004	第四层筒详图	D4546×22	2	92126	184252	
T-3	T0401-D1-01004	第四层筒详图	D4546×22	1	92126	92126	
				合计:3件	总重量: 276378kg		

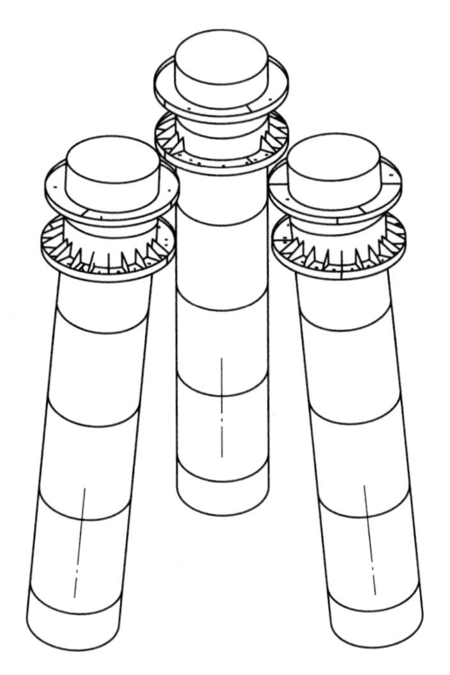

图 2-2-7 第四层烟囱筒体三维图

构件清单							
编号	名称	图号	截面规格	数量	单重/kg	总重/kg	版次
T-5	T0401-D1-01005	第五层筒详图	D4542×20	3	70074	210222	
				合计:3件	总重量: 210222kg		

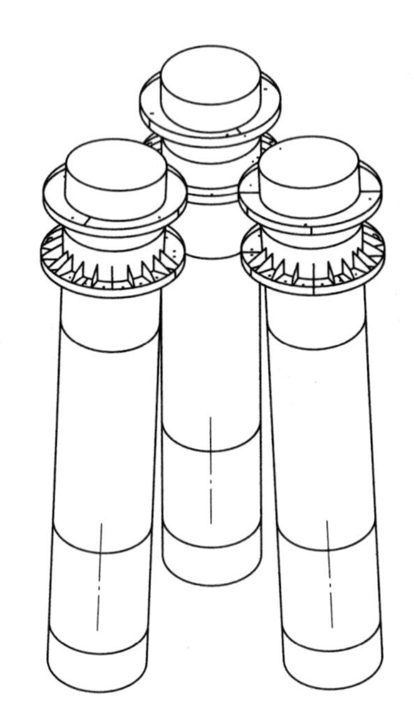

图 2-2-8 第五层烟囱筒体三维图

构件清单							
编号	名称	图号	截面规格	数量	单重/kg	总重/kg	版次
T-6	T0401-D1-01006	第六层筒详图	D4534×16	3	60089	180267	
				合计:3件	总重量:180267kg		

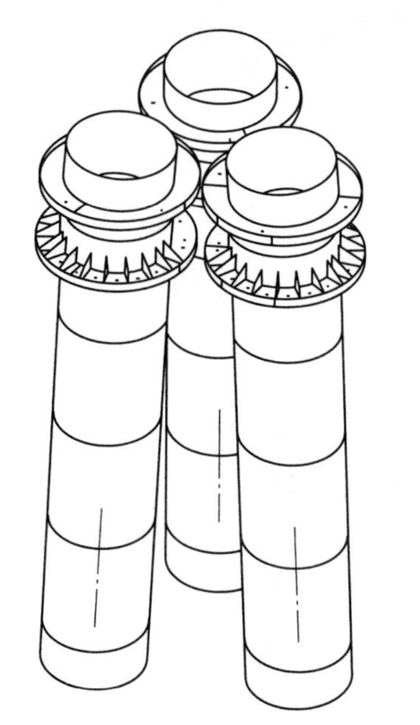

图 2-2-9 第六层烟囱筒体三维图

构件清单							
编号	名称	图号	截面规格	数量	单重/kg	总重/kg	版次
T-7	T0401-D1-01007	第七层筒详图	D4526×12	3	30960	92880	
				合计:3件	总重量:92880kg		

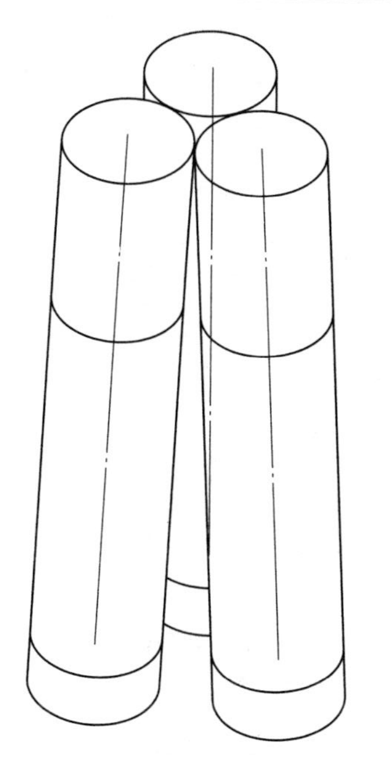

图 2-2-10 第七层烟囱筒体三维图

(1) 第一层平台在 31.5m 处，平台大梁规格 H3000mm×1200mm×22mm×25mm，单重 27t。烟囱第一层 31.5m 平台三维图如图 2-2-11 所示，第一层 31.5m 平台 Tekla 模型图如图 2-2-12 所示。

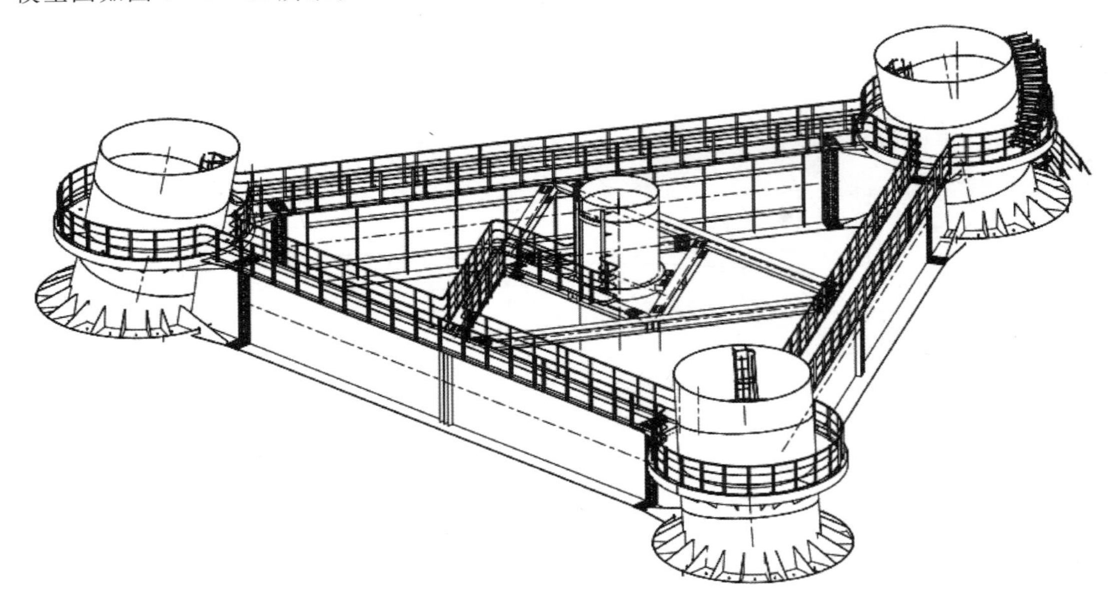

图 2-2-11 第一层 31.5m 平台三维图

图 2-2-12 第一层 31.5m 平台 Tekla 模型图

(2) 第二层平台在 56.5m 处，平台大梁规格 H3000mm×1200mm×25mm×32mm，单重 22t。烟囱第二层 56.5m 平台三维图如图 2-2-13 所示，第二层 56.5m 平台 Tekla 模型图如图 2-2-14 所示。

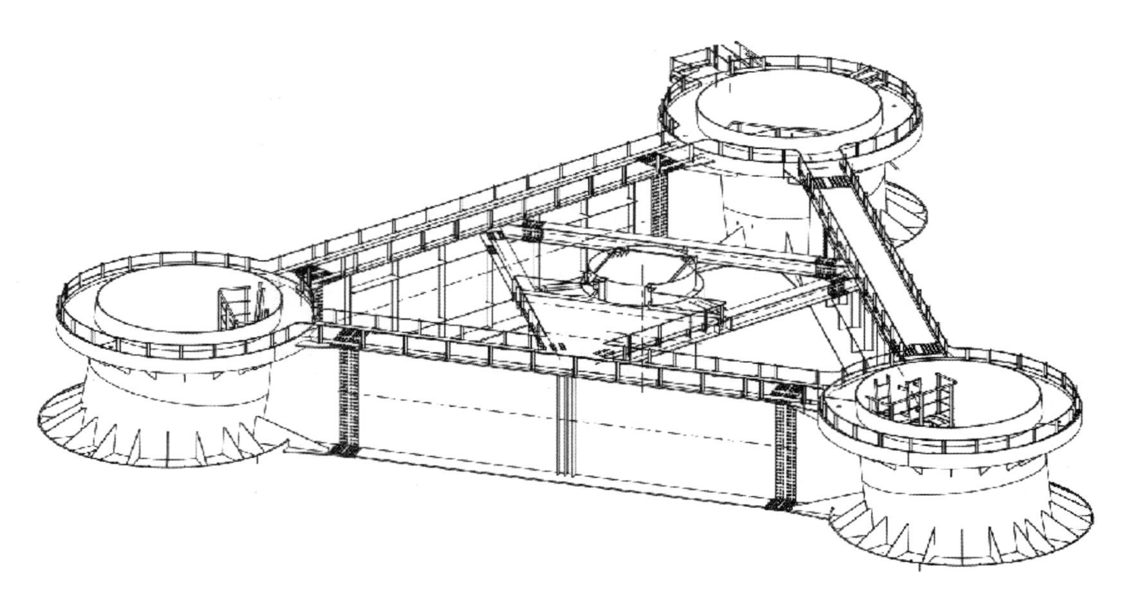

图 2-2-13 第二层 56.5m 平台三维图

图 2-2-14 第二层 56.5m 平台 Tekla 模型图

（3）第三层平台在81.5m处，平台大梁规格H3000mm×1200mm×25mm×32mm，单重16t。烟囱第三层81.5m平台三维图如图2-2-15所示，第三层81.5m平台Tekla模型图如图2-2-16所示。

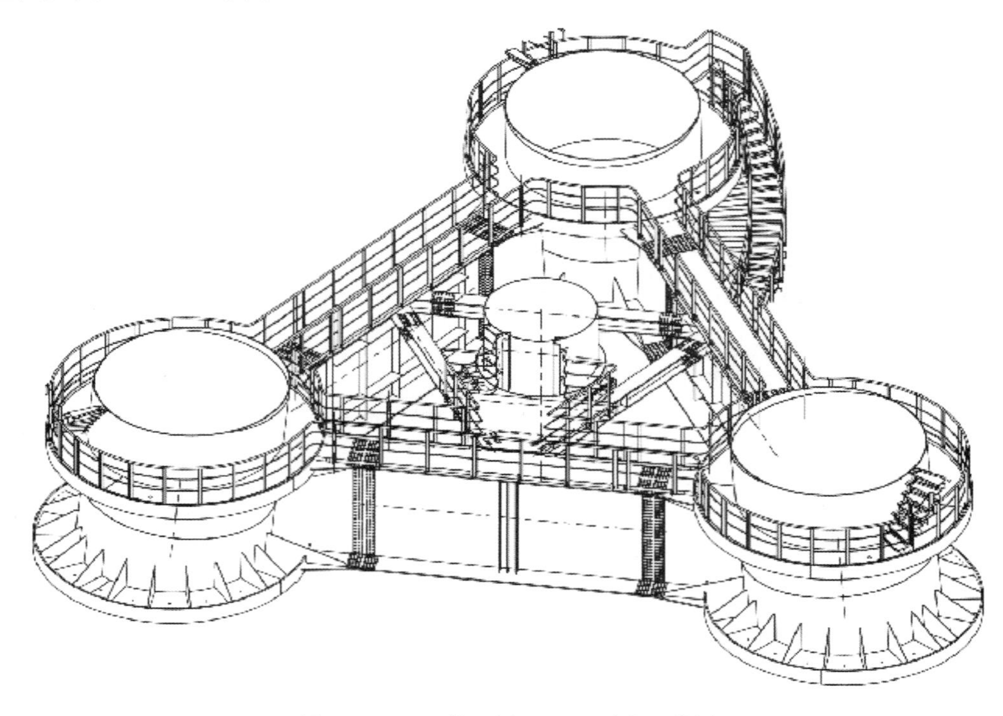

图2-2-15 第三层81.5m平台三维图

图2-2-16 第三层81.5m平台Tekla模型图

（4）第四层平台在106.5m处，平台大梁规格H3000mm×1200mm×25mm×32mm，单重2t。烟囱第四层106.5m平台三维图如图2-2-17所示，第四层106.5m平台Tekla模型图如图2-2-18所示。

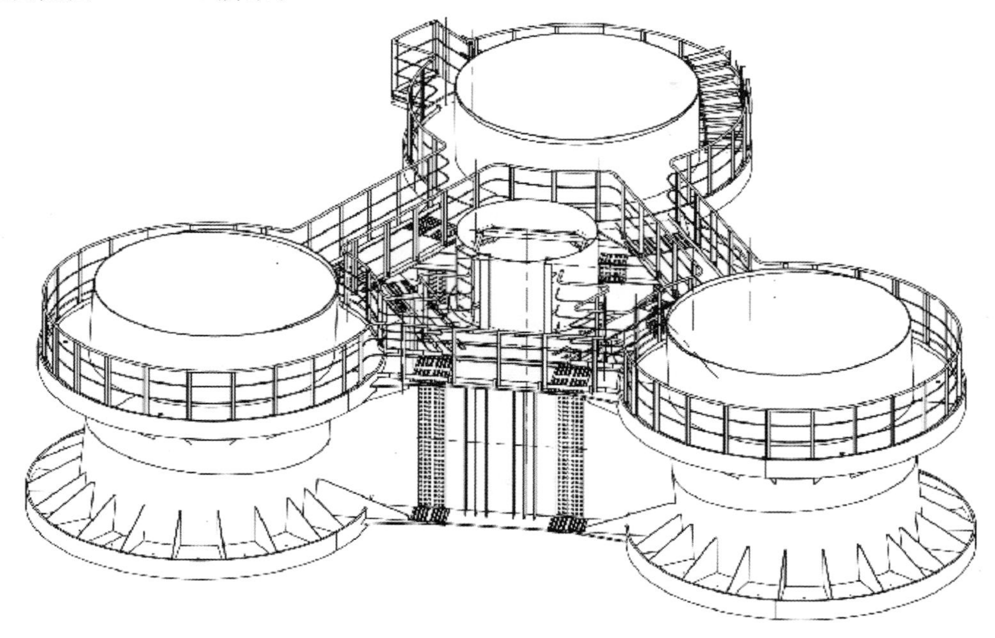

图2-2-17 第四层106.5m平台三维图

图2-2-18 第四层106.5m平台Tekla模型图

（5）第五层平台在131.5m处，平台大梁规格H3000mm×1200mm×25mm×32mm，单重1t。烟囱第五层131.5m平台三维图如图2-2-19所示，第五层131.5m平台Tekla模型图如图2-2-20所示。

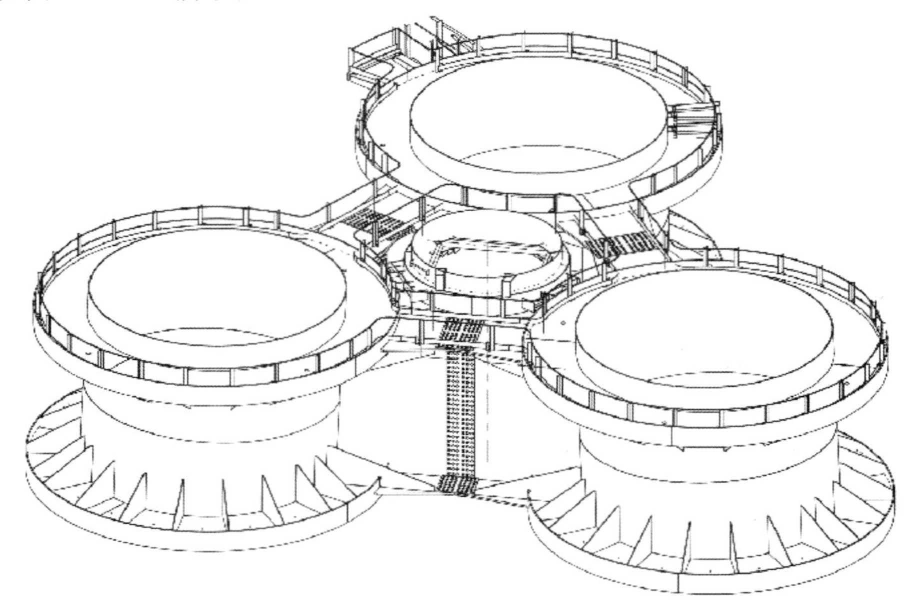

图2-2-19 第五层131.5m平台三维图

图2-2-20 第五层131.5m平台Tekla模型图

（6）第六层平台在156.5m处，烟囱通过连接板现场焊接归拢在一起。烟囱第六层156.5m平台三维图如图2-2-21所示，第六层156.5m平台Tekla模型图如图2-2-22所示。

图2-2-21 第六层156.5m平台三维图

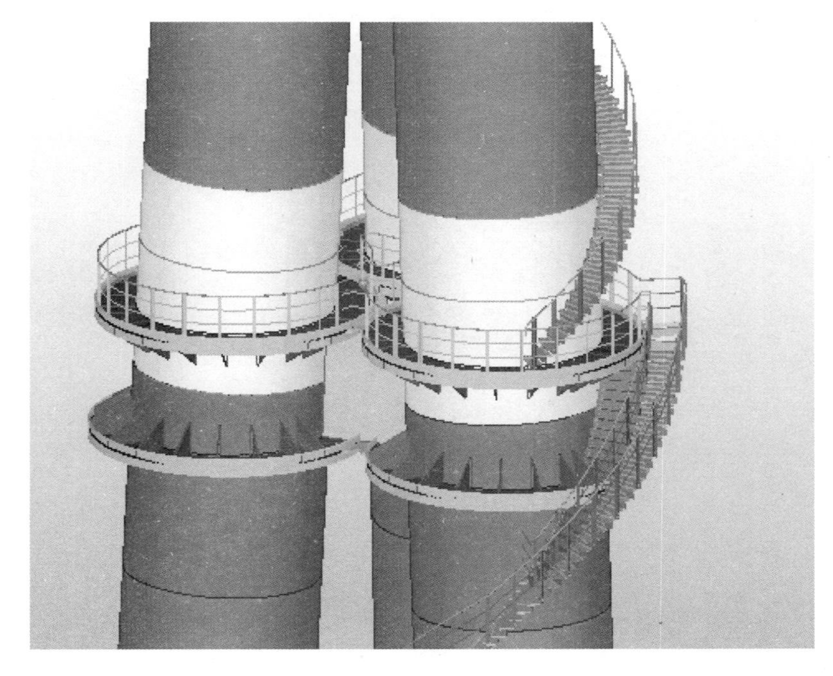

图2-2-22 第六层156.5m平台Tekla模型图

（7）第七层在 174.2m 处，烟囱设置平台爬梯。烟囱第七层 174.2m 平台三维图如图 2-2-23所示，第七层 174.2m 平台 Tekla 模型图如图 2-2-24 所示。

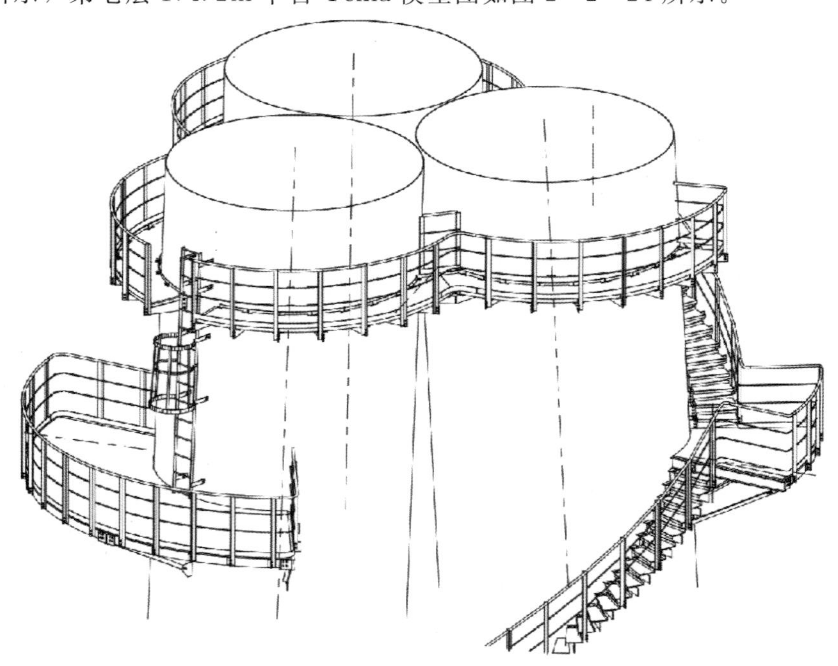

图 2-2-23 第七层 174.2m 平台三维图

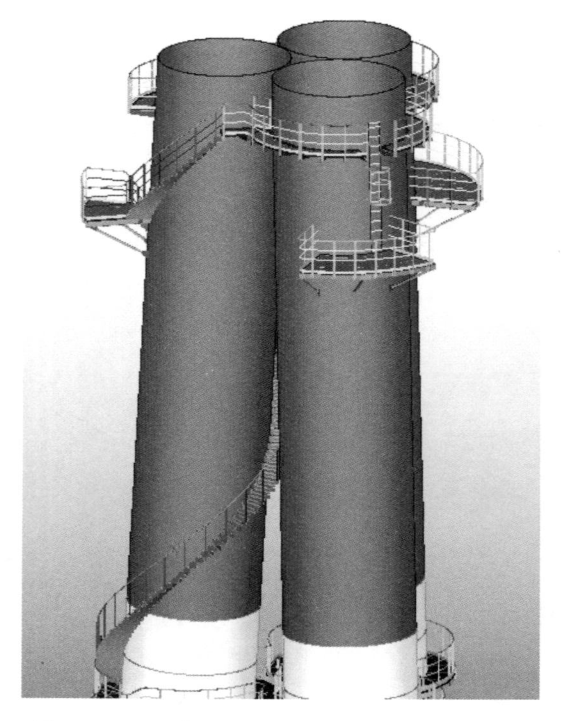

图 2-2-24 第七层 174.2m 平台 Tekla 模型图

5. 电梯井结构组件清单及设计图

电梯井结构组件清单见表 2-2-4。

表 2-2-4　　电梯井结构组件清单

序号	组件图号	版次	组件图名称	数量	总重/kg
1	DT0401-D1-01	0	电梯井 1 层布置图	1	36951
2	DT0401-D1-02	0	电梯井 2～4 层布置图	1	74429
3	DT0401-D1-03	0	电梯井 5 层布置图	1	32891

电梯井总图和 1 层电梯井外形图如图 2-2-25 和图 2-2-26 所示，电梯井 1 层三维设计图如图 2-2-27 所示。

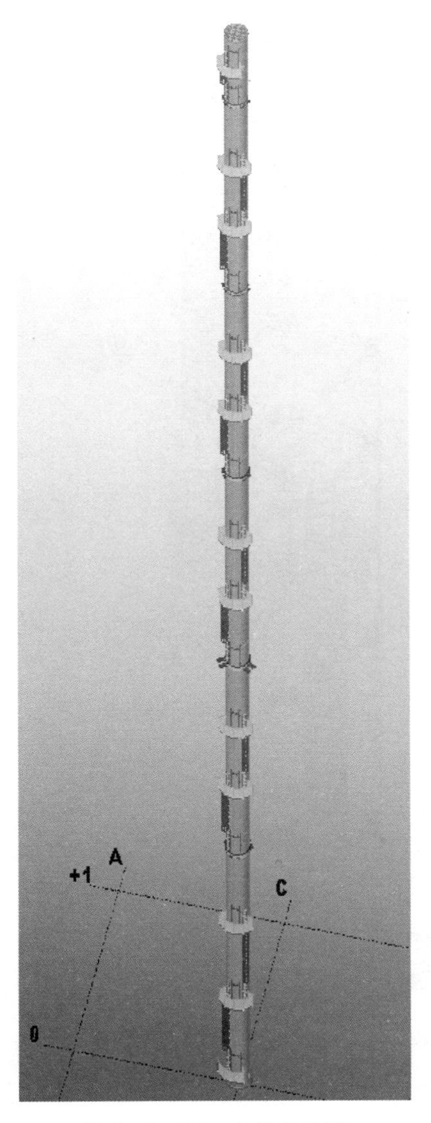

图 2-2-25　电梯井总图

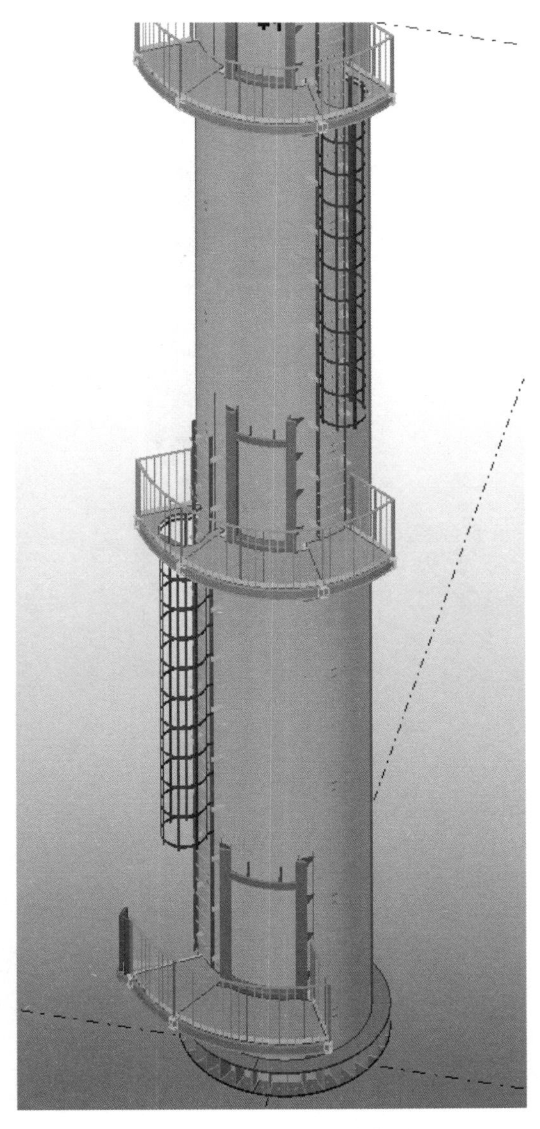

图 2-2-26　1 层电梯井外形图

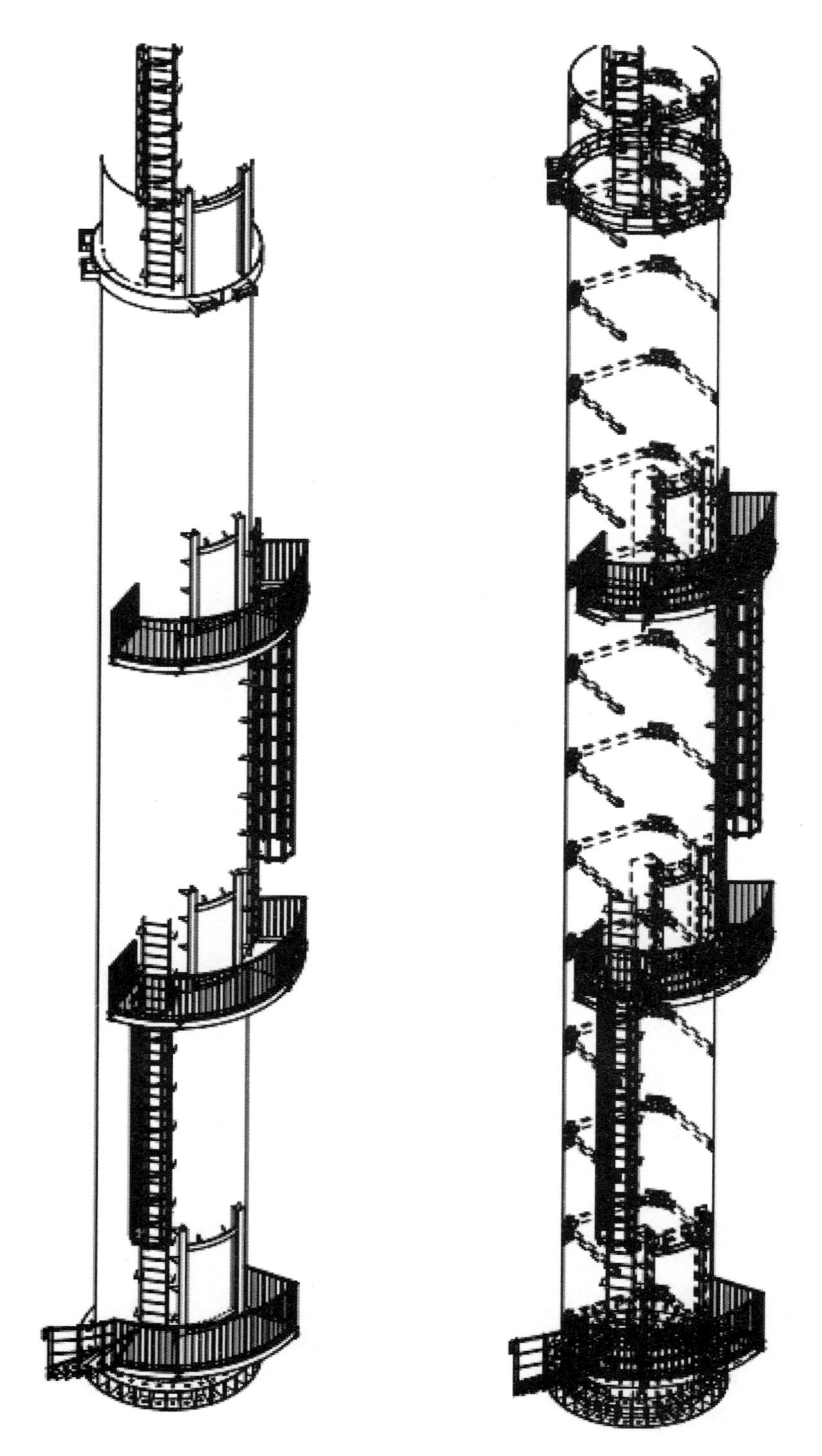

图 2-2-27　电梯井 1 层三维设计图

6. 筒内直爬梯设计图

筒内直爬梯位置布置图如图 2-2-28 所示，筒内直爬梯局部图如图 2-2-29 所示。

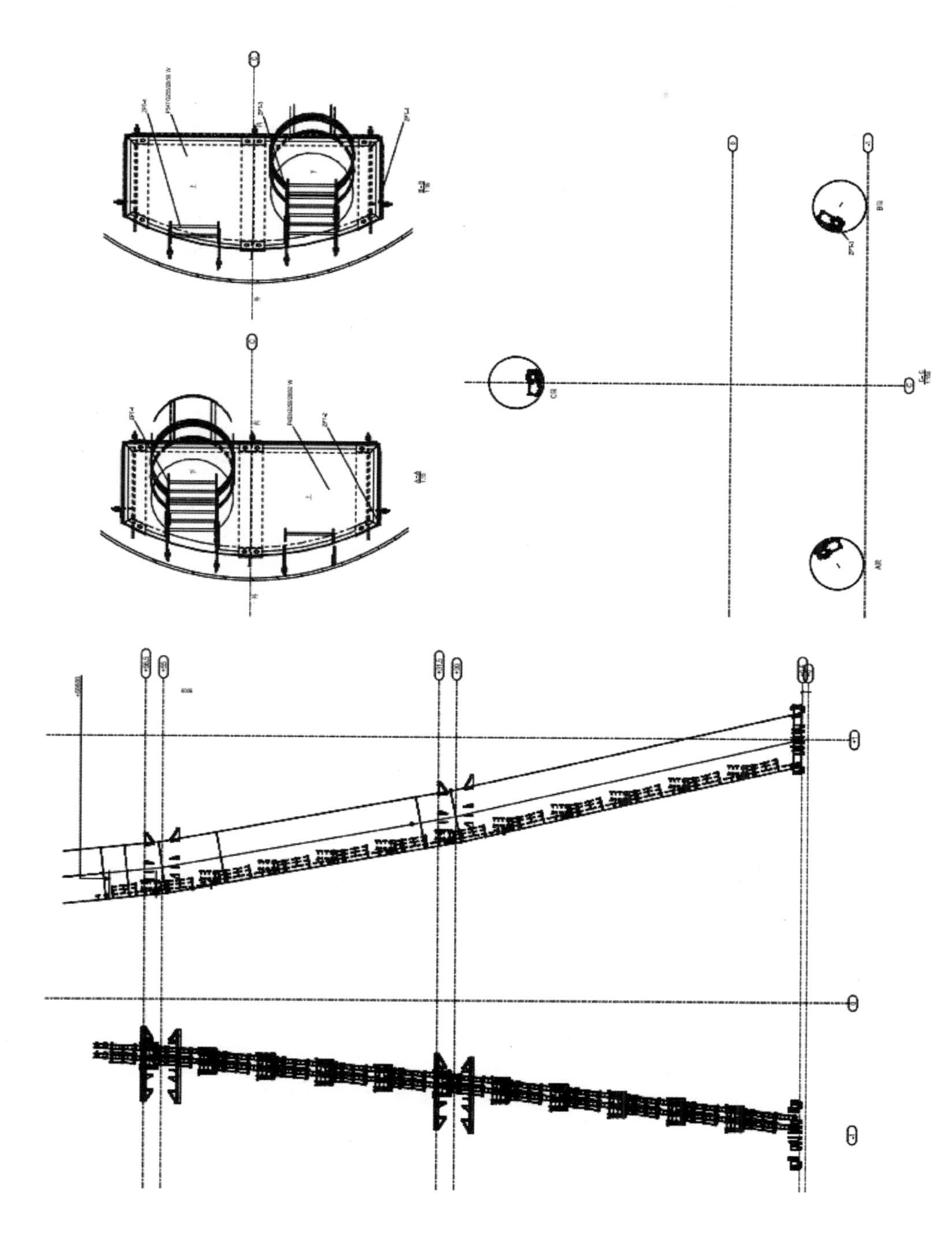

图 2-2-28 筒内直爬梯位置布置图

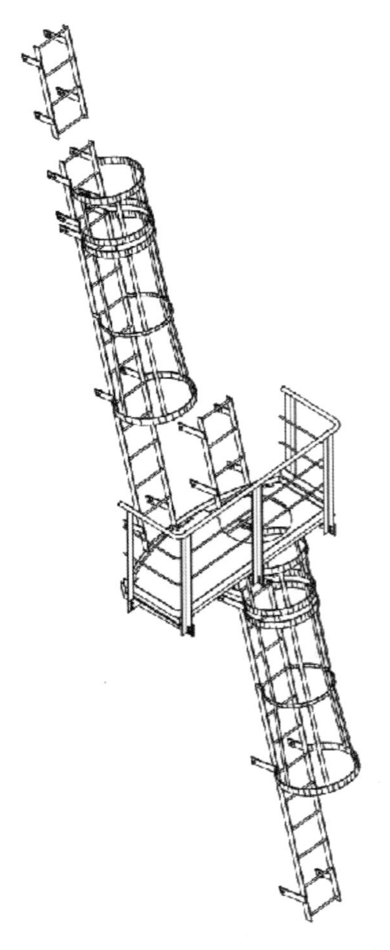

图 2-2-29 筒内直爬梯局部图

7. 烟道口设计图

烟囱与烟道在第三层通过法兰连接，图 2-2-30 所示为烟道出口位置图，图 2-2-31 为烟道出口三维图。

8. 螺旋楼梯设计图

山钢日照精品钢铁基地钢烟囱螺旋爬梯自 0.5m 到 178m 布设。因钢烟囱整体倾斜，每段角度不同，致使每级踏步长度都有变化，踏步规格繁多，制造成本高，生产周期长。为缩短制作周期降低成本，需对踏步规格归并，方法如下。

（1）根据踏步的具体位置放样确定每级台阶的长度，长度相近的采用统一规格的踏步。

（2）细微的长度变化通过托架板的变化来实现。

通过归并，踏步类型由原来的 823 种减少为 28 种。通过归并，减少了图纸数量。同类型的踏步可以大批量生产，在下料、折弯、装配、涂装等工序减少了人工，缩短了制作周期。安装时也便于挑选构架，避免安装错误，提高了安装效率。

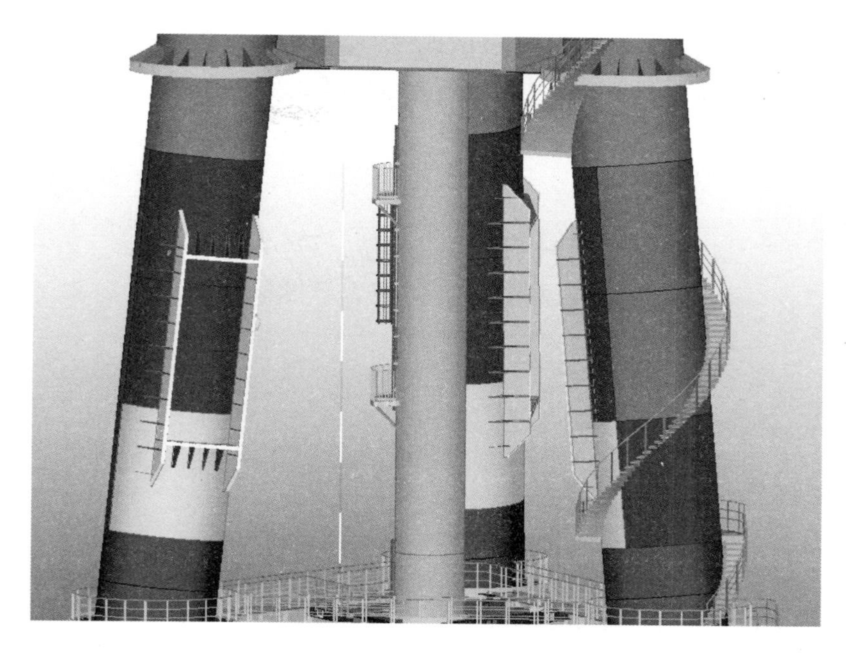

图 2-2-30 烟道出口位置图

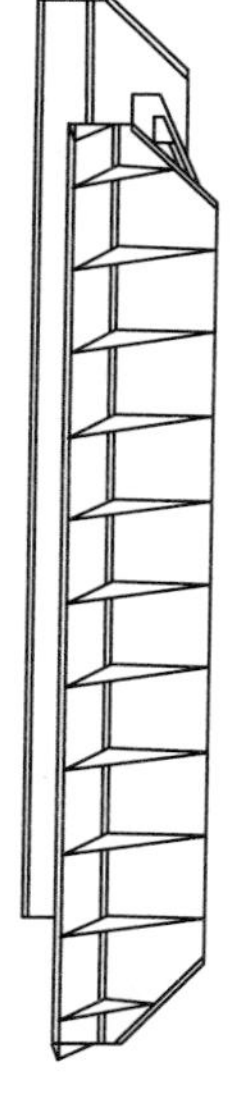

图 2-2-31 烟道出口三维图

图 2-2-32 所示为螺旋爬梯布置图，图 2-2-33 所示为螺旋爬梯结构图，图 2-2-34 所示为归并后的踏步图纸，图 2-2-35 所示为螺旋爬梯效果图。

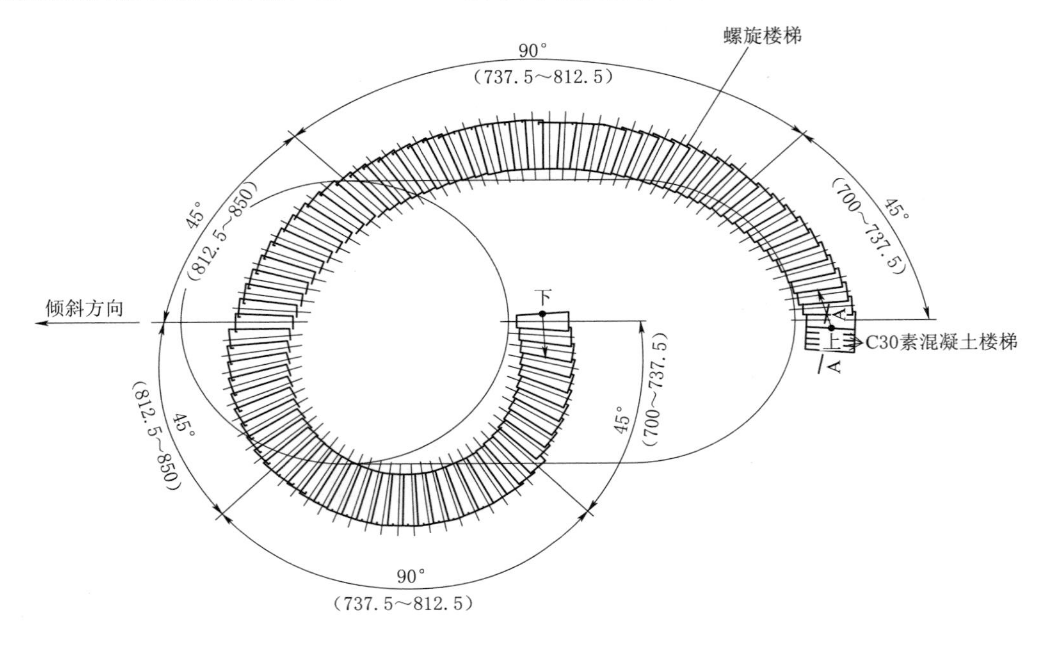

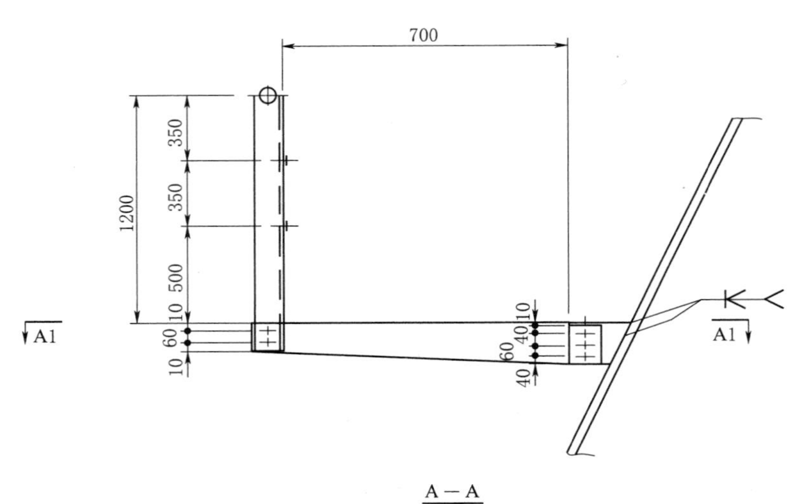

A-A

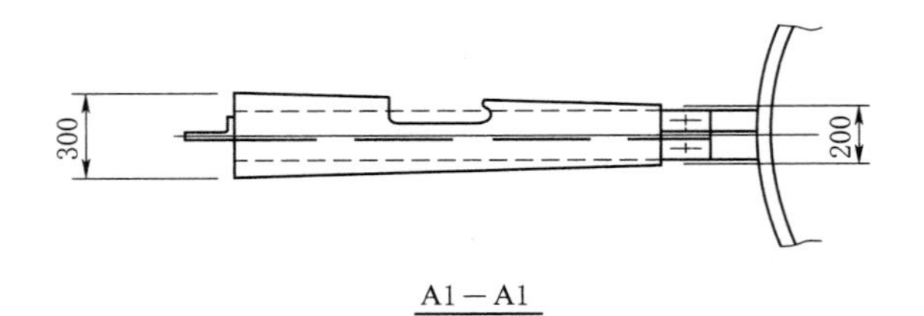

A1-A1

图 2-2-32 螺旋爬梯布置图（单位：mm）

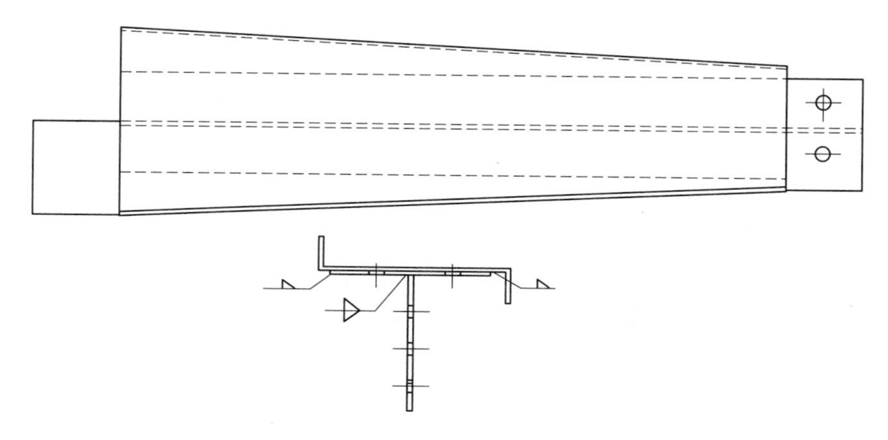

图 2-2-33　螺旋爬梯结构图

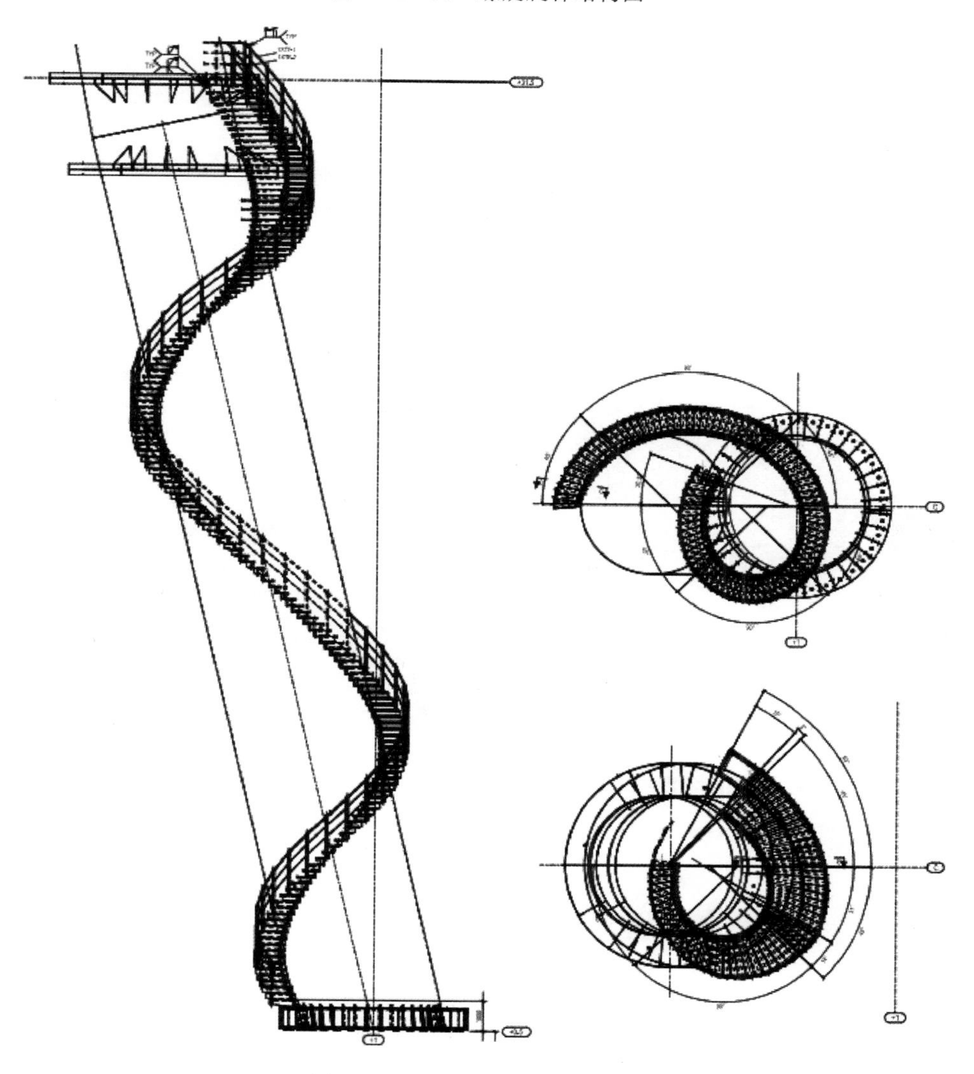

图 2-2-34　归并后的踏步图纸

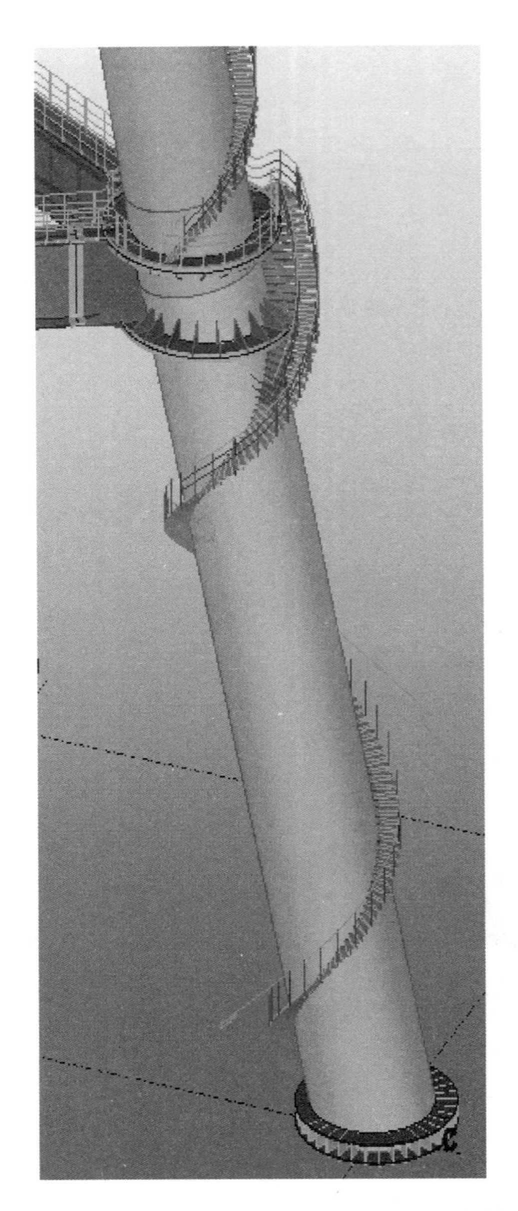

图 2-2-35 螺旋爬梯效果图（第一层螺旋楼梯）

第三节 平台钢梁刚接节点设计计算

H400mm×400mm×13mm×21mm 型钢全螺栓连接 Tekla 模型如图 2-3-1 所示，H3200mm×1200mm 型钢全螺栓连接 Tekla 模型如图 2-3-2 所示。

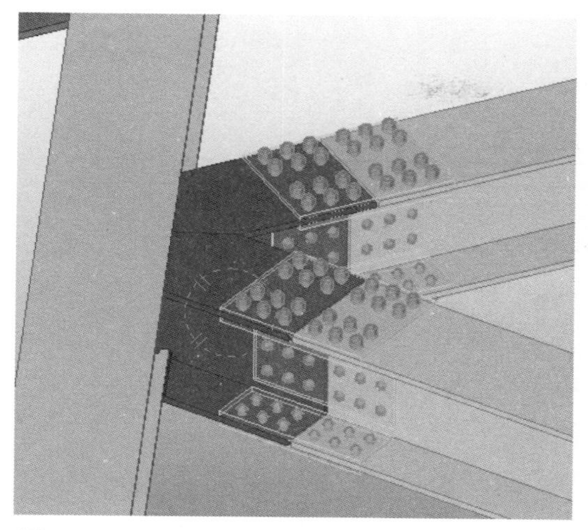

图 2-3-1 H400mm×400mm×13mm×21mm 型钢全螺栓连接 Tekla 模型

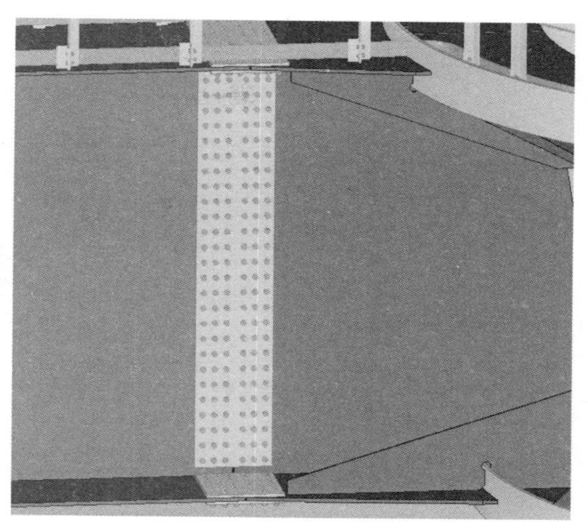

图 2-3-2 H3200mm×1200mm 型钢全螺栓连接 Tekla 模型

一、梁 H400mm×400mm×13mm×21mm 刚接节点计算书

(1) 计算软件：TSZ 结构设计系列软件 TS _ MTSTool v4.6.0.0。

(2) 计算时间：2018 年 5 月 22 日 16：25：42。

(一) 节点基本资料

(1) 设计依据：《钢结构连接节点设计手册》(第二版)(李星荣等编著，中国建筑工业出版社，2005 年。下同)。

(2) 节点类型：梁梁拼接全螺栓刚接。

(3) 梁截面：H400mm×400mm×13mm×21mm，材料为 Q235。

(4) 左边梁截面：H400mm×400mm×13mm×21mm，材料为 Q235。

(5) 腹板螺栓群：10.9 级-M22。

1) 螺栓群并列布置：3 行，行间距 75mm；3 列，列间距 75mm；

2) 螺栓群：列边距 50mm，行边距 50mm。

(6) 翼缘螺栓群：10.9 级-M22。

1) 螺栓群并列布置：2 行，行间距 75mm；3 列，列间距 75mm；

2) 螺栓群：列边距 50mm，行边距 50mm。

(7) 腹板连接板：510mm×250mm，厚 12mm。

(8) 翼缘上部连接板：510mm×400mm，厚 12mm。

(9) 翼缘下部连接板：510mm×175mm，厚 16mm。

(10) 梁梁腹板间距 $a=10$mm。

(11) 节点前视图如图 2-3-3 所示，节点下视图如图 2-3-4 所示。

(二) 荷载信息

设计内力按等强度设计。

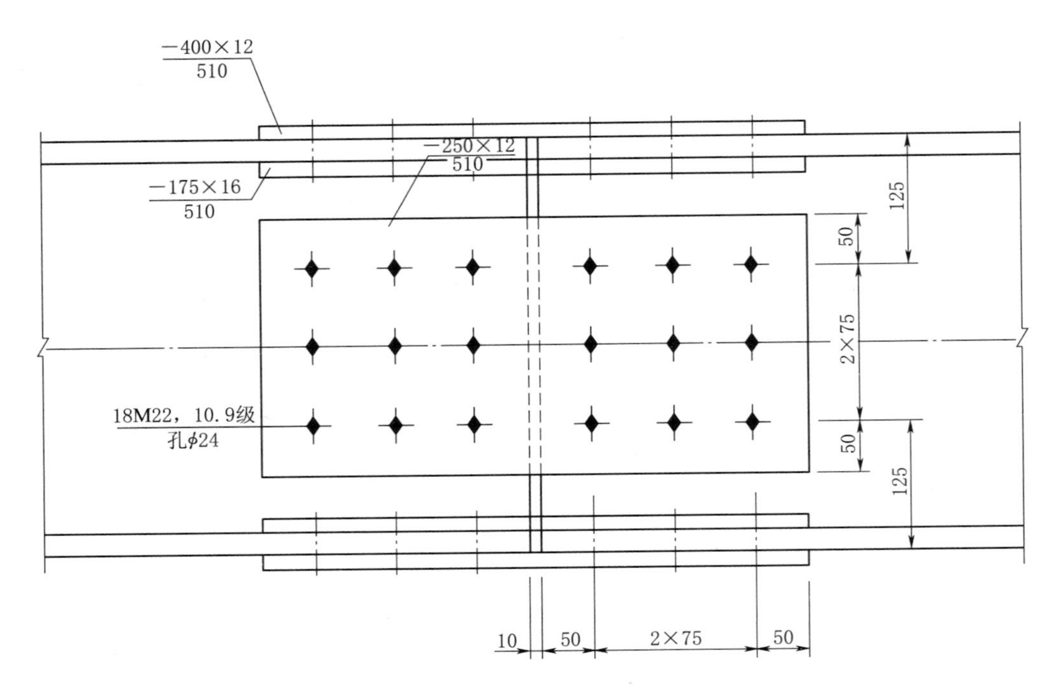

图 2-3-3 节点前视图（单位：mm）

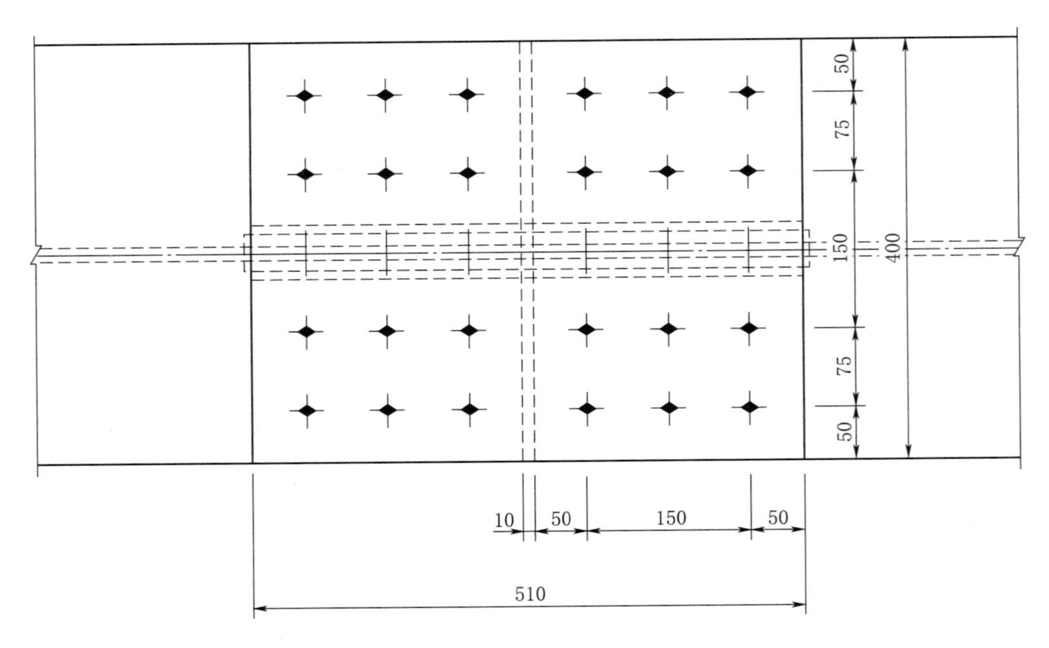

图 2-3-4 节点下视图（单位：mm）

（三）验算结果一览

验算结果见表 2-3-1。

表 2-3-1　　验算结果一览表

参　数	数　值	标　准	结　果
承担剪力/kN	134	最大 154	满足
列边距/mm	50	最小 36	满足
列边距/mm	50	最大 96	满足
外排列间距/mm	75	最大 144	满足
中排列间距/mm	75	最大 288	满足
列间距/mm	75	最小 72	满足
行边距/mm	50	最小 48	满足
行边距/mm	50	最大 96	满足
外排行间距/mm	75	最大 144	满足
中排行间距/mm	75	最大 288	满足
行间距/mm	75	最小 72	满足
列边距/mm	50	最小 36	满足
列边距/mm	50	最大 96	满足
外排列间距/mm	75	最大 144	满足
中排列间距/mm	75	最大 288	满足
列间距/mm	75	最小 72	满足
行边距/mm	50	最小 48	满足
行边距/mm	50	最大 96	满足
外排行间距/mm	75	最大 144	满足
中排行间距/mm	75	最大 288	满足
行间距/mm	75	最小 72	满足
净截面剪应力比	0.87	1	满足
净截面正应力比	0	1	满足
净面积/cm^2	42.7	最小 37.2	满足
承担剪力/kN	103	最大 154	满足
极限受剪/(kN·m)	6237	最小 4738	满足
列边距/mm	50	最小 48	满足
列边距/mm	50	最大 96	满足
外排列间距/mm	75	最大 192	满足
中排列间距/mm	75	最大 384	满足
列间距/mm	75	最小 72	满足
行边距/mm	50	最小 36	满足

续表

参数	数值	标准	结果
行边距/mm	50	最大 96	满足
外排行间距/mm	75	最大 192	满足
中排行间距/mm	75	最大 384	满足
行间距/mm	75	最小 72	满足
净截面剪应力比	0	1	满足
净截面正应力比	0.312	1	满足
净面积/cm^2	77.1	最小 63.8	满足
净抵抗矩/cm^3	2589	最小 2580	满足
抗弯承载力/(kN·m)	1156.1	最小 1099.8	满足
孔洞削弱率/%	22.72	最大 25	满足

（四）梁梁腹板螺栓群验算

1. 螺栓群受力计算

（1）控制工况：梁净截面承载力。

（2）梁腹板净截面抗剪承载力 $V_{wn}=[13\times(400-2\times21)-\max(3\times24，0+0)\times13]\times 125\times10^{-3}=464.75(kN)$。

（3）梁净截面抗弯承载力计算。

1）翼缘毛截面惯性矩 $I_f=400\times21\times(400-21)^2/2\times10^{-4}=60329.2(cm^4)$。

2）翼缘螺栓孔惯性矩 $I_{fb}=[4\times2\times24\times21^3/12+4\times2\times24\times21\times(400-21)^2/4]\times 10^{-4}=14493.8(cm^4)$。

3）腹板螺栓孔惯性矩 $I_{wb}=[3\times13\times24^3/12+13\times22\times11250]\times10^{-4}=326.24(cm^4)$。

4）翼缘净截面惯性矩 $I_{fn}=60391.2-14493.8=45897.4(cm^4)$。

5）梁净截面惯性矩 $I_n=66455-14493.8-326.24=51634.96(cm^4)$。

6）梁的净截面抵抗矩 $W_n=51634.96/0.5/400\times10=2581.748(cm^3)$。

7）梁的净截面抗弯承载弯矩 $M_n=W_n\times f=25817.48\times205\times10^{-3}=529.258(kN\cdot m)$。

8）翼缘净截面抗弯承载弯矩 $M_{fn}=M_n\times I_{fn}/I_n=529.258\times45897.4/51634.96=470.448(kN\cdot m)$。

9）腹板净截面抗弯承载弯矩 $M_{wn}=M_n-M_{fn}=529.258-470.448=58.81(kN\cdot m)$。

2. 腹板螺栓群承载力计算

（1）列向剪力 $V=464.75kN$。

（2）平面内弯矩 $M=58.5126kN\cdot m$。

（3）螺栓采用：10.9 级-M22。

1）螺栓群并列布置：3 行，行间距 75mm；3 列，列间距 75mm。

2）螺栓群：列边距 50mm，行边距 50mm。

3）螺栓受剪面个数为 2 个。

4）连接板材料类型为 Q235。

（4）螺栓抗剪承载力 $N_{vt}=N_v=0.9n_f\mu P=0.9\times2\times0.45\times190=153.9(kN)$。

（5）计算右上角边缘螺栓承受的力 $N_v=464.75/9=51.639(kN)$，$N_h=0kN$。

（6）螺栓群对中心的坐标平方和 $S=\sum x^2+\sum y^2=67500mm^2$。

$N_{mx}=58.513\times75\times(3-1)/2/67500\times10^3=65.014(kN)$。

$N_{my}=58.513\times75\times(3-1)/2/67500\times10^3=65.014(kN)$。

$N=[(|N_{mx}|+|N_h|)^2+(|N_{my}|+|N_v|)^2]^{0.5}=[(65.014+0)^2+(65.014+51.639)^2]^{0.5}=133.55(kN)\leqslant153.9kN$，满足要求。

3. 腹板螺栓群构造检查

（1）列边距为 50mm，最小限值为 36mm，满足要求。

（2）列边距为 50mm，最大限值为 96mm，满足要求。

（3）外排列间距为 75mm，最大限值为 144mm，满足要求。

（4）中排列间距为 75mm，最大限值为 288mm，满足要求。

（5）列间距为 75mm，最小限值为 72mm，满足要求。

（6）行边距为 50mm，最小限值为 48mm，满足要求。

（7）行边距为 50mm，最大限值为 96mm，满足要求。

（8）外排行间距为 75mm，最大限值为 144mm，满足要求。

（9）中排行间距为 75mm，最大限值为 288mm，满足要求。

（10）行间距为 75mm，最小限值为 72mm，满足要求。

4. 腹板连接板计算

（1）连接板剪力 $V_1=464.75kN$，采用一样的两块连接板。

（2）连接板截面宽度 $B_1=250mm$。

（3）连接板截面厚度 $T_1=12mm$。

（4）连接板材料抗剪强度 $f_v=125N/mm^2$。

（5）连接板材料抗拉强度 $f=215N/mm^2$。

（6）连接板全面积 $A=B_1\times T_1\times2=250\times12\times2\times10^{-2}=60(cm^2)$。

（7）开洞总面积 $A_0=3\times24\times12\times2\times10^{-2}=17.28(cm^2)$。

（8）连接板净面积 $A_n=A-A_0=60-17.28=42.72(cm^2)$。

（9）连接板净截面剪应力计算：

$$\tau=V_1\times10^3/A_n=464.75/42.72\times10=108.79(N/mm^2)\leqslant125N/mm^2$$

满足要求。

（10）连接板截面正应力计算。

1）按《钢结构设计规范》（GB 50017—2017）式（5.1.1-2）计算：

$$\sigma=(1-0.5n_1/n)N/A_n=(1-0.5\times3/9)\times0/42.72\times10=0(N/mm^2)\leqslant215N/mm^2$$

满足要求。

2）按《钢结构设计规范》（GB 50017—2017）式（5.1.1-3）计算：

$$\sigma=N/A=0/60\times10=0(N/mm^2)\leqslant215N/mm^2$$

满足要求。

5. 腹板连接板刚度计算

(1) 腹板的净面积为 $13\times(400-2\times21)/100-3\times13\times24/100=37.18(\mathrm{cm})^2$。

(2) 腹板连接板的净面积为 $(250-3\times24)\times12\times2/100=42.72(\mathrm{cm}^2)\geqslant37.18\mathrm{cm}^2$。满足要求。

(五) 翼缘螺栓群验算

1. 翼缘螺栓群受力计算

(1) 控制工况：梁净截面抗弯承载力。

(2) 翼缘分担的净截面弯矩计算参见有关标准。

(3) 翼缘螺栓群承担轴向力 $F_f=M_{fn}/(h-t_f)/2=470.446/(400-21)/2\times10^3=620.641(\mathrm{kN})$。

2. 翼缘螺栓群承载力计算

(1) 行向轴力 $H=620.641\mathrm{kN}$。

(2) 螺栓采用：10.9 级-M22。

1) 螺栓群并列布置：2 行，行间距 75mm；3 列，列间距 75mm。

2) 螺栓群：列边距 50mm，行边距 50mm。

3) 螺栓受剪面个数为 2 个。

4) 连接板材料类型为 Q235。

(3) 螺栓抗剪承载力 $N_{vt}=N_v=0.9n_f\mu P=0.9\times2\times0.45\times190=153.9(\mathrm{kN})$。

(4) 轴向连接长度 $l_1=(3-1)\times75=150(\mathrm{mm})<15d_0=360\mathrm{mm}$，取承载力折减系数 $\xi=1.0$。

(5) 折减后螺栓抗剪承载力 $N_{vt}=153.9\times1=153.9(\mathrm{kN})$。

(6) 计算右上角边缘螺栓承受的力 $N_v=0\mathrm{kN}$，$N_h=620.64/6=103.44(\mathrm{kN})$。

(7) 螺栓群对中心的坐标平方和 $S=\sum x^2+\sum y^2=30938\mathrm{mm}^2$。

$N_{mx}=0\mathrm{kN}$

$N_{my}=0\mathrm{kN}$

$N=[(|N_{mx}|+|N_h|)^2+(|N_{my}|+|N_v|)^2]^{0.5}=[(0+103.44)^2+(0+0)^2]^{0.5}=103.44(\mathrm{kN})\leqslant153.9\mathrm{kN}$

满足要求。

(8) $N_{vu}=0.58n_fA_ef_u=0.58\times2\times303.4\times1.04=366.02(\mathrm{kN})$。

(9) $N_{cu}=\sum tdf_{cu}=21\times22\times1.5\times375\times10^{-3}=259.88(\mathrm{kN})$。

3. 翼缘螺栓群构造检查

(1) 列边距为 50mm，最小限值为 48mm，满足要求。

(2) 列边距为 50mm，最大限值为 96mm，满足要求。

(3) 外排列间距为 75mm，最大限值为 192mm，满足要求。

(4) 中排列间距为 75mm，最大限值为 384mm，满足要求。

(5) 列间距为 75mm，最小限值为 72mm，满足要求。

(6) 行边距为 50mm，最小限值为 36mm，满足要求。

(7) 行边距为 50mm，最大限值为 96mm，满足要求。

（8）外排行间距为75mm，最大限值为192mm，满足要求。

（9）中排行间距为75mm，最大限值为384mm，满足要求。

（10）行间距为75mm，最小限值为72mm，满足要求。

4. 翼缘连接板计算

（1）连接板轴力 $N_1=620.641\text{kN}$，采用两种不同的连接板。

（2）连接板1截面宽度 $B_{11}=175\text{mm}$，连接板1截面厚度 $T_{11}=16\text{mm}$，连接板1有2块。

（3）连接板2截面宽度 $B_{12}=400\text{mm}$，连接板2截面厚度 $T_{12}=12\text{mm}$。

（4）连接板材料抗剪强度 $f_v=125\text{N/mm}^2$。

（5）连接板材料抗拉强度 $f=215\text{N/mm}^2$。

（6）连接板全面积 $A=B_{11}\times T_{11}\times 2+B_{12}\times T_{12}=(175\times 16\times 2+400\times 12)\times 10^{-2}=104(\text{cm}^2)$。

（7）开洞总面积 $A_0=2\times 24\times(16+12)\times 2\times 10^{-2}=26.88(\text{cm}^2)$。

（8）连接板净面积 $A_n=A-A_0=104-26.88=77.12(\text{cm}^2)$。

（9）连接板净截面剪应力 $\tau=0\text{N/mm}^2\leqslant 125\text{mm}^2$，满足要求。

（10）连接板截面正应力计算。

1）按《钢结构设计规范》（GB 50017—2017）式（5.1.1－2）计算：

$$\sigma=(1-0.5n_1/n)N/A_n=(1-0.5\times 2/6)\times 620.641/77.12\times 10$$
$$=67.0644(\text{N/mm}^2)\leqslant 215\text{N/mm}^2$$

满足要求。

2）按《钢结构设计规范》（GB 50017—2017）式（5.1.1－3）计算：

$$\sigma=N/A=620.641/104\times 10=59.677(\text{N/mm}^2)\leqslant 215\text{N/mm}^2$$

满足要求。

5. 翼缘连接板刚度计算

（1）单侧翼缘的净面积为 $400\times 21/100-2\times 2\times 24\times 21/100=63.84\ (\text{cm}^2)$。

（2）单侧翼缘连接板的净面积为 $(400-2\times 2\times 24)\times 12/100+(175-2\times 24)\times 16\times 2/100=77.12(\text{cm}^2)\geqslant 63.84\text{cm}^2$，满足要求。

6. 拼接连接板刚度验算

（1）梁的毛截面惯性矩 $I_{b0}=66455\text{cm}^4$。

（2）翼缘上的螺栓孔的惯性矩 $I_{bbf}=2\times 2\times 2\times[24\times 21^3/12+24\times 21\times(400/2-21/2)^2]\times 10^{-4}=14493.8(\text{cm}^4)$。

（3）腹板上的螺栓孔惯性矩 $I_{bbw}=3\times 13\times 24^3/12\times 10^{-4}+13\times 24\times(75^2+75^2)\times 10^{-4}=355.493(\text{cm}^4)$。

（4）梁的净惯性矩 $I_b=66455-14493.8-355.493=51605.7(\text{cm}^4)$。

（5）梁的净截面抵抗矩 $W_b=51605.7/400\times 2\times 10=2580.28(\text{cm}^3)$。

（6）翼缘上部连接板的毛惯性矩 $I_{pf1}=2\times[400\times 12^3/12+400\times 12\times(400/2+12/2)^2]\times 10^{-4}=40750.1(\text{cm}^4)$。

（7）翼缘上部连接板上的螺栓孔的惯性矩 $I_{pfb1}=2\times 2\times 2\times[24\times 12^3/12+24\times 12\times$

$(400/2+12/2)^2]\times10^{-4}=9780.02(\text{cm}^4)$。

（8）翼缘下部连接板的毛惯性矩 $I_{pf2}=2\times2\times[175\times16^3/12+175\times16\times(400/2-16/2-21)^2]\times10^{-4}=32773.8(\text{cm}^4)$。

（9）翼缘下部连接板上的螺栓孔的惯性矩 $I_{pfb2}=2\times2\times2\times[24\times16^3/12+24\times16\times(400/2-16/2)^2]\times10^{-4}=11331.2(\text{cm}^4)$。

（10）腹板连接板的毛惯性矩 $I_{pw}=2\times12\times250^3/12\times10^{-4}=3125(\text{cm}^4)$。

（11）腹板连接板上的螺栓孔的惯性矩 $I_{pbw}=2\times3\times12\times24^3/12\times10^{-4}+2\times12\times24\times(75^2+75^2)\times10^{-4}=656.294(\text{cm}^4)$。

（12）连接板的净惯性矩 $I_p=40750.1+32773.8+3125-9780.02-11331.2-656.294=54881.4(\text{cm}^4)$。

（13）连接板的净截面抵抗矩 $W_p=54881.4/(400/2+12)\times10=2588.75(\text{cm}^3)\geqslant2580.28\text{cm}^3$，满足要求。

（六）梁梁节点抗震验算

1. 抗弯最大承载力验算

（1）全塑性受弯承载弯矩 $M_{bp}=[400\times21\times(400-21)+0.25\times(400-2\times21)^2\times13]\times235\times10^{-6}=846.031(\text{kN}\cdot\text{m})$。

（2）翼缘板净截面的极限受弯承载力 $M_{uf1}=[400\times21\times375\times(400-21)]\times10^{-6}=1193.85(\text{kN}\cdot\text{m})$。

（3）翼缘连接板净截面的极限受弯承载弯矩 M_{uf2} 的计算。

1）翼缘外侧连接板的净截面面积 $A_{ns1}=(400-2\times2\times24)\times12=3648(\text{mm}^2)$。

2）翼缘内侧连接板的净截面面积 $A_{ns2}=[2\times50+(2-1)\times75-2\times24]\times16\times2=4064(\text{mm}^2)$。

3）翼缘连接板净截面的极限受弯承载弯矩 $M_{uf2}=[3648\times375\times(400+12)+4064\times375\times(400-2\times21-16)]\times10^{-6}=1084.82(\text{kN}\cdot\text{m})$。

（4）翼缘沿螺栓中心线挤穿时的极限受弯承载弯矩 $M_{uf3}=\{2\times3\times[(2-1)\times75+50]\times21\times375\times(400-21)\}\times10^{-6}=2238.47(\text{kN}\cdot\text{m})$。

（5）翼缘拼接板沿螺栓中心线挤穿时的极限受弯承载弯矩 $M_{uf4}=2\times3\times[(2-1)\times75+50]\times(12+16)\times375\times(400+12)\times10^{-6}=3244.5(\text{kN}\cdot\text{m})$。

（6）翼缘螺栓决定的极限受弯承载弯矩计算。

1）一个高强度螺栓的极限受剪承载力 $N_{vu}=[0.58\times2\times303.399\times1040]\times10^{-3}=366.02(\text{kN})$。

2）$M_{uf5}=[2\times2\times3\times366.02\times400]\times10^{-3}=1756.9(\text{kN}\cdot\text{m})$。

（7）梁翼缘拼接的极限受弯承载弯矩 $M_{uf}=\min(M_{uf1},M_{uf2},M_{uf3},M_{uf4},M_{uf5})=1084.82\text{kN}\cdot\text{m}$。

（8）腹板的极限受弯承载弯矩 $M_{uw1}=[0.25\times(400-2\times21)^2\times13\times375]\times10^{-6}=156.2(\text{kN}\cdot\text{m})$。

（9）腹板拼接板的极限受弯承载弯矩 $M_{uw2}=\{0.25\times2\times[2\times50+(3-1)\times75-3\times24]^2\times12\times375\}\times10^{-6}=71.289(\text{kN}\cdot\text{m})$。

(10) 腹板横向单排螺栓拉脱时的极限受弯承载弯矩 $M_{uw3}=[(\sum r_i^2/r_m)e_{w2}t_wf_u]\times 10^{-6}=[(67500/106.066)\times 50\times 13\times 375]\times 10^{-6}=155.122(kN\cdot m)$。

(11) 腹板拼接板横向单排拉脱时的极限受弯承载弯矩 $M_{uw4}=[(\sum r_i^2/r_m)e_{w2}t_{ws}f_{us}n]\times 10^{-6}=[(67500/106.066)\times 50\times 12\times 375\times 2]\times 10^{-6}=286.378(kN\cdot m)$。

(12) 腹板螺栓决定的极限受弯承载弯矩计算。

1) 腹板高强螺栓的极限受剪承载力 $N_{vuw}=[0.58\times 2\times 303.399\times 1040]\times 10^{-3}=366.02(kN)$。

2) 腹板拼接板破坏时的极限受剪承载力 $N_{cuw}=[22\times 12\times 1.5\times 375\times 2]\times 10^{-3}=297(kN)$。

3) 腹板高强螺栓的极限受剪承载力 $N_u=\min(N_{vuw},N_{cuw})=297kN$。

$M_{uw5}=[(\sum r_i^2/r_m)N_u]\times 10^{-3}=[(67500/106.066)\times 297]\times 10^{-3}=189.01(kN\cdot m)$

(13) 梁腹板拼接的极限受弯承载弯矩 $M_{uw}=\min(M_{uw1},M_{uw2},M_{uw3},M_{uw4},M_{uw5})=71.289kN\cdot m$。

(14) 最大抗弯承载弯矩 $M_u=M_{uf}+M_{uw}=1084.82+71.289=1156.11(kN\cdot m)$，$1.3\times M_{bp}=1099.84kN\cdot m\leqslant M_u=1156.11kN\cdot m$，满足要求。

2. 螺栓孔对截面的削弱率验算

(1) 毛截面面积 $A=218.69cm^2$。

(2) 螺栓孔的削弱面积 $A_b=(2\times 2\times 2\times 21\times 24+3\times 13\times 24)/100=49.68(cm^2)$。

(3) 孔洞削弱率 $A_b/A\times 100\%=49.68/218.69\times 100\%=22.7171\%$，$22.7171\%<25\%$，满足要求。

二、梁 H3000mm×1200mm×22mm×25mm 刚接节点计算书

(1) 计算软件：TSZ 结构设计系列软件 TS_MTSTool v4.6.0.0。

(2) 计算时间：2018 年 5 月 28 日 15:58:09。

(一) 节点基本资料

(1) 设计依据：《钢结构连接节点设计手册》(第二版)。

(2) 节点类型：梁梁拼接全螺栓刚接。

(3) 梁截面：H3000mm×1200mm×22mm×25mm，材料为 Q235。

(4) 左边梁截面：H3000mm×1200mm×22mm×25mm，材料为 Q235。

(5) 腹板螺栓群：10.9 级-M22。

1) 螺栓群并列布置：27 行，行间距 105mm；3 列，列间距 75mm。

2) 螺栓群：列边距 50mm，行边距 50mm。

(6) 翼缘螺栓群：10.9 级-M22。

1) 螺栓群并列布置：7 行，行间距 75mm；3 列，列间距 75mm。

2) 螺栓群：列边距 50mm，行边距 50mm。

(7) 腹板连接板：2830mm×510mm，厚 16mm。

(8) 翼缘上部连接板：1200mm×510mm，厚 20mm。

(9) 翼缘下部连接板：550mm×510mm，厚 20mm。

（10）梁梁腹板间距 $a=10$mm。

（11）节点前视图如图 2-3-5 所示，节点下视图如图 2-3-6 所示。

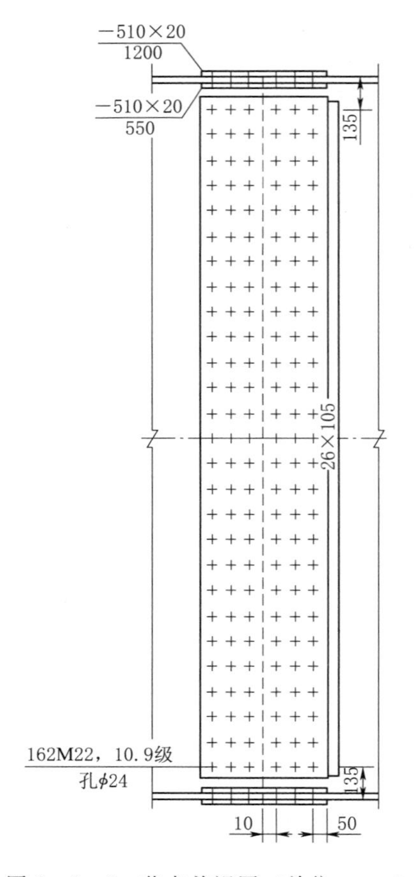

图 2-3-5　节点前视图（单位：mm）

图 2-3-6　节点下视图（单位：mm）

（二）荷载信息

设计内力按等强度计算。

（三）验算结果一览

验算结果见表 2-3-2。

表 2-3-2　　验算结果一览表

参　数	数　值	标　准	结　果
承担剪力/kN	152	最大 154	满足
列边距/mm	50	最小 36	满足
列边距/mm	50	最大 96	满足
外排列间距/mm	75	最大 192	满足
中排列间距/mm	75	最大 384	满足
列间距/mm	75	最小 72	满足
行边距/mm	50	最小 48	满足

续表

参　数	数　值	标　准	结　果
行边距/mm	50	最大 96	满足
外排行间距/mm	105	最大 192	满足
中排行间距/mm	105	最大 384	满足
行间距/mm	105	最小 72	满足
列边距/mm	50	最小 36	满足
列边距/mm	50	最大 96	满足
外排列间距/mm	75	最大 192	满足
中排列间距/mm	75	最大 384	满足
列间距/mm	75	最小 72	满足
行边距/mm	50	最小 48	满足
行边距/mm	50	最大 96	满足
外排行间距/mm	105	最大 192	满足
中排行间距/mm	105	最大 384	满足
行间距/mm	105	最小 72	满足
净截面剪应力比	0.696	1	满足
净截面正应力比	0	1	满足
净面积/cm^2	698	最小 506	满足
承担剪力/kN	105	最大 154	满足
极限受剪/(kN·m)	25988	最小 16920	满足
列边距/mm	50	最小 48	满足
列边距/mm	50	最大 96	满足
外排列间距/mm	75	最大 192	满足
中排列间距/mm	75	最大 384	满足
列间距/mm	75	最小 72	满足
行边距/mm	50	最小 36	满足
行边距/mm	50	最大 96	满足
外排行间距/mm	75	最大 192	满足
中排行间距/mm	75	最大 384	满足
行间距/mm	75	最小 72	满足
净截面剪应力比	0	1	满足
净截面正应力比	0.274	1	满足
净面积/cm^2	326	最小 216	满足
净抵抗矩/cm^3	124979	最小 88746	满足
抗弯承载力/(kN·m)	47752.1	最小 41888.3	满足
孔洞削弱率/%	24.86	最大 25	满足

（四）梁梁腹板螺栓群验算

1. 螺栓群受力计算

（1）控制工况：梁净截面承载力。

（2）梁腹板净截面抗剪承载力 $V_{wn}=[22\times(3000-2\times25)-\max(27\times24,0+0)\times22]\times120\times10^{-3}=6077.28(kN)$。

（3）梁净截面抗弯承载弯矩计算。

1）翼缘毛截面惯性矩 $I_f=1200\times25\times(3000-25)^2/2\times10^{-4}=1.3276\times10^7(cm^4)$。

2）翼缘螺栓孔惯性矩 $I_{fb}=[4\times7\times24\times25^3/12+4\times7\times24\times25\times(3000-25)^2/4]\times10^{-4}=3717350(cm^4)$。

3）腹板螺栓孔惯性矩 $I_{wb}=[27\times22\times24^3/12+22\times24\times1.805895\times10^7]\times10^{-4}=953581(cm^4)$。

4）翼缘净截面惯性矩 $I_{fn}=1.3276\times10^7-3717350=9558650(cm^4)$。

5）梁净截面惯性矩 $I_n=1.798285\times10^7-3717350-953581=1.331192\times10^7(cm^4)$。

6）梁净截面抵抗矩 $W_n=1.331192\times10^7/0.5/3000\times10=88746.14(cm^3)$。

7）净截面抗弯承载弯矩 $M_n=W_n\times f=88746.14\times205\times10^{-3}=18192.96(kN\cdot m)$。

8）翼缘净截面抗弯承载弯矩 $M_{fn}=M_n\times I_{fn}/I_n=18192.96\times9558650/(1.331192\times10^7)=13063.83(kN\cdot m)$。

9）腹板净截面抗弯承载弯矩 $M_{wn}=M_n-M_{fn}=18192.96-13063.83=5129.129(kN\cdot m)$。

2. 腹板螺栓群承载力计算

（1）列向剪力 $V=6077.28kN$。

（2）平面内弯矩 $M=5129.129kN\cdot m$。

（3）螺栓采用：10.9级-M22。

1）螺栓群并列布置：27行，行间距105mm；3列，列间距75mm。

2）螺栓群：列边距50mm，行边距50mm。

3）螺栓受剪面个数为2个。

4）连接板材料类型为Q235。

（4）螺栓抗剪承载力 $N_{vt}=N_v=0.9n_f\mu P=0.9\times2\times0.45\times190=153.9(kN)$。

（5）计算右上角边缘螺栓承受的力 $N_v=6077.28/81=75.0281(kN)$，$N_h=0kN$。

（6）螺栓群对中心的坐标平方和 $S=\sum x^2+\sum y^2=5.44806\times10^7mm^2$。

$N_{mx}=5129.13\times105\times(27-1)/2/(5.44806\times10^7)\times10^3=128.509(kN)$

$N_{my}=5129.13\times75\times(3-1)/2/(5.44806\times10^7)\times10^3=7.06095(kN)$

$N=[(|N_{mx}|+|N_h|)^2+(|N_{my}|+|N_v|)^2]^{0.5}=[(128.509+0)^2+(7.06095+75.0281)^2]^{0.5}=152.49(kN)\leqslant153.9kN$

满足要求。

3. 腹板螺栓群构造检查

（1）列边距为50mm，最小限值为36mm，满足要求。

（2）列边距为50mm，最大限值为96mm，满足要求。

（3）外排列间距为75mm，最大限值为192mm，满足要求。
（4）中排列间距为75mm，最大限值为384mm，满足要求。
（5）列间距为75mm，最小限值为72mm，满足要求。
（6）行边距为50mm，最小限值为48mm，满足要求。
（7）行边距为50mm，最大限值为96mm，满足要求。
（8）外排行间距为105mm，最大限值为192mm，满足要求。
（9）中排行间距为105mm，最大限值为384mm，满足要求。
（10）行间距为105mm，最小限值为72mm，满足要求。

4. 腹板连接板计算

（1）连接板剪力 $V_1=6077.28\text{kN}$，采用一样的两块连接板。
（2）连接板截面宽度 $B_1=2830\text{mm}$。
（3）连接板截面厚度 $T_1=16\text{mm}$。
（4）连接板材料抗剪强度 $f_v=125\text{N/mm}^2$。
（5）连接板材料抗拉强度 $f=215\text{N/mm}^2$。
（6）连接板全面积 $A=B_1\times T_1\times 2=2830\times 16\times 2\times 10^{-2}=905.6(\text{cm}^2)$。
（7）开洞总面积 $A_0=27\times 24\times 16\times 2\times 10^{-2}=207.36(\text{cm}^2)$。
（8）连接板净面积 $A_n=A-A_0=905.6-207.36=698.24(\text{cm}^2)$。
（9）连接板净截面剪应力计算：

$\tau=V_1\times 10^3/A_n=6077.28/698.24\times 10=87.03712(\text{N/mm}^2)\leqslant 125\text{N/mm}^2$

满足要求。

（10）连接板截面正应力计算。

1）按《钢结构设计规范》（GB 50017—2017）式（5.1.1-2）计算：

$$\sigma=(1-0.5n_1/n)N/A_n=(1-0.5\times 27/81)\times 0/698.24\times 10$$
$$=0(\text{N/mm}^2)\leqslant 215\text{N/mm}^2$$

满足要求。

2）按《钢结构设计规范》（GB 50017—2017）式（5.1.1-3）计算：

$$\sigma=N/A=0/905.6\times 10=0(\text{N/mm}^2)\leqslant 215\text{N/mm}^2$$

满足要求。

5. 腹板连接板刚度计算

（1）腹板的净面积为 $22\times(3000-2\times 25)/100-27\times 22\times 24/100=506.44(\text{cm}^2)$。

（2）腹板连接板的净面积为 $(2830-27\times 24)\times 16\times 2/100=698.24(\text{cm}^2)\geqslant 506.44\text{cm}^2$，满足要求。

（五）翼缘螺栓群验算

1. 翼缘螺栓群受力计算

（1）控制工况：梁净截面抗弯承载力。
（2）翼缘分担的净截面弯矩计算参见有关标准。
（3）翼缘螺栓群承担轴向力 $F_f=M_{fn}/(h-t_f)/2=13063.83/(3000-25)/2\times 10^3=2195.602(\text{kN})$。

2. 翼缘螺栓群承载力计算

(1) 行向轴力 $H=2195.602\text{kN}$。

(2) 螺栓采用：10.9 级-M22。

1) 螺栓群并列布置：7 行，行间距 75mm；3 列，列间距 75mm。

2) 螺栓群：列边距 50mm，行边距 50mm。

3) 螺栓受剪面个数为 2 个。

4) 连接板材料类型为 Q235。

(3) 螺栓抗剪承载力 $N_{vt}=N_v=0.9n_f\mu P=0.9\times2\times0.45\times190=153.9(\text{kN})$。

(4) 轴向连接长度 $l_1=(3-1)\times75=150(\text{mm})<15d_0=360\text{mm}$，取承载力折减系数 $\xi=1.0$。

(5) 折减后螺栓抗剪承载力 $N_{vt}=153.9\times1=153.9(\text{kN})$。

(6) 计算右上角边缘螺栓承受的力 $N_v=0\text{kN}$，$N_h=2195.6/21=104.55(\text{kN})$。

(7) 螺栓群对中心的坐标平方和 $S=\sum x^2+\sum y^2=5.5125\times10^5\text{mm}^2$

$N_{mx}=0\text{kN}$

$N_{my}=0\text{kN}$

$N=[(|N_{mx}|+|N_h|)^2+(|N_{my}|+|N_v|)^2]^{0.5}=[(0+104.55)^2+(0+0)^2]^{0.5}=104.55(\text{kN})\leqslant153.9\text{kN}$

满足要求。

(8) $N_{vu}=0.58n_fA_ef_u=0.58\times2\times303.4\times1.04=366.02(\text{kN})$。

(9) $N_{cu}=\sum tdf_{cu}=25\times22\times1.5\times375\times10^{-3}=309.38(\text{kN})$。

3. 翼缘螺栓群构造检查

(1) 列边距为 50mm，最小限值为 48mm，满足要求。

(2) 列边距为 50mm，最大限值为 96mm，满足要求。

(3) 外排列间距为 75mm，最大限值为 192mm，满足要求。

(4) 中排列间距为 75mm，最大限值为 384mm，满足要求。

(5) 列间距为 75mm，最小限值为 72mm，满足要求。

(6) 行边距为 50mm，最小限值为 36mm，满足要求。

(7) 行边距为 50mm，最大限值为 96mm，满足要求。

(8) 外排行间距为 75mm，最大限值为 192mm，满足要求。

(9) 中排行间距为 75mm，最大限值为 384mm，满足要求。

(10) 行间距为 75mm，最小限值为 72mm，满足要求。

4. 翼缘连接板计算

(1) 连接板轴力 $N_1=2195.602\text{kN}$，采用两种不同的连接板。

(2) 连接板 1 截面宽度 $B_{11}=550\text{mm}$，连接板 1 截面厚度 $T_{11}=20\text{mm}$，连接板 1 有 2 块。

(3) 连接板 2 截面宽度 $B_{12}=1200\text{mm}$，连接板 2 截面厚度 $T_{12}=20\text{mm}$。

(4) 连接板材料抗剪强度 $f_v=120\text{N/mm}^2$。

(5) 连接板材料抗拉强度 $f=205\text{N/mm}^2$。

(6) 连接板全面积 $A = B_{11} \times T_{11} \times 2 + B_{12} \times T_{12} = (550 \times 20 \times 2 + 1200 \times 20) \times 10^{-2} = 460(\mathrm{cm}^2)$。

(7) 开洞总面积 $A_0 = 7 \times 24 \times (20 + 20) \times 2 \times 10^{-2} = 134.4(\mathrm{cm}^2)$。

(8) 连接板净面积 $A_n = A - A_0 = 460 - 134.4 = 325.6(\mathrm{cm}^2)$。

(9) 连接板净截面剪应力 $\tau = 0\mathrm{N/mm^2} \leqslant 120\mathrm{N/mm^2}$，满足要求。

(10) 连接板截面正应力计算。

1) 按《钢结构设计规范》(GB 50017—2017) 式 (5.1.1-2) 计算：

$\sigma = (1 - 0.5n_1/n)N/A_n = (1 - 0.5 \times 7/21) \times 2195.602/325.6 \times 10 = 56.19374(\mathrm{N/mm^2}) \leqslant 205\mathrm{N/mm^2}$

满足要求。

2) 按《钢结构设计规范》(GB 50017—2017) 式 (5.1.1-3) 计算：

$$\sigma = N/A = 2195.602/460 \times 10 = 47.73047(\mathrm{N/mm^2}) \leqslant 205\mathrm{N/mm^2}$$

满足要求。

5. 翼缘连接板刚度计算

(1) 单侧翼缘的净面积为 $1200 \times 25/100 - 2 \times 7 \times 24 \times 25/100 = 216(\mathrm{cm}^2)$。

(2) 单侧翼缘连接板的净面积为 $(1200 - 2 \times 7 \times 24) \times 20/100 + (550 - 7 \times 24) \times 20 \times 2/100 = 325.6(\mathrm{cm}^2) \geqslant 216\mathrm{cm}^2$，满足要求。

6. 拼接连接板刚度验算

(1) 梁的毛截面惯性矩 $I_{b0} = 1.798285 \times 10^7\mathrm{cm}^4$。

(2) 翼缘上的螺栓孔的惯性矩 $I_{bbf} = 2 \times 2 \times 7 \times [24 \times 25^3/12 + 24 \times 25 \times (3000/2 - 25/2)^2] \times 10^{-4} = 3717350(\mathrm{cm}^4)$。

(3) 腹板上的螺栓孔的惯性矩 $I_{bbw} = 27 \times 22 \times 24^3/12 \times 10^{-4} + 22 \times 24 \times (1365^2 + 1260^2 + 1155^2 + 1050^2 + 945^2 + 840^2 + 735^2 + 630^2 + 525^2 + 420^2 + 315^2 + 210^2 + 105^2 + 105^2 + 210^2 + 315^2 + 420^2 + 525^2 + 630^2 + 735^2 + 840^2 + 945^2 + 1050^2 + 1155^2 + 1260^2 + 1365^2) \times 10^{-4} = 953581(\mathrm{cm}^4)$。

(4) 梁的净惯性矩 $I_b = 1.798285 \times 10^7 - 3717350 - 953581 = 1.331192 \times 10^7(\mathrm{cm}^4)$。

(5) 梁的净截面抵抗矩 $W_b = 1.331192 \times 10^7/3000 \times 2 \times 10 = 88746.14(\mathrm{cm}^3)$。

(6) 翼缘上部连接板的毛惯性矩 $I_{pf1} = 2 \times [1200 \times 20^3/12 + 1200 \times 20 \times (3000/2 + 20/2)^2] \times 10^{-4} = 1.094464 \times 10^7(\mathrm{cm}^4)$。

(7) 翼缘上部连接板上的螺栓孔的惯性矩 $I_{pfb1} = 2 \times 2 \times 7 \times [24 \times 20^3/12 + 24 \times 20 \times (3000/2 + 20/2)^2] \times 10^{-4} = 3064499(\mathrm{cm}^4)$。

(8) 翼缘下部连接板的毛惯性矩 $I_{pf2} = 2 \times 2 \times [550 \times 20^3/12 + 550 \times 20 \times (3000/2 - 20/2 - 25)^2] \times 10^{-4} = 9443537(\mathrm{cm}^4)$。

(9) 翼缘下部连接板上的螺栓孔的惯性矩 $I_{pfb2} = 2 \times 2 \times 7 \times [24 \times 20^3/12 + 24 \times 20 \times (3000/2 - 20/2)^2] \times 10^{-4} = 2983859(\mathrm{cm}^4)$。

(10) 腹板连接板的毛惯性矩 $I_{pw} = 2 \times 16 \times 2830^3/12 \times 10^{-4} = 6044050(\mathrm{cm}^4)$。

(11) 腹板连接板上的螺栓孔的惯性矩 $I_{pbw} = 2 \times 27 \times 16 \times 24^3/12 \times 10^{-4} + 2 \times 16 \times 24 \times (1365^2 + 1260^2 + 1155^2 + 1050^2 + 945^2 + 840^2 + 735^2 + 630^2 + 525^2 + 420^2 + 315^2 +$

$210^2+105^2+105^2+210^2+315^2+420^2+525^2+630^2+735^2+840^2+945^2+1050^2+1155^2+1260^2+1365^2)\times10^{-4}=1387027(cm^4)$。

（12）连接板的净惯性矩 $I_p=1.094464\times10^7+9443537+6044050-3064499-2983859-1387027=1.899684\times10^7(cm^4)$。

（13）连接板的净截面抵抗矩 $W_p=1.899684\times10^7/(3000/2+20)\times10=124979.2(cm^3)\geqslant88746.14cm^3$，满足要求。

（六）梁梁节点抗震验算

1. 抗弯最大承载力验算

（1）全塑性受弯承载弯矩 $M_{bp}=[1200\times25\times(3000-25)+0.25\times(3000-2\times25)^2\times22]\times235\times10^{-6}=32221.73(kN\cdot m)$。

（2）翼缘板净截面的极限受弯承载弯矩 $M_{uf1}=[1200\times25\times375\times(3000-25)]\times10^{-6}=33468.75(kN\cdot m)$。

（3）翼缘连接板净截面的极限受弯承载弯矩计算。

1）翼缘外侧连接板的净截面面积 $A_{ns1}=(1200-2\times7\times24)\times20=17280(mm^2)$。

2）翼缘内侧连接板的净截面面积 $A_{ns2}=[2\times50+(7-1)\times75-7\times24]\times20\times2=15280(mm^2)$。

3）翼缘连接板净截面的极限受弯承载弯矩 $M_{uf2}=[17280\times375\times(3000+20)+15280\times375\times(3000-2\times25-20)]\times10^{-6}=36358.5(kN\cdot m)$。

（4）翼缘沿螺栓中心线挤穿时的极限受弯承载弯矩 $M_{uf3}=\{2\times3\times[(7-1)\times75+50]\times25\times375\times(3000-25)\}\times10^{-6}=83671.88(kN\cdot m)$。

（5）翼缘拼接板沿螺栓中心线挤穿时的极限受弯承载弯矩 $M_{uf4}=2\times3\times[(7-1)\times75+50]\times(20+20)\times375\times(3000+20)\times10^{-6}=135900(kN\cdot m)$。

（6）翼缘螺栓决定的极限受弯承载弯矩计算。

1）一个高强度螺栓的极限受剪承载力 $N_{vu}=[0.58\times2\times303.3988\times1040]\times10^{-3}=366.0203(kN)$。

2）$M_{uf5}=[2\times7\times3\times366.0203\times3000]\times10^{-3}=46118.56(kN\cdot m)$。

（7）梁翼缘拼接的极限受弯承载弯矩 $M_{uf}=\min(M_{uf1},M_{uf2},M_{uf3},M_{uf4},M_{uf5})=33468.75kN\cdot m$。

（8）腹板的极限受弯承载弯矩 $M_{uw1}=[0.25\times(3000-2\times25)^2\times22\times375]\times10^{-6}=17948.91(kN\cdot m)$。

（9）腹板拼接板的极限受弯承载弯矩 $M_{uw2}=\{0.25\times2\times[(2\times50+(27-1)\times105-27\times24]^2\times16\times375\}\times10^{-6}=14283.37(kN\cdot m)$。

（10）腹板横向单排螺栓拉脱时的极限受弯承载弯矩 $M_{uw3}=[(\sum r_i^2/r_m)e_{w2}t_wf_u]\times10^{-6}=[(5.44806\times10^7/1367.059)\times50\times22\times375]\times10^{-6}=16439.12(kN\cdot m)$。

（11）腹板拼接板横向单排拉脱时的极限受弯承载弯矩 $M_{uw4}=[(\sum r_i^2/r_m)e_{w2}t_{ws}f_{us}n]\times10^{-6}=[(5.44806\times10^7/1367.059)\times50\times16\times375\times2]\times10^{-6}=23911.45(kN\cdot m)$。

（12）腹板螺栓决定的极限受弯承载弯矩计算。

1）腹板高强螺栓的极限受剪承载力 $N_{vuw}=[0.58\times2\times303.3988\times1040]\times10^{-3}=$

366.0203(kN)。

2）腹板拼接板破坏时的极限受剪承载力 $N_{cuw}=[22\times16\times1.5\times375\times2]\times10^{-3}=396(kN)$。

3）腹板高强螺栓的极限受剪承载力 $N_u=\min(N_{vuw}, N_{cuw})=366.0203kN$。

$M_{uw5}=[(\sum r_i^2/r_m)N_u]\times10^{-3}=[(5.44806\times10^7/1367.059)\times366.0203]\times10^{-3}=14586.79(kN\cdot m)$。

（13）梁腹板拼接的极限受弯承载弯矩 $M_{uw}=\min(M_{uw1}, M_{uw2}, M_{uw3}, M_{uw4}, M_{uw5})=14283.37kN\cdot m$。

（14）最大抗弯承载弯矩 $M_u=M_{uf}+M_{uw}=33468.75+14283.37=47752.12(kN\cdot m)$，$1.3\times M_{bp}=41888.25kN\cdot m\leqslant M_u=47752.12kN\cdot m$，满足要求。

2. 螺栓孔对截面的削弱率验算

（1）毛截面面积 $A=1249cm^2$。

（2）螺栓孔的削弱面积 $A_b=(2\times2\times7\times25\times24+27\times22\times24)/100=310.56(cm^2)$。

（3）孔洞削弱率 $A_b/A\times100\%=310.56/1249\times100\%=24.86469\%$，$24.86469\%<25\%$，满足要求。

三、梁 H3000mm×1200mm×25mm×32mm 刚接节点计算书

（1）计算软件：TSZ 结构设计系列软件 TS _ MTSTool v4.6.0.0。

（2）计算时间：2018 年 5 月 28 日 16:11:55。

（一）节点基本资料

（1）设计依据：《钢结构连接节点设计手册》（第二版）。

（2）节点类型：梁梁拼接全螺栓刚接。

（3）梁截面：H3000mm×1200mm×25mm×32mm，材料为 Q235。

（4）左边梁截面：H3000mm×1200mm×25mm×32mm，材料为 Q235。

（5）腹板螺栓群：10.9 级-M22。

1）螺栓群并列布置：30 行，行间距 95mm；3 列，列间距 75mm。

2）螺栓群：列边距 50mm，行边距 50mm。

（6）翼缘螺栓群：10.9 级-M22。

1）螺栓群并列布置：6 行，行间距 95mm；4 列，列间距 75mm。

2）螺栓群：列边距 50mm，行边距 50mm。

（7）腹板连接板：2855mm×510mm，厚 16mm。

（8）翼缘上部连接板：1200mm×660mm，厚 22mm。

（9）翼缘下部连接板：660mm×575mm，厚 22mm。

（10）梁梁腹板间距 $a=10mm$。

（11）节点前视图如图 2-3-7 所示，节点下视图如图 2-3-8 所示。

（二）荷载信息

设计内力按等强度计算。

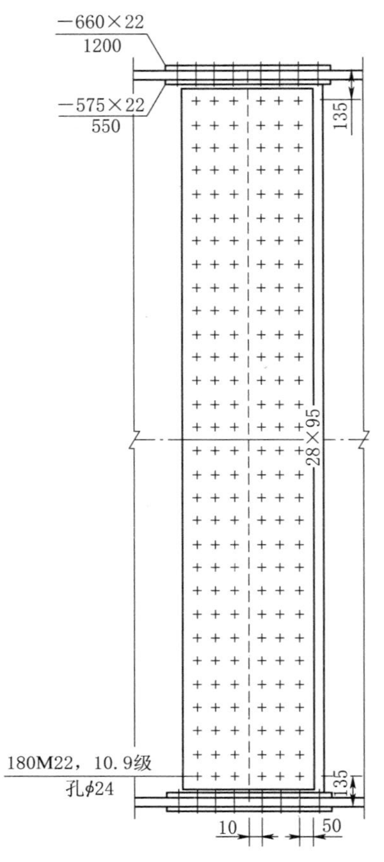

图 2-3-7 节点前视图（单位：mm）

图 2-3-8 节点下视图（单位：mm）

（三）验算结果一览

验算结果见表 2-3-3。

表 2-3-3 **验算结果一览表**

参数	数值	标准	结果
承担剪力/kN	149	最大 154	满足
列边距/mm	50	最小 36	满足
列边距/mm	50	最大 96	满足
外排列间距/mm	75	最大 192	满足
中排列间距/mm	75	最大 384	满足
列间距/mm	75	最小 72	满足
行边距/mm	50	最小 48	满足
行边距/mm	50	最大 96	满足
外排行间距/mm	95	最大 192	满足
中排行间距/mm	95	最大 384	满足

续表

参　数	数　值	标　准	结　果
行间距/mm	95	最小 72	满足
列边距/mm	50	最小 36	满足
列边距/mm	50	最大 96	满足
外排列间距/mm	75	最大 192	满足
中排列间距/mm	75	最大 384	满足
列间距/mm	75	最小 72	满足
行边距/mm	50	最小 48	满足
行边距/mm	50	最大 96	满足
外排行间距/mm	95	最大 192	满足
中排行间距/mm	95	最大 384	满足
行间距/mm	95	最小 72	满足
净截面剪应力比	0.778	1	满足
净截面正应力比	0	1	满足
净面积/cm^2	683	最小 554	满足
承担剪力/kN	123	最大 154	满足
极限受剪/(kN·m)	35138	最小 21658	满足
列边距/mm	50	最小 48	满足
列边距/mm	50	最大 96	满足
外排列间距/mm	75	最大 192	满足
中排列间距/mm	75	最大 384	满足
列间距/mm	75	最小 72	满足
行边距/mm	50	最小 36	满足
行边距/mm	50	最大 96	满足
外排行间距/mm	95	最大 192	满足
中排行间距/mm	95	最大 384	满足
行间距/mm	95	最小 72	满足
净截面剪应力比	0	1	满足
净截面正应力比	0.324	1	满足
净面积/cm^2	390	最小 292	满足
净抵抗矩/cm^3	142851	最小 112942	满足
抗弯承载力/(kN·m)	56413.9	最小 51277.2	满足
孔洞削弱率/%	24.23	最大 25	满足

(四) 梁梁腹板螺栓群验算

1. 螺栓群受力计算

(1) 控制工况：梁净截面承载力。

(2) 梁的腹板净截面抗剪承载力 $V_{wn}=[25\times(3000-2\times32)-\max(30\times24,0+0)\times25]\times120\times10^{-3}=6648(kN)$。

(3) 梁的净截面抗弯承载弯矩计算。

1) 翼缘毛截面惯性矩 $I_f=1200\times32\times(3000-32)^2/2\times10^{-4}=1.691398\times10^7(cm^4)$。

2) 翼缘螺栓孔惯性矩 $I_{fb}=[4\times6\times24\times32^3/12+4\times6\times24\times32\times(3000-32)^2/4]\times10^{-4}=4059356(cm^4)$。

3) 腹板螺栓孔惯性矩 $I_{wb}=[30\times25\times24^3/12+25\times24\times2.028369\times10^7]\times10^{-4}=1217108(cm^4)$。

4) 翼缘净截面惯性矩 $I_{fn}=1.691398\times10^7-4059356=1.285463\times10^7(cm^4)$。

5) 梁净截面惯性矩 $I_n=2.221775\times10^7-4059356-1217108=1.694128\times10^7(cm^4)$。

6) 梁净截面抵抗矩 $W_n=1.694128\times10^7/0.5/3000\times10=112941.9(cm^3)$。

7) 净截面抗弯承载弯矩 $M_n=W_n\times f=112941.9\times205\times10^{-3}=23153.09(kN\cdot m)$。

(4) 翼缘净截面抗弯承载弯矩 $M_{fn}=M_n\times I_{fn}/I_n=23153.09\times1.285463\times10^7/(1.694128\times10^7)=17567.99(kN\cdot m)$。

(5) 腹板净截面抗弯承载弯矩 $M_{wn}=M_n-M_{fn}=23153.09-17567.99=5585.1(kN\cdot m)$。

2. 腹板螺栓群承载力计算

(1) 列向剪力 $V=6648kN$。

(2) 平面内弯矩 $M=5585.098kN\cdot m$。

(3) 螺栓采用：10.9 级-M22。

1) 螺栓群并列布置：30 行，行间距 95mm；3 列，列间距 75mm。

2) 螺栓群：列边距 50mm，行边距 50mm。

3) 螺栓受剪面个数为 2 个。

4) 连接板材料类型为 Q235。

(4) 螺栓抗剪承载力 $N_{vt}=N_v=0.9n_f\mu P=0.9\times2\times0.45\times190=153.9(kN)$。

(5) 计算右上角边缘螺栓承受的力 $N_v=6648/90=73.867(kN)$，$N_h=0kN$。

(6) 螺栓群对中心的坐标平方和 $S=\sum x^2+\sum y^2=6.1189\times10^7mm^2$。

$N_{mx}=5585.1\times95\times(30-1)/2/(6.1189\times10^7)\times10^3=125.73(kN)$

$N_{my}=5585.1\times75\times(3-1)/2/(6.1189\times10^7)\times10^3=6.8458(kN)$

$N=[(|N_{mx}|+|N_h|)^2+(|N_{my}|+|N_v|)^2]^{0.5}=[(125.73+0)^2+(6.8458+73.867)^2]^{0.5}=149.41(kN)\leqslant153.9kN$

满足要求。

3. 腹板螺栓群构造检查

(1) 列边距为 50mm，最小限值为 36mm，满足要求。

(2) 列边距为 50mm，最大限值为 96mm，满足要求。

(3) 外排列间距为 75mm，最大限值为 192mm，满足要求。

(4) 中排列间距为 75mm，最大限值为 384mm，满足要求。

(5) 列间距为 75mm，最小限值为 72mm，满足要求。

(6) 行边距为 50mm，最小限值为 48mm，满足要求。

(7) 行边距为 50mm，最大限值为 96mm，满足要求。

(8) 外排行间距为 95mm，最大限值为 192mm，满足要求。

(9) 中排行间距为 95mm，最大限值为 384mm，满足要求。

(10) 行间距为 95mm，最小限值为 72mm，满足要求。

4. 腹板连接板计算

(1) 连接板剪力 $V_1=6648$kN，采用一样的两块连接板。

(2) 连接板截面宽度 $B_1=2855$mm。

(3) 连接板截面厚度 $T_1=16$mm。

(4) 连接板材料抗剪强度 $f_v=125\text{N/mm}^2$。

(5) 连接板材料抗拉强度 $f=215\text{N/mm}^2$。

(6) 连接板全面积 $A=B_1\times T_1\times 2=2855\times 16\times 2\times 10^{-2}=913.6(\text{cm}^2)$。

(7) 开洞总面积 $A_0=30\times 24\times 16\times 2\times 10^{-2}=230.4(\text{cm}^2)$。

(8) 连接板净面积 $A_n=A-A_0=913.6-230.4=683.2(\text{cm}^2)$。

(9) 连接板净截面剪应力计算：

$$\tau=V_1\times 10^3/A_n=6648/683.2\times 10=97.30679\text{N/mm}^2\leqslant 125\text{N/mm}^2$$

满足要求。

(10) 连接板截面正应力计算。

1) 按《钢结构设计规范》(GB 50017—2017) 式 (5.1.1-2) 计算：

$$\sigma=(1-0.5n_1/n)N/A_n=(1-0.5\times 30/90)\times 0/683.2\times 10=0(\text{N/mm}^2)\leqslant 215\text{N/mm}^2$$

满足要求。

2) 按《钢结构设计规范》(GB 50017—2017) 式 (5.1.1-3) 计算：

$$\sigma=N/A=0/913.6\times 10=0(\text{N/mm}^2)\leqslant 215\text{N/mm}^2$$

满足要求。

5. 腹板连接板刚度计算

(1) 腹板的净面积为 $25\times(3000-2\times 32)/100-30\times 25\times 24/100=554(\text{cm}^2)$。

(2) 腹板连接板的净面积为 $(2855-30\times 24)\times 16\times 2/100=683.2(\text{cm}^2)\geqslant 554\text{cm}^2$，满足要求。

(五) 翼缘螺栓群验算

1. 翼缘螺栓群受力计算

(1) 控制工况：梁净截面抗弯承载力。

(2) 翼缘分担的净截面弯矩计算参见有关内容。

(3) 翼缘螺栓群承担轴向力 $F_f=M_{fn}/(h-t_f)/2=17567.99/(3000-32)/2\times 10^3=2959.567(\text{kN})$。

2. 翼缘螺栓群承载力计算

(1) 行向轴力 $H=2959.567$kN。

(2) 螺栓采用：10.9 级-M22。

1) 螺栓群并列布置：6 行，行间距 95mm；4 列，列间距 75mm。

2) 螺栓群：列边距 50mm，行边距 50mm。

3）螺栓受剪面个数为 2 个。

4）连接板材料类型为 Q235。

（3）螺栓抗剪承载力 $N_{vt}=N_v=0.9n_f\mu P=0.9\times2\times0.45\times190=153.9(\mathrm{kN})$。

（4）轴向连接长度 $l_1=(4-1)\times75=225(\mathrm{mm})<15d_0=360\mathrm{mm}$，取承载力折减系数 $\xi=1.0$。

（5）折减后螺栓抗剪承载力 $N_{vt}=153.9\times1=153.9(\mathrm{kN})$。

（6）计算右上角边缘螺栓承受的力 $N_v=0\mathrm{kN}$，$N_h=2959.6/24=123.32(\mathrm{kN})$。

（7）螺栓群对中心的坐标平方和 $S=\sum x^2+\sum y^2=8.005\times10^5\mathrm{mm}^2$。

$N_{mx}=0\mathrm{kN}$

$N_{my}=0\mathrm{kN}$

$N=[(|N_{mx}|+|N_h|)^2+(|N_{my}|+|N_v|)^2]^{0.5}=[(0+123.32)^2+(0+0)^2]^{0.5}=123.32(\mathrm{kN})\leqslant153.9\mathrm{kN}$

满足要求。

（8）$N_{vu}=0.58n_fA_ef_u=0.58\times2\times303.4\times1.04=366.02(\mathrm{kN})$。

（9）$N_{cu}=\sum tdf_{cu}=32\times22\times1.5\times375\times10^{-3}=396(\mathrm{kN})$。

3. 翼缘螺栓群构造检查

（1）列边距为 50mm，最小限值为 48mm，满足要求。

（2）列边距为 50mm，最大限值为 96mm，满足要求。

（3）外排列间距为 75mm，最大限值为 192mm，满足要求。

（4）中排列间距为 75mm，最大限值为 384mm，满足要求。

（5）列间距为 75mm，最小限值为 72mm，满足要求。

（6）行边距为 50mm，最小限值为 36mm，满足要求。

（7）行边距为 50mm，最大限值为 96mm，满足要求。

（8）外排行间距为 95mm，最大限值为 192mm，满足要求。

（9）中排行间距为 95mm，最大限值为 384mm，满足要求。

（10）行间距为 95mm，最小限值为 72mm，满足要求。

4. 翼缘连接板计算

（1）连接板轴力 $N_1=2959.567\mathrm{kN}$，采用两种不同的连接板。

（2）连接板 1 截面宽度 $B_{11}=575\mathrm{mm}$，连接板 1 截面厚度 $T_{11}=22\mathrm{mm}$，连接板 1 有 2 块。

（3）连接板 2 截面宽度 $B_{12}=1200\mathrm{mm}$，连接板 2 截面厚度 $T_{12}=22\mathrm{mm}$。

（4）连接板材料抗剪强度 $f_v=120\mathrm{N/mm^2}$。

（5）连接板材料抗拉强度 $f=205\mathrm{N/mm^2}$。

（6）连接板全面积 $A=B_{11}\times T_{11}\times2+B_{12}\times T_{12}=(575\times22\times2+1200\times22)\times10^{-2}=517(\mathrm{cm^2})$。

（7）开洞总面积 $A_0=6\times24\times(22+22)\times2\times10^{-2}=126.72(\mathrm{cm^2})$。

（8）连接板净面积 $A_n=A-A_0=517-126.72=390.28(\mathrm{cm^2})$。

（9）连接板净截面剪应力 $\tau=0\mathrm{N/mm^2}\leqslant120\mathrm{N/mm^2}$，满足要求。

（10）连接板截面正应力计算。

1）按《钢结构设计规范》（GB 50017—2017）式（5.1.1－2）计算：

$\sigma=(1-0.5n_1/n)N/A_n=(1-0.5\times 6/24)\times 2959.567/390.28\times 10=66.3529(\text{N/mm}^2)\leqslant 205\text{N/mm}^2$

满足要求。

2）按《钢结构设计规范》（GB 50017—2017）式（5.1.1－3）计算：

$\sigma=N/A=2959.567/517\times 10=57.24501(\text{N/mm}^2)\leqslant 205\text{N/mm}^2$

满足要求。

5. 翼缘连接板刚度计算

（1）单侧翼缘的净面积为 $1200\times 32/100-2\times 6\times 24\times 32/100=291.84(\text{cm}^2)$。

（2）单侧翼缘连接板的净面积为 $(1200-2\times 6\times 24)\times 22/100+(575-6\times 24)\times 22\times 2/100=390.28(\text{cm}^2)\geqslant 291.84\text{cm}^2$，满足要求。

6. 拼接连接板刚度验算

（1）梁的毛截面惯性矩 $I_{b0}=2.221775\times 10^7\text{cm}^4$。

（2）翼缘上的螺栓孔的惯性矩 $I_{bbf}=2\times 2\times 6\times[24\times 32^3/12+24\times 32\times(3000/2-32/2)^2]\times 10^{-4}=4059356(\text{cm}^4)$。

（3）腹板上的螺栓孔的惯性矩 $I_{bbw}=30\times 25\times 24^3/12\times 10^{-4}+25\times 24\times(1377.5^2+1282.5^2+1187.5^2+1092.5^2+997.5^2+902.5^2+807.5^2+712.5^2+617.5^2+522.5^2+427.5^2+332.5^2+237.5^2+142.5^2+47.5^2+47.5^2+142.5^2+237.5^2+332.5^2+427.5^2+522.5^2+617.5^2+712.5^2+807.5^2+902.5^2+997.5^2+1092.5^2+1187.5^2+1282.5^2+1377.5^2)\times 10^{-4}=1217108(\text{cm}^4)$。

（4）梁的净惯性矩 $I_b=2.221775\times 10^7-4059356-1217108=1.694128\times 10^7(\text{cm}^4)$。

（5）梁的净截面抵抗矩 $W_b=1.694128\times 10^7/3000\times 2\times 10=112941.9(\text{cm}^3)$。

（6）翼缘上部连接板的毛惯性矩 $I_{pf1}=2\times[1200\times 22^3/12+1200\times 22\times(3000/2+22/2)^2]\times 10^{-4}=1.205509\times 10^7(\text{cm}^4)$。

（7）翼缘上部连接板上的螺栓孔的惯性矩 $I_{pfb1}=2\times 2\times 6\times[24\times 22^3/12+24\times 22\times(3000/2+22/2)^2]\times 10^{-4}=2893222(\text{cm}^4)$。

（8）翼缘下部连接板的毛惯性矩 $I_{pf2}=2\times 2\times[575\times 22^3/12+575\times 22\times(3000/2-22/2-32)^2]\times 10^{-4}=1.074182\times 10^7(\text{cm}^4)$。

（9）翼缘下部连接板上的螺栓孔的惯性矩 $I_{pfb2}=2\times 2\times 6\times[24\times 22^3/12+24\times 22\times(3000/2-22/2)^2]\times 10^{-4}=2809587(\text{cm}^4)$。

（10）腹板连接板的毛惯性矩 $I_{pw}=2\times 16\times 2855^3/12\times 10^{-4}=6205647(\text{cm}^4)$。

（11）腹板连接板上的螺栓孔的惯性矩 $I_{pbw}=2\times 30\times 16\times 24^3/12\times 10^{-4}+2\times 16\times 24\times(1377.5^2+1282.5^2+1187.5^2+1092.5^2+997.5^2+902.5^2+807.5^2+712.5^2+617.5^2+522.5^2+427.5^2+332.5^2+237.5^2+142.5^2+47.5^2+47.5^2+142.5^2+237.5^2+332.5^2+427.5^2+522.5^2+617.5^2+712.5^2+807.5^2+902.5^2+997.5^2+1092.5^2+1187.5^2+1282.5^2+1377.5^2)\times 10^{-4}=1557898(\text{cm}^4)$。

（12）连接板的净惯性矩 $I_p=1.205509\times 10^7+1.074182\times 10^7+6205647-2893222-$

2809587－1557898＝2.174185×10^7（cm^4）。

（13）连接板的净截面抵抗矩 W_p＝2.174185×10^7/（3000/2＋22）×10＝142850.5（cm^3）≥112941.9cm^3，满足要求。

（六）梁梁节点抗震验算

1. 抗弯最大承载力验算

（1）全塑性受弯承载弯矩 M_{bp}＝[1200×32×（3000－32）＋0.25×（3000－2×32）^{2}×25]×235×10^{-6}＝39444（kN·m）。

（2）翼缘板净截面的极限受弯承载弯矩 M_{uf1}＝[1200×32×375×（3000－32）]×10^{-6}＝42739.2（kN·m）。

（3）翼缘连接板净截面的极限受弯承载弯矩计算。

1）翼缘外侧连接板的净截面面积 A_{ns1}＝（1200－2×6×24）×22＝20064（mm^2）。

2）翼缘内侧连接板的净截面面积 A_{ns2}＝[2×50＋（6－1）×95－6×24]×22×2＝18964（mm^2）。

3）M_{uf2}＝[20064×375×（3000＋22）＋18964×375×（3000－2×32－22）]×10^{-6}＝43460.44（kN·m）。

（4）翼缘沿螺栓中心线挤穿时的极限受弯承载弯矩 M_{uf3}＝{2×4×[（6－1）×95＋50]×32×375×（3000－32）}×10^{-6}＝149587.2（kN·m）。

（5）翼缘拼接板沿螺栓中心线挤穿时的极限受弯承载弯矩 M_{uf4}＝2×4×[（6－1）×95＋50]×（22＋22）×375×（3000＋22）×10^{-6}＝209424.6（kN·m）。

（6）翼缘螺栓决定的极限受弯承载弯矩计算。

1）一个高强度螺栓的极限受剪承载力 N_{vu}＝[0.58×2×303.3988×1040]×10^{-3}＝366.0203（kN）。

2）M_{uf5}＝[2×6×4×366.0203×3000]×10^{-3}＝52706.93（kN·m）。

（7）梁翼缘拼接的极限受弯承载弯矩 M_{uf}＝min（M_{uf1}，M_{uf2}，M_{uf3}，M_{uf4}，M_{uf5}）＝42739.2kN·m。

（8）腹板的极限受弯承载弯矩 M_{uw1}＝[0.25×（3000－2×32）^{2}×25×375]×10^{-6}＝20203.35（kN·m）。

（9）腹板拼接板的极限受弯承载弯矩 M_{uw2}＝{0.25×2×[（2×50＋（30－1）×95－30×24]^2×16×375}×10^{-6}＝13674.67（kN·m）。

（10）腹板横向单排螺栓拉脱时的极限受弯承载弯矩 M_{uw3}＝[（$\sum r_i^2/r_m$）$e_{w2} t_w f_u$]×10^{-6}＝[（6.118856×10^7/1379.54）×50×25×375]×10^{-6}＝20791.09（kN·m）。

（11）腹板拼接板横向单排拉脱时的极限受弯承载弯矩 M_{uw4}＝[（$\sum r_i^2/r_m$）$e_{w2} t_{ws} f_{us} n$]×10^{-6}＝[（6.118856×10^7/1379.54）×50×16×375×2]×10^{-6}＝26612.59（kN·m）。

（12）腹板螺栓决定的极限受弯承载力弯矩计算。

1）腹板高强螺栓的极限受剪承载力 N_{vuw}＝（0.58×2×303.3988×1040）×10^{-3}＝366.0203（kN）。

2）腹板拼接板破坏时的极限受剪承载力 N_{cuw}＝（22×16×1.5×375×2）×10^{-3}＝396（kN）。

3）腹板高强螺栓的极限受剪承载力 $N_u=\min(N_{vuw}, N_{cuw})=366.0203kN$。

4）$M_{uw5}=[(\sum r_i^2/r_m)N_u]\times 10^{-3}=[(6.118856\times 10^7/1379.54)\times 366.0203]\times 10^{-3}=16234.58(kN\cdot m)$。

（13）梁腹板拼接的极限受弯承载弯矩 $M_{uw}=\min(M_{uw1}, M_{uw2}, M_{uw3}, M_{uw4}, M_{uw5})=13674.67kN\cdot m$。

（14）最大抗弯承载弯矩 $M_u=M_{uf}+M_{uw}=42739.2+13674.67=56413.88(kN\cdot m)$，$1.3\times M_{bp}=51277.2kN\cdot m\leqslant M_u=56413.88kN\cdot m$，满足要求。

2. 螺栓孔对截面的削弱率验算

（1）毛截面面积 $A=1503.451cm^2$。

（2）螺栓孔的削弱面积 $A_b=(2\times 2\times 6\times 32\times 24+30\times 25\times 24)/100=364.32(cm^2)$。

（3）孔洞削弱率为 $A_b/A\times 100\%=364.32/1503.451\times 100\%=24.23225\%$，$24.23225\%<25\%$，满足要求。

第三章

工具装置设计及使用说明

第一节　烟囱防变形吊装工具装置设计及使用说明

一、烟囱防变形吊装工具装置设计

烟囱防变形吊装工具装置（以下简称“工装”）分为上吊具、下吊具。上吊具采用内撑外拉法，下吊具采用抱箍法。上吊具、下吊具能实现烟囱翻身，多角度吊装，最大起吊能力达到150t。烟囱起吊工具示意图如图3-1-1所示，烟囱上起吊工具示意图如图3-1-2所示。

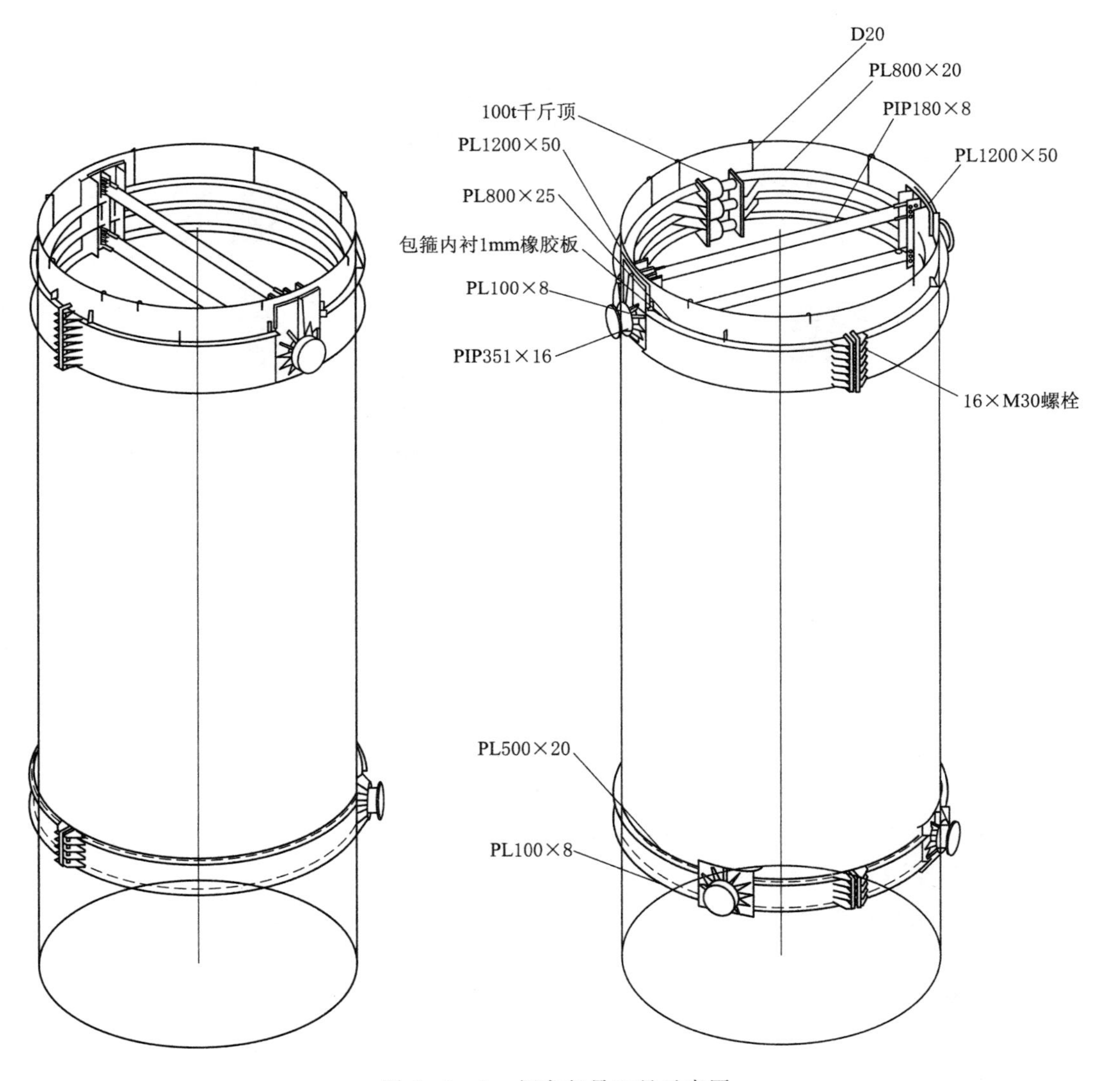

图3-1-1　烟囱起吊工具示意图

（一）技术参数

（1）上吊带：材料为Q345B，规格为25mm×800mm。

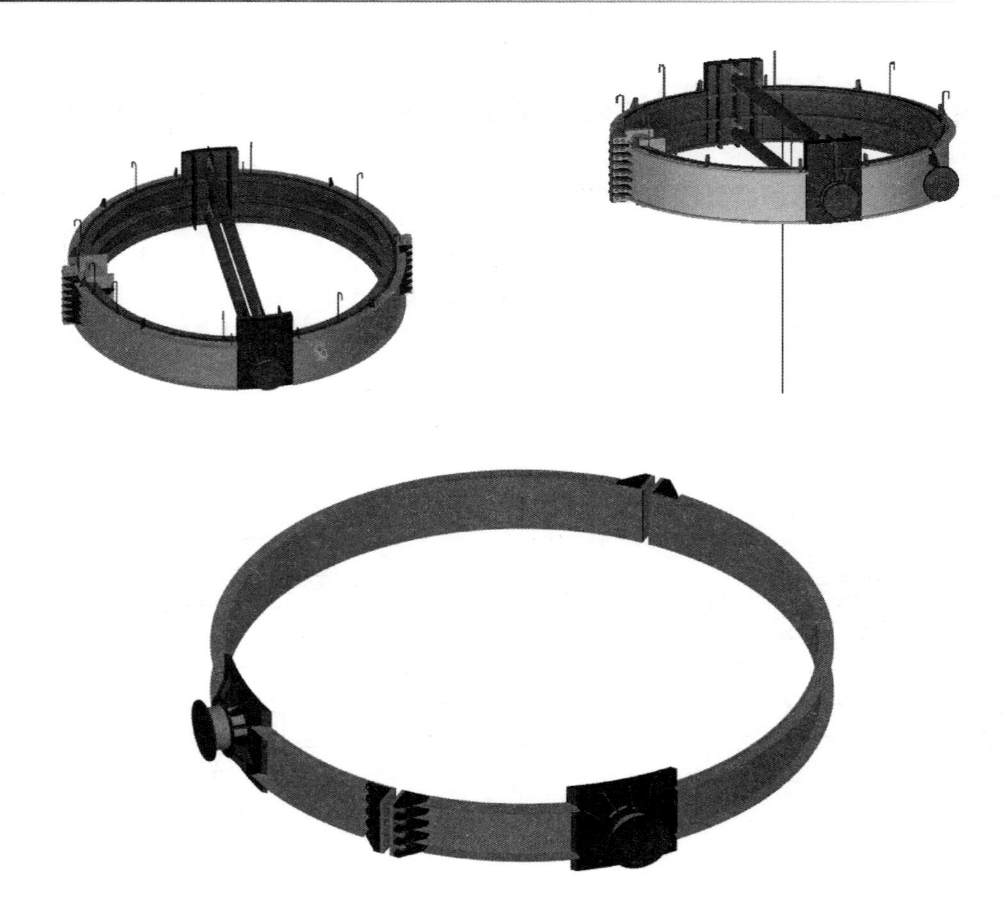

图 3-1-2 烟囱上起吊工具示意图

(2) 下辅助吊带：材料为 Q345B，规格为 20mm×500mm。

(3) 吊耳：材料为 Q345B，规格为 D351×16。

(4) 吊装工具总重量：10.5t。

(5) 止档筋板：材料为 Q345B，规格为 25mm×150mm×200mm。

(6) 摩擦材料：1mm 橡胶垫，摩擦系数为 0.3～0.4，取 0.3。

(7) 紧固螺栓：16×M30 (10.9 级)，预紧力 $P=300\text{kN}$。

(8) 总预紧力：$P_{总}=300\times16=4800(\text{kN})$。

钢烟囱及吊具总重量

$$N=1.2\times1.1\times1050\text{kN}=1386\text{kN}$$

吊带摩擦力

$$F_{n}=P_{总}\times0.3=4800\times0.3\times2=2880(\text{kN})>N(1386\text{kN})$$

安全系数：2.08。

(二) 上吊带受力计算

$$N_{吊}=A\times F=25\times800\times295=5900(\text{kN})>P_{总}(300\times16\text{kN}=4800\text{kN})$$

（三）吊耳受力计算

剪力为

$$F_{剪} = N/2 = 1.2 \times 1.1 \times 1050\text{kN}/2 = 693\text{kN}$$

弯矩为

$$M = F_{剪} \times L = 693 \times 0.1 = 69.3(\text{kN} \cdot \text{m})$$

设计内力如下：

（1）绕 X 轴弯矩设计值 M_x：69.3kN·m。

（2）绕 Y 轴弯矩设计值 M_y：0kN·m。

（3）剪力设计值 N：693kN。

1. 截面特性计算

$A=1.6839\times10^{-2}$

$X_c=1.7550\times10^{-1}$

$Y_c=1.7550\times10^{-1}$

$I_x=2.3682\times10^{-4}$

$I_y=2.3682\times10^{-4}$

$i_x=1.1859\times10^{-1}$

$i_y=1.1859\times10^{-1}$

$W_{1x}=1.3494\times10^{-3}$

$W_{2x}=1.3494\times10^{-3}$

$W_{1y}=1.3494\times10^{-3}$

$W_{2y}=1.3494\times10^{-3}$

2. 构件强度验算结果

（1）截面塑性发展系数 $\gamma_x=1.150$。

（2）柱构件强度计算最大应力：$85.812\text{N/mm}^2<f(305\text{N/mm}^2)$。

柱构件强度验算满足要求。

3. 构件平面内受剪验算结果

构件剪切计算最大应力：$41.15\text{N/mm}^2<f(170\text{N/mm}^2)$。

4. 构件弯曲、剪切计算最大应力

构件弯曲、剪切计算最大应力为：

$$\sqrt{85.182^2+3\times41.15^2}=111.06(\text{N/mm}^2)<f(305\text{N/mm}^2)。$$

吊耳满足设计要求。

（四）第二道防线耳板焊缝受力计算

止档筋板材料为Q345B，规格为25mm×150mm×200mm，数量大于6件。

钢烟囱及吊具重量

$$N = 1.2 \times 1.1 \times 1050(\text{kN}) = 1386\text{kN}$$

$$F_{焊缝} = 6 \times 2 \times 0.7 \times 12 \times 200 \times 170 = 3427.2(\text{kN}) > 1386\text{kN}$$

满足设计要求。

二、烟囱防变形吊装技术方案

1. 背景技术

大型钢烟囱的吊装一直以来都是一个比较困难的问题。通常在吊装一大型钢烟囱时，一般需要在其表面焊装吊点，同时为了防止在吊装过程中烟囱发生变形，还需要在钢烟囱内部焊接横梁，以保证烟囱的结构强度。但是在烟囱表面和烟囱内部焊接吊点以及横梁，不仅会影响烟囱的力学性能，改变烟囱的局部强度，而且需要现场焊接，焊接过程较为烦琐，影响施工进度。

2. 技术方案内容

鉴于存在以上技术问题，有关技术人员研发了一套新技术方案，该方案提供了一种烟囱防变形吊装工具，能够解决背景技术中提到的在烟囱表面和烟囱内部焊接吊点以及横梁会改变烟囱力学性能的技术问题，并且能方便、快捷地进行施工。为达到上述技术效果，该方案提供了一种新思路，核心就是一套烟囱防变形吊装工具。这套工具包括分体设置的上部吊装装置和下部吊装装置。上部吊装装置和下部吊装装置分别包括各自的第一半环体和第二半环体，第一半环体的两端分别通过锁紧构件与第二半环体的两端连接，从而使第一半环体和第二半环体连接形成环形本体，在第一半环体的外侧和第二半环体的外侧分别设置有吊装结构。在上部吊装装置的环形本体的内部设置有支撑装置，支撑装置包括支撑环，支撑环为具有开口的环形结构，环形结构的开口处设置有顶升装置，顶升装置沿长度方向上的两端分别与所述环形结构的开口的两侧连接。支撑装置还包括支撑杆，支撑杆的两端与支撑环的内侧壁可拆卸连接。支撑杆有上下排布的多个，且多个支撑杆均沿支撑环的同一条直径方向延伸。在支撑环的内侧壁上焊接有内加固板，支撑杆与内加固板可拆卸连接。支撑环上设置有多个弯钩，弯钩均匀分布，弯钩的长度方向垂直于支撑环所处的圆周面。弯钩具有弯曲的钩头部和竖直的钩尾部，钩尾部连接于支撑环上，钩头部用于挂在烟囱的顶端。

在第一半环体和第二半环体的外壁上各设置有一个吊装结构，且两个吊装结构以环形本体的一条直径为对称点对称布置。在上部吊装装置中，每个吊装结构分别处于第一半环体和第二半环体的中间位置，吊装结构的位置与支撑杆和支撑环之间连接形成的连接点对应。在下部吊装装置中，两个吊装结构均偏向于同一个锁紧结构。

在所述吊装结构的位置加装有外加固板，外加固板的一侧焊接于环本体的外侧壁，吊装结构焊接于外加固板的另一侧上。锁紧结构包括连接螺栓、设置于第一半环体的端部的第一连接片和设置于第二半环体的端部的第二连接片。在第一连接片和第二连接片上分别设置有穿孔，连接螺栓依次穿过第一连接片的穿孔和第二连接片的穿孔后将第一连接片和第二连接片锁紧。

3. 技术方案效果

在靠近烟囱上端的位置安装上部吊装装置，在靠近烟囱下端的位置安装下部吊装装置。也就是将两个第一半环体和两个第二半环体分别扣合于靠近烟囱上端的位置处和靠近烟囱下端的位置处，通过锁紧结构将第一半环体和第二半环体连接形成环形本体，从而两个环形本体牢牢地扣合于靠近烟囱上端的位置处和靠近烟囱下端的位置处。将用于起吊的缆绳绑在上部吊装装置和下部吊装装置的吊装结构上，即可开始起吊。

该技术方案提供的烟囱防变形吊装工具，不需要在烟囱表面和烟囱内部焊接吊点以及横梁，从而不会影响烟囱的力学性能。同时，减少了在烟囱吊装前需要在烟囱表面和烟囱内部焊接吊点以及横梁的步骤，大大减小了烟囱吊装所用的时间，且该装置可以多次重复利用，也降低了吊装烟囱的成本，达到了方便快捷的有益效果。

三、吊装技术方案附图说明

（1）图 3－1－3 所示为本实用新型中所提供的防变形吊装工具中上部吊装装置和支撑装置组装在一起后的结构示意图。

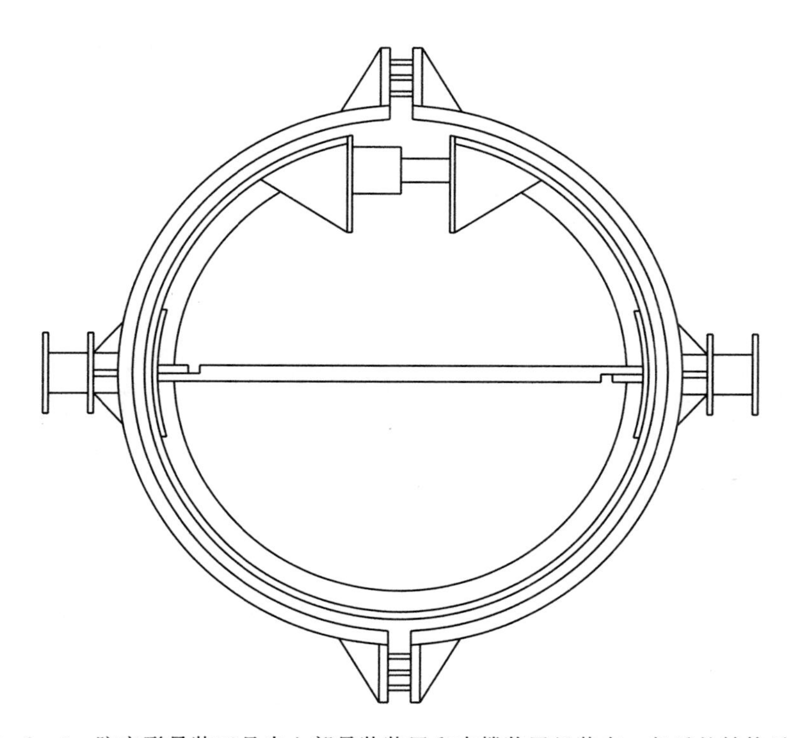

图 3－1－3　防变形吊装工具中上部吊装装置和支撑装置组装在一起后的结构示意图

（2）图 3－1－4 所示为本实用新型中所提供的防变形吊装工具中支撑装置的结构示意图。

（3）图 3－1－5 所示为图 3－1－4 中 A 处的局部结构放大图。

（4）图 3－1－6 所示为本实用新型中所提供的防变形吊装工具中上部吊装装置的结构示意图。

（5）图 3－1－7 所示为本实用新型中所提供的防变形吊装工具中下部吊装装置的结构示意图。

（6）图 3－1－8 所示为本实用新型中所提供的防变形吊装工具中上部吊装装置的主视图。

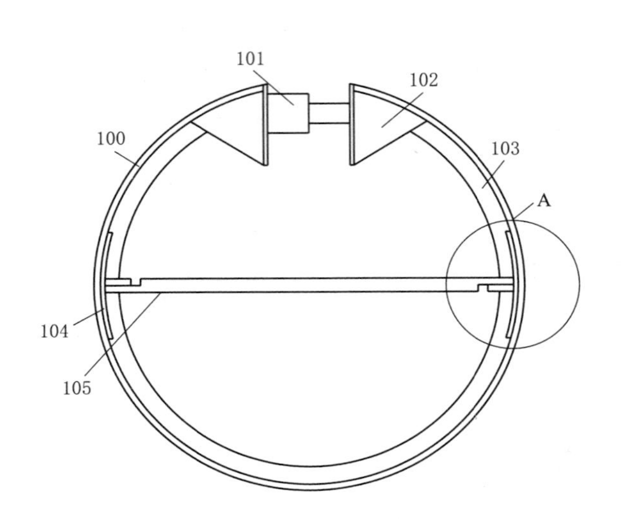

图 3-1-4 防变形吊装工具中支撑装置的结构示意图

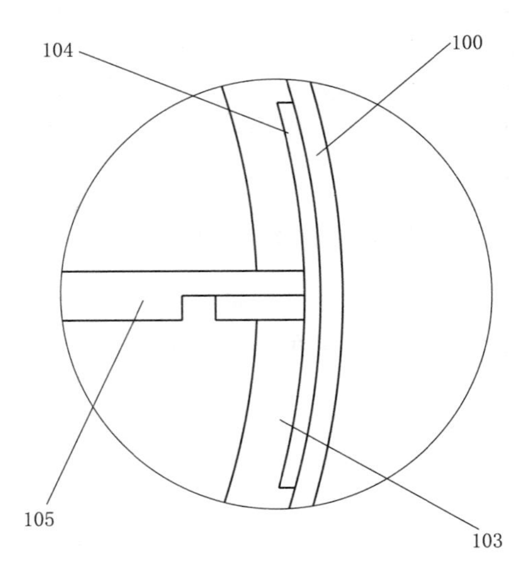

图 3-1-5 图 3-1-4 中 A 处的局部结构放大图

(7) 图 3-1-9 所示为本实用新型中所提供的防变形吊装工具中上部吊装装置的侧视图。

在图 3-1-3～图 3-1-9 中，数字含义如下：100——支撑装置；101——顶升装置；102——加固肋板；103——加固肋条；104——内加固板；105——支撑杆；106——弯钩；200——环形本体；201——吊装结构；202——锁紧结构。

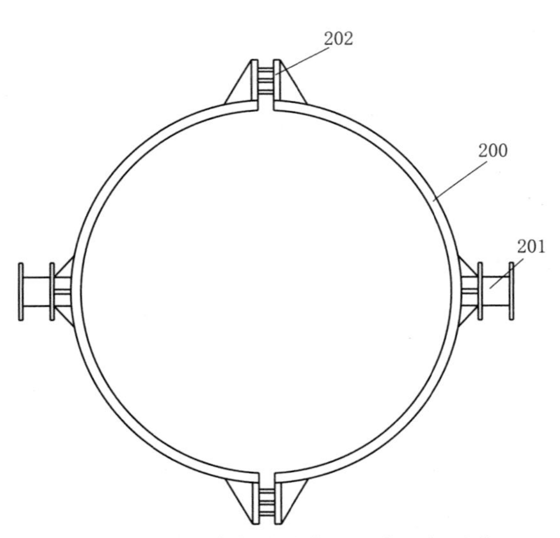

图 3-1-6 防变形吊装工具中上部吊装装置的结构示意图

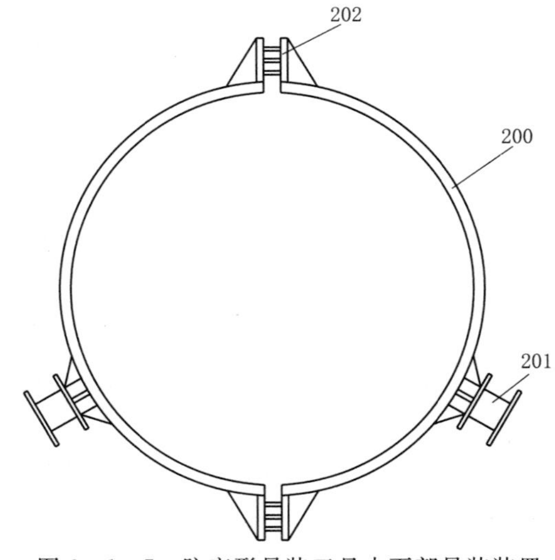

图 3-1-7 防变形吊装工具中下部吊装装置的结构示意图

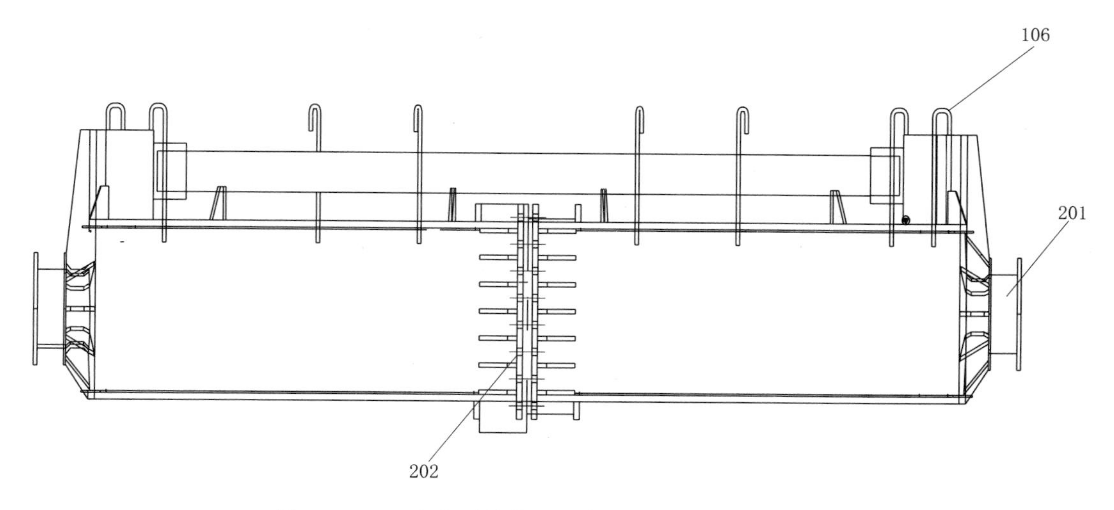

图 3-1-8　防变形吊装工具中上部吊装装置的主视图

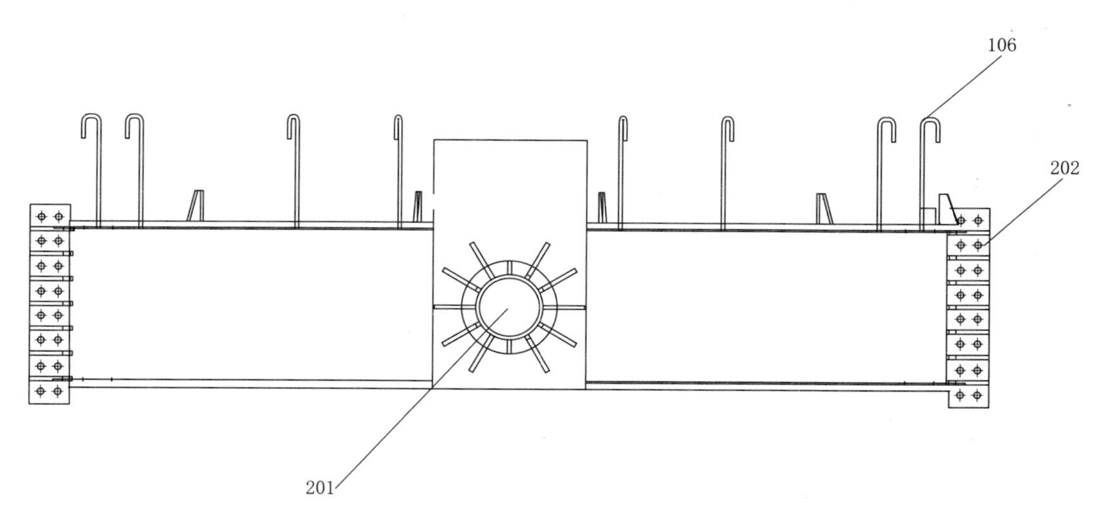

图 3-1-9　防变形吊装工具中上部吊装装置的侧视图

四、吊装技术方案具体实施方式

1. 术语说明

方案中术语“中心”“上”“下”“左”“右”“竖直”“水平”“内”“外”等指示的方位或位置关系为基于附图所示的方位或位置关系，仅是为了便于描述本实用新型和简化描述，而不是指示或暗示所指的装置或元件必须具有特定的方位、以特定的方位构造和操作，因此不能理解为对该方案的限制。此外，术语“第一”“第二”“第三”仅用于描述目的，而不能理解为指示或暗示相对重要性。

在方案的描述中，需要说明的是，除非另有明确的规定和限定，术语“安装”“相连”“连接”应做广义理解。例如，可以是固定连接，也可以是可拆卸连接，或一体地连接；

可以是机械连接，也可以是电连接；可以是直接相连，也可以通过中间媒介间接相连，可以是两个元件内部的连通。对于本领域的普通技术人员而言，可以具体情况理解上述术语在本实用新型中的具体含义。

图 3－1－3～图 3－1－9 详细描述该方案提供的烟囱防变形吊装工具。

2．具体实施方式

（1）该技术方案提供了一种烟囱防变形吊装工具，包括分体设置的上部吊装装置和下部吊装装置。上部吊装装置和下部吊装装置分别包括各自的第一半环体和第二半环体，且所述第一半环体的两端分别通过锁紧构件与第二半环体的两端连接，从而使第一半环体和第二半环体连接形成环形本体 200，在第一半环体的外侧和第二半环体的外侧分别设置有吊装结构 201。

（2）在靠近烟囱上端的位置安装上部吊装装置，在靠近烟囱下端的位置安装下部吊装装置。将两个第一半环体和两个第二半环体分别扣合于靠近烟囱上端的位置处和靠近烟囱下端的位置处。通过锁紧结构 202 将第一半环体和第二半环体连接形成环形本体 200，从而，两个环形本体 200 牢牢地扣合于靠近烟囱上端的位置处和靠近烟囱下端的位置处。将用于起吊的缆绳绑在上部吊装装置和下部吊装装置的吊装结构 201 上，即可开始起吊。

（3）该技术方案提供的烟囱防变形吊装工具，不需要在烟囱表面和烟囱内部焊接吊点以及横梁，从而不会影响烟囱的力学性能。同时，减少了在烟囱吊装前需要在烟囱表面和烟囱内部焊接吊点以及横梁的步骤，大大减小了烟囱吊装所用的时间，且该装置可以多次重复利用，也降低了吊装烟囱的成本，达到了方便快捷的有益效果。

（4）在上部吊装装置的环形本体 200 的内部设置有支撑装置 100，支撑装置 100 包括支撑环，支撑环为具有开口的环形结构，环形结构的开口处设置有顶升装置 101，顶升装置 101 沿长度方向上的两端分别与环形结构的开口的两侧连接。在吊装的过程中，由于烟囱自身重量的原因，上部吊装结构 201 的环形本体 200 会对烟囱施加一个向内的压力，从而导致环形本体 200 与烟囱接触的部位发生变形。设置支撑装置 100，在安装环形本体 200 前，先将支撑装置 100 安装于烟囱内部，使支撑装置 100 紧贴于烟囱的内壁，再将环形本体 200 安装于与支撑装置 100 相对应的烟囱的外壁上，从而环形本体 200 对烟囱施加的向内的压力被支撑装置 100 提供的支撑力抵消。将支撑环放置于烟囱的内部，调节顶升装置 101，使顶升装置 101 长度增加，故支撑环直径增大，从而使支撑环的外壁紧贴于烟囱的内壁。进一步的，顶升装置 101 为千斤顶。

（5）支撑装置 100 还包括支撑杆 105，支撑杆 105 的两端与所述支撑环的内侧壁可拆卸连接。设置支撑杆 105，可增加支撑装置 100 的结构强度，使支撑装置 100 能够承受更大的压力。支撑杆 105 设置有上下排布的多个，且多个支撑杆 105 均沿支撑环的同一条直径方向延伸。使多个支撑杆 105 沿支撑环的同一条直径分布，可以使支撑杆 105 所起到的支撑作用最大。

（6）在支撑环的内侧壁上焊接有内加固板 104，支撑杆 105 与内加固板 104 可拆卸连接。焊接内加固板 104，可以增加支撑杆 105 与支撑环的连接处的支撑环的结构强度，防止发生局部变形。

（7）在支撑环上设置有多个弯钩106，多个所述弯钩106均匀分布，多个所述弯钩106的长度方向垂直于所述支撑环所处的圆周面。弯钩106具有弯曲的钩头部和竖直的钩尾部，钩尾部连接于所述支撑环上，钩头部用于挂在烟囱的顶端。设置弯钩106，可以防止支撑环在拆卸时从烟囱内部直接掉下。

（8）在第一半环体和第二半环体的外壁上各设置有一个吊装结构201，且两个吊装结构201以环形本体200的一条直径为对称点对称布置。每个所述吊装结构201分别处于第一半环体和第二半环体的中间位置，且吊装结构201的位置与支撑杆105和支撑环之间连接形成的连接点对应。在下部吊装装置中，两个吊装结构201均偏向于同一个所述锁紧结构202。在上部吊装装置中，将吊装结构201分别设置于第一半环体和第二半环体的中间位置，可以使吊装结构201上受到的力均匀分布于第一半环体和第二半环体上。在下部吊装装置中，将两个所述吊装结构201均偏向于同一个锁紧结构202设置，可以便于烟囱的吊装。

（9）在吊装结构201的位置加装有外加固板，外加固板的一侧焊接于所述环形本体200的外侧壁，吊装结构201焊接于所述外加固板的另一侧上。设置外加固板，可以增加吊装结构201附近环形本体200的结构强度。

（10）锁紧结构202包括连接螺栓、设置于第一半环体的端部的第一连接片和设置于第二半环体的端部的第二连接片，在第一连接片和第二连接片上分别设置有穿孔，连接螺栓依次穿过第一连接片的穿孔和第二连接片的穿孔后将第一连接片和第二连接片锁紧。在第一半环体的外侧壁与第一连接片之间以及第二半环体的外侧壁与第二连接片之间分别设置有加固肋板。

第二节 烟囱安装角度找正工具设计及功能

一、烟囱安装角度找正工具设计

由于烟囱空中安装角度为77°、79°、84°、87°，为了保证角度安装正确，需要设计一套工装来进行测量以保证烟囱角度正确。安装角度找正测量工具三维图如图3－2－1所示。

钢烟囱安装角度找正工具包括底座、支架和至少两个伸缩杆，其中：底座设置在地面上；伸缩杆的一端与底座铰接，伸缩杆的另一端与支架铰接用于支撑支架；支架通过转动支座安装在地面上，用于支撑钢烟囱的侧壁。钢烟囱安装角度找正工具能够保证钢烟囱安装时的位置角度，每节钢烟囱的安装均可以依靠此工具完成，可一次就位，提高工作效率，降低安装工人的技能门槛。

二、烟囱安装角度找正工具功能

钢烟囱安装角度找正工具功能示意图如图3－2－2所示。

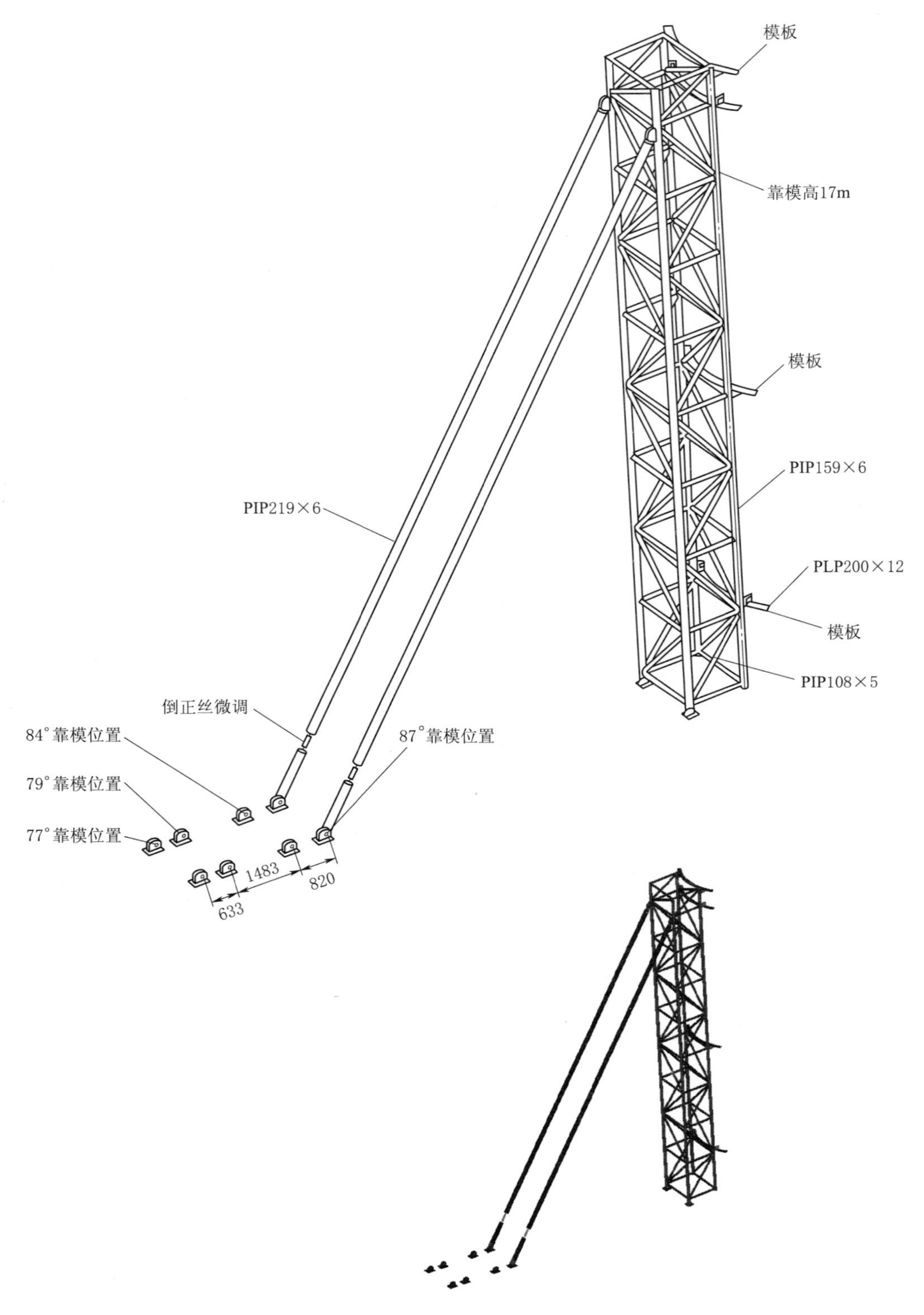

图 3-2-1 安装角度找正测量工具三维图（单位：mm）

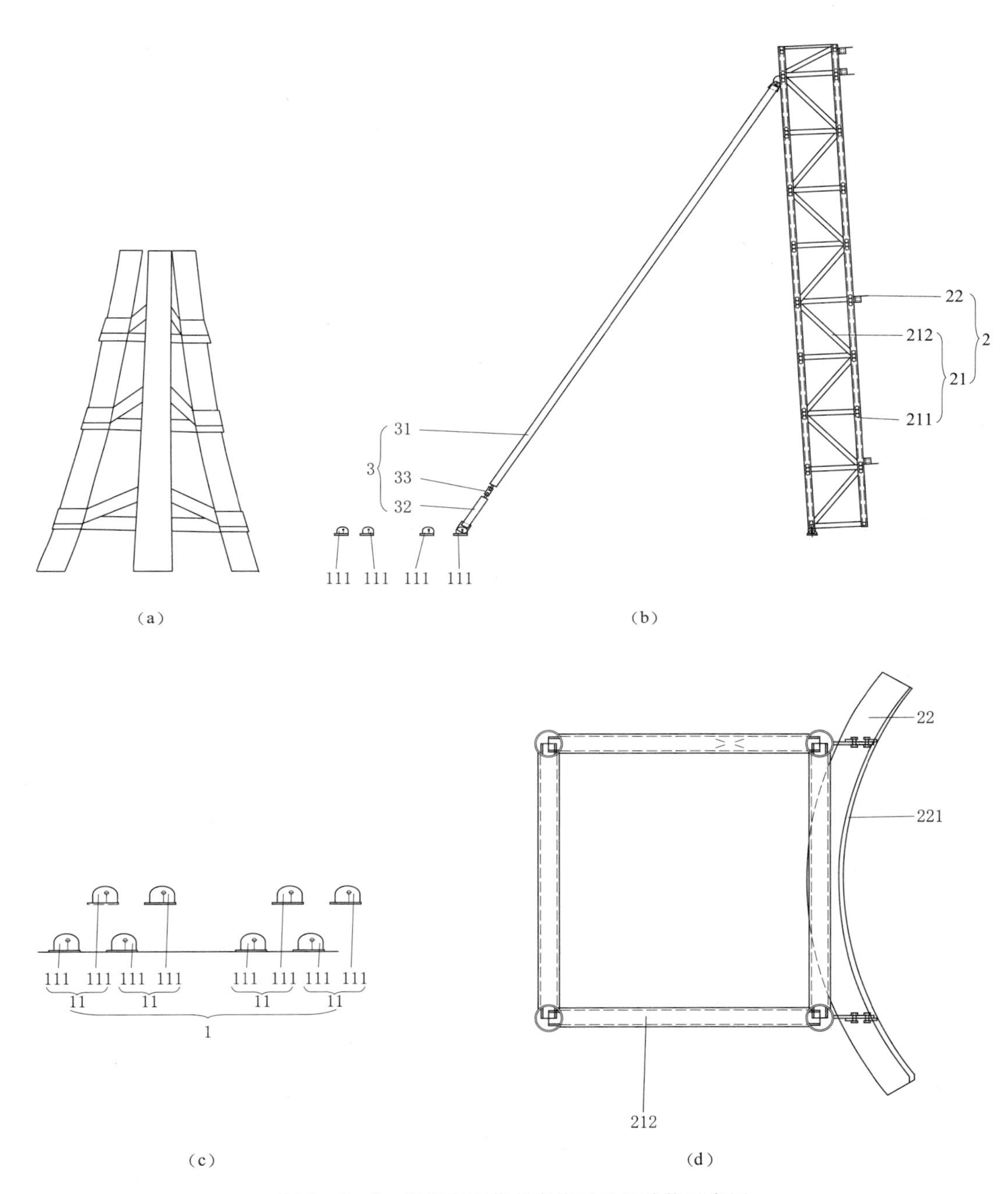

图 3-2-2 钢烟囱安装角度找正工具功能示意图

(a) 三管自立式钢烟囱的结构示意图；(b) 钢烟囱安装角度找正工具的结构示意图；

(c) 支架的俯视图；(d) 底座的结构示意图

1—底座；11—安装座组件；111—安装座；2—支架；21—架体；211—竖直支撑杆；212—连接杆组；

22—托板；221—弹性垫；3—伸缩杆；31—第一连杆；32—第二连杆；33—螺纹管

底座 1 设置在地面上，伸缩杆 3 的一端与底座 1 铰接，伸缩杆 3 的另一端与支架 2 铰接用于支撑支架 2。支架 2 通过转动支座安装在地面上，用于支撑钢烟囱的侧壁。底座 1 包括多排固定在地面上的安装座组件 11，每一排安装座组件 11 包括与伸缩杆 3 一一对应铰接的安装座 111。伸缩杆 3 包括第一连杆 31、第二连杆 32 和螺纹管 33，螺纹管 33 分别与第一连杆 31 和第二连杆 32 连接，以调节第一连杆 31 与第二连杆 32 之间的距离。

支架 2 包括架体 21 和多个用于支撑钢烟囱的托板 22，多个所述托板 22 设置于所述支架 2 的不同高度上。架体 21 包括四个相对平行设置的竖直支撑杆 211 和用于连接 4 个所述竖直支撑杆 211 的连接杆组 212。托板 22 与所述支架 2 可拆卸连接，托板 22 呈圆弧形，托板 22 用于支撑所述钢烟囱的一侧设有弹性垫 221。

三、烟囱安装角度找正工具具体实施方式

在使用上述钢烟囱安装角度找正工具时，首先将各个伸缩杆分别与底座和支架连接，随后微调伸缩杆的长度，使得支架在伸缩杆的支撑下能够具有预设的倾斜角度。随后起吊钢烟囱，使得钢烟囱的侧壁依靠在支架上，确定钢烟囱的安装角度，保证此角度，通过吊装设备将钢烟囱吊向待安装位置即可。

相对于现有技术来说，本技术方案提供的钢烟囱安装角度找正工具能够保证钢烟囱安装时的位置角度，不同节位的钢烟囱可以调节支架不同的倾斜角度，每节钢烟囱的安装均可以依靠此工具完成，可一次就位，提高工作效率，降低安装工人门槛。

上述钢烟囱安装角度找正工具可以包括 2 个、3 个、4 个、5 个等伸缩杆，在上述技术方案中，钢烟囱安装角度找正工具至少包括两个伸缩杆 3。

为了使得上述钢烟囱安装角度找正工具能够进行大幅度调节，底座 1 包括多排固定在地面上的安装座组件 11，每一排安装座组件 11 包括与伸缩杆 3 一一对应铰接的安装座 111。

在对每节钢烟囱安装角度找正前，可以根据支架 2 所预设的角度，将伸缩杆 3 与合适的安装座组件 11 铰接，以调整好伸缩杆 3 底部与支架 2 底部之间的距离，保证支架 2 在伸缩杆 3 的支撑下能够具有预设的倾斜角度。

安装座组件 11 包括与伸缩杆 3 一一对应铰接的 2 个、3 个、4 个、5 个等安装座 111。当伸缩杆 3 为两个时，安装座组件 11 包括与伸缩杆 3 一一对应铰接的两个安装座 111。

安装座 111 和伸缩杆 3 上均设有用于转轴穿过的铰接孔，安装座 111 与伸缩杆 3 可以通过转动轴枢接。

需要说明的是，伸缩杆 3 可以通过液压机构进行伸缩，也可以通过气压装置进行伸缩，或者是通过螺纹管实现伸缩等。也就是说，凡是能够实现伸缩功能的伸缩杆 3，都可以是上述实施例所提及的伸缩杆。

为了方便伸缩杆的调节，伸缩杆 3 包括第一连杆 31、第二连杆 32 和螺纹管 33，螺纹管 33 分别与第一连杆 31 和第二连杆 32 连接，以调节第一连杆 31 与第二连杆 32 之间的距离。第一连杆 31 朝向螺纹管 33 的一端设有外螺纹，第二连杆 32 朝向螺纹管 33 的一端也设有外螺纹，螺纹管 33 的内表面设有分别与第一连杆 31 和第二连杆 32 配合的内螺纹。

当需要加大第一连杆 31 与第二连杆 32 之间的距离时，可以顺时针转动螺纹管；当需要减小第一连杆 31 与第二连杆 32 之间的距离时，可以逆时针转动螺纹管。

在一些实施例中，为了使得支架 2 能够更好地对钢烟囱进行支撑，支架 2 包括架体 21 和多个托板 22，多个托板 22 设置于支架 2 的不同高度上。

在使用时，托板 22 与钢烟囱相抵，以对钢烟囱进行支撑，避免钢烟囱相对于支架 2 晃动。

在上述实施例的基础上，架体 21 包括 4 个相对平行设置的竖直支撑杆 211 和用于连接 4 个竖直支撑杆 211 的连接杆组 212。连接杆组 212 包括与竖直支撑杆 211 垂直的第一连接杆和与竖直支撑杆 211 呈非 90°角的第二连接杆，第一连接杆和第二连接杆均用于连接相邻的两个竖直支撑杆 211，保证架体 21 的稳定性。

设定 4 个竖直支撑杆 211 分别为第一竖直支撑杆、第二竖直支撑杆、第三竖直支撑杆和第四竖直支撑杆，由于使用时架体 21 具有一定的倾斜角度，在安装时，第一竖直支撑杆和第二竖直支撑杆的底端通过转动支座安装在地面上，第三竖直支撑杆和第四竖直支撑杆的底端悬空，第一竖直支撑杆和第二竖直支撑杆可以相对于转动支座转动，以实现架体 21 倾斜角度的调整。

其中，托板 22 与支架 2 可拆卸连接，方便支架 2 的更换。托板 22 呈圆弧形，使得托板 22 能够更紧密地与钢烟囱接触。托板 22 用于支撑钢烟囱的一侧设有弹性垫 221，避免使用过程中对钢烟囱的外表面产生刮痕。

第三节　烟囱托架及斜置烟囱设计及实施

一、背景技术

传统钢烟囱一般沿铅锤方向设置，结构相对稳定，用缆风绳等工具就可以防止钢烟囱倾倒。对于多管集束式烟囱而言，可将多根烟囱倾斜靠拢，从而提高烟囱的整体稳定性。例如，专利文献号为 CN200920066574.3 的自立式多管集束钢烟囱，为了使各根管件相互支撑，需要使用多个连接构件支撑连接在多根管件之间。在重力作用下，各管件因倾斜产生的压力相互作用，进而使各管件均承受较大的弯曲应力。因该类自立式多管集束钢烟囱需要多根管件相互支撑，所以施工过程中单根管件的稳定性较差。

二、烟囱托架及斜置烟囱设计

该设计方案的目的在于提供一种烟囱托架及斜置烟囱，以解决现有技术中多管烟囱在安装和使用过程中易倾倒的技术问题。该设计方案的烟囱托架包括主桁架 1、倚靠件 2 和支撑件 3，倚靠件 2 连接于主桁架 1 的上端，支撑件 3 连接于主桁架背离倚靠件 2 的一侧，且支撑件 3 自上而下向背离主桁架的方向延伸，如图 3－3－1 所示，倚靠件 2 背离主桁架 1 的一侧设有凹槽。

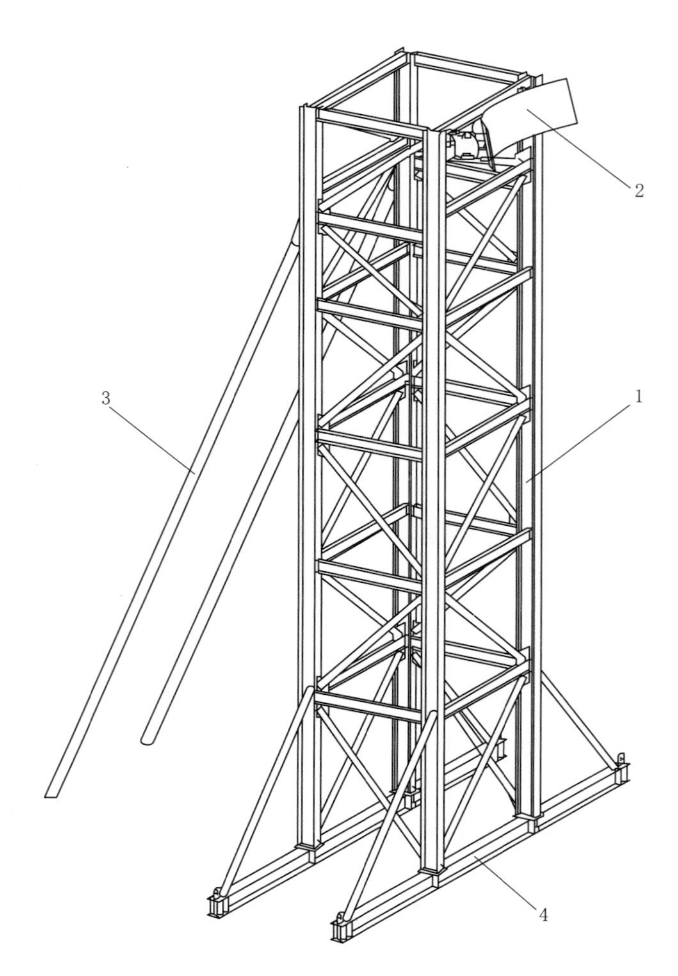

图 3-3-1 烟囱托架及斜置三维图

1—主桁架；2—倚靠件；3—支撑件；4—横梁

三、烟囱托架及斜置烟囱功能

在该设计方案实施实例中，采用倚靠件连接于主桁架的上端，支撑件连接于主桁架背离倚靠件的一侧，且支撑件自上而下向背离主桁架方向延伸的方式，通过主桁架提升支撑高度，并通过倚靠件抵接烟囱本体，从而防止烟囱本体倾倒。支撑件可以支撑在主桁架和地面之间，从而确保主桁架稳定，进而提高烟囱本体的稳定性，达到防止烟囱本体倾倒的目的，可以在多管烟囱安装和使用过程中防止烟囱管件倾倒，保障施工安全性。

四、烟囱托架及斜置烟囱具体实施方式

下面将结合图 3-3-2 对本设计方案的技术方案进行清楚、完整的描述。显然，所描述的实施实例是本设计方案的一部分实施实例，而不是全部的实施实例。基于本设计方案

中的实施实例，本领域普通技术人员在没有做出创造性劳动前提下所获得的所有其他实施实例。图 3-3-2（a）所示为烟囱托架的主视图，图 3-3-2（b）所示为烟囱托架的倚靠件的示意图，图 3-3-2（c）所示为烟囱托架的倚靠件和主桁架连接处的示意图，图 3-3-2（d）所示为烟囱托架的基座的示意图，图 3-3-2（e）所示为烟囱托架的右视图，图 3-3-2（f）所示为烟囱托架的示意图，图 3-3-2（g）所示为斜置烟囱的主视图。

1. 实施实例一

如图 3-3-2（a）、图 3-3-2（f）和图 3-3-2（g）所示，本实施实例的烟囱托架包括主桁架 1、倚靠件 2 和支撑件 3，倚靠件 2 连接于主桁架 1 的上端，支撑件 3 连接于主桁架 1 背离倚靠件 2 的一侧，且支撑件 3 自上而下向背离主桁架 1 的方向延伸。倚靠件 2 位于主桁架 1 一侧的上端，支撑件 3 位于主桁架 1 背离倚靠件 2 的一侧，且支撑件 3 的一端连接在主桁架 1 竖直高度的$\frac{1}{2}$以上的位置。支撑件 3 自上而下向背离主桁架 1 的方向延伸，从而增大了支撑跨度，可以避免主桁架 1 向背离倚靠件 2 的方向倾倒。在施工过程中，将烟囱托架的底部固定在钢烟囱的下方，起吊钢烟囱，使烟囱本体 5 倾斜，并贴靠在倚靠件 2 背离主桁架 1 的一侧，从而通过主桁架 1 可以确保支撑高度，防止烟囱本体 5 倾倒。

在本实施实例中，倚靠件 2 背离主桁架 1 的一侧设有凹槽。其中，凹槽用于容纳烟囱本体 5，当烟囱本体 5 贴靠倚靠件 2 时，烟囱本体 5 位于凹槽内，从而可以避免烟囱本体 5 向靠近主桁架 1 的方向倾倒，又可以避免烟囱本体 5 与倚靠件 2 滑动分离。如图 3-3-2（b）所示，倚靠件 2 包括倚靠板 21 和安装板 22，安装板 22 与主桁架 1 连接，倚靠板 21 连接于安装板 22 背离主桁架 1 的一侧；倚靠板 21 弯曲，并在倚靠板 21 背离安装板 22 的一侧形成凹槽。其中，安装板 22 用于连接主桁架 1，且安装板 22 设有两个，两个安装板 22 分别连接在倚靠板 21 朝向主桁架 1 的一侧。倚靠板 21 通过弯曲形成凹槽，凹槽用于容纳烟囱本体 5，从而避免烟囱本体 5 与倚靠件 2 滑动分离。通过弯曲形成凹槽，可以防止倚靠板 21 上应力集中，提高倚靠板 21 的结构强度。此外，倚靠板 21 朝向主桁架 1 的一侧连接有加强肋板，用以加强倚靠板 21 的结构稳定性。进一步的，主桁架 1 上连接有基座 11，基座 11 与倚靠件 2 铰接，基座 11 上连接有锁紧件，锁紧件用于固定倚靠件 2。倚靠件 2 铰接基座 11，从而可以调节倚靠件 2 的安装角度，用以适应烟囱本体 5 的倾斜角度。锁紧件为螺纹杆件，螺纹杆件与主桁架 1 连接，且抵接于倚靠件 2。当螺纹杆件抵接在倚靠件 2 沿铰接轴延伸方向的侧面时，通过螺纹杆件插入倚靠件 2 上的槽孔，或者通过螺纹杆件抵接并压紧倚靠件 2，从而限制倚靠件 2 的转动。当螺纹杆件抵接在倚靠件 2 朝向主桁架 1 的一侧端面时，通过旋转螺纹杆件，可以推挤倚靠件 2 绕铰接轴的轴线旋转，进而改变倚靠件 2 的安装角度。

如图 3-3-2（c）和图 3-3-2（d）所示，锁紧件为销杆，基座 11 上间隔设置多个销孔 111，倚靠件 2 上设置有定位孔，销杆插接于其中一个销孔 111 和定位孔。其中，基座 11 上设置有第一铰接孔 112，倚靠件 2 上设有第二铰接孔，铰接轴插接在第一铰接孔 112 和第二铰接孔，从而使倚靠件 2 与基座 11 铰接。销杆插接于其中一个销孔 111 和定位孔从而可以将倚靠件 2 的安装角度固定，调节销杆插接在不同的销孔 111 和定位孔中，从而可以改变倚靠件 2 的安装角度。

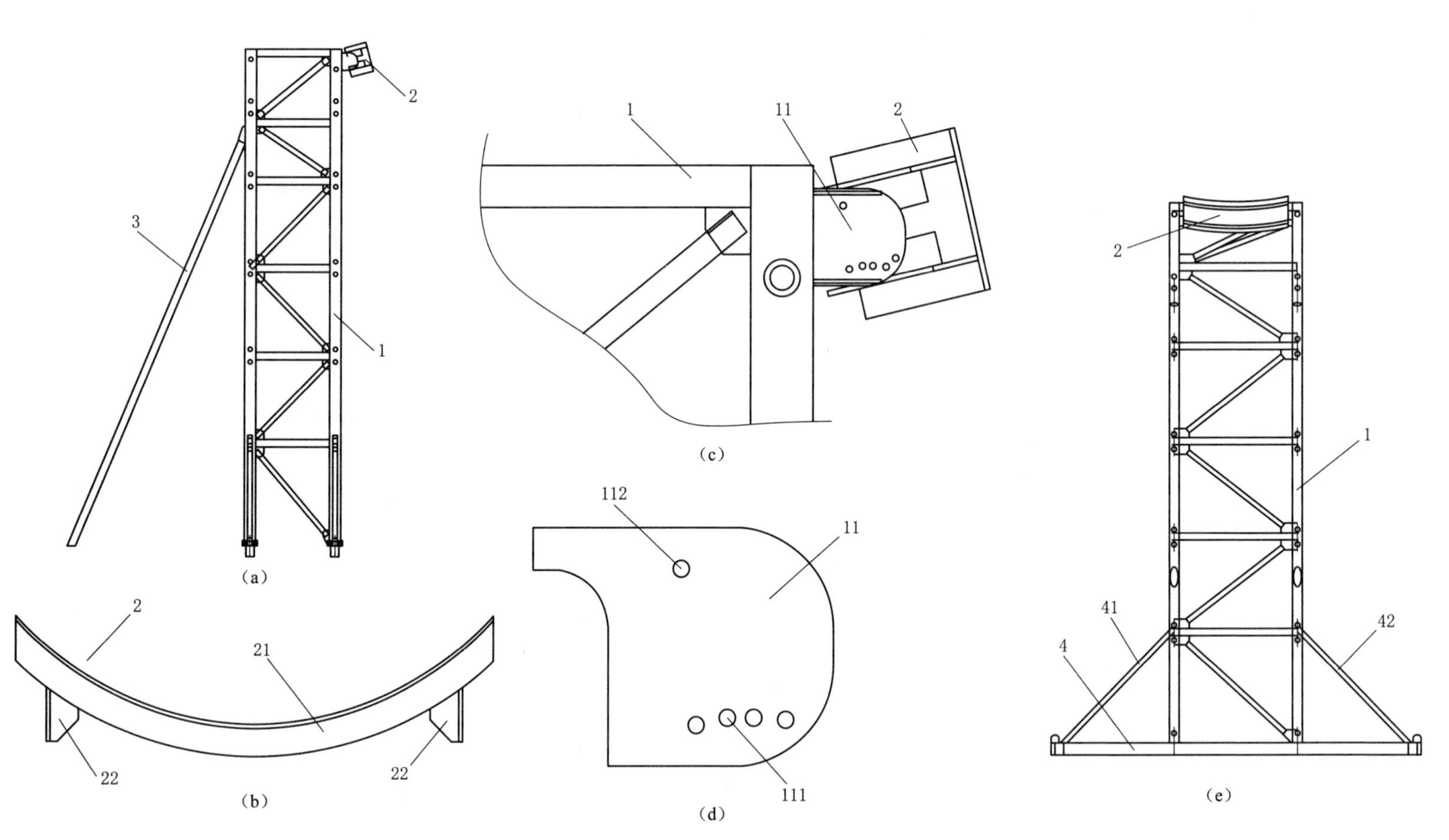

图 3-3-2（一） 烟囱托架及斜置烟囱

（a）烟囱托架的主视图；（b）烟囱托架的倚靠件的示意图；（c）烟囱托架的倚靠件和主桁架连接处的示意图；（d）烟囱托架的基座的示意图；（e）烟囱托架的右视图

1—主桁架；11—基座；111—销孔；112—第一铰接孔；2—倚靠件；21—倚靠板；22—安装板；3—支撑件；4—横梁；41—第一侧支杆；42—第二侧支杆

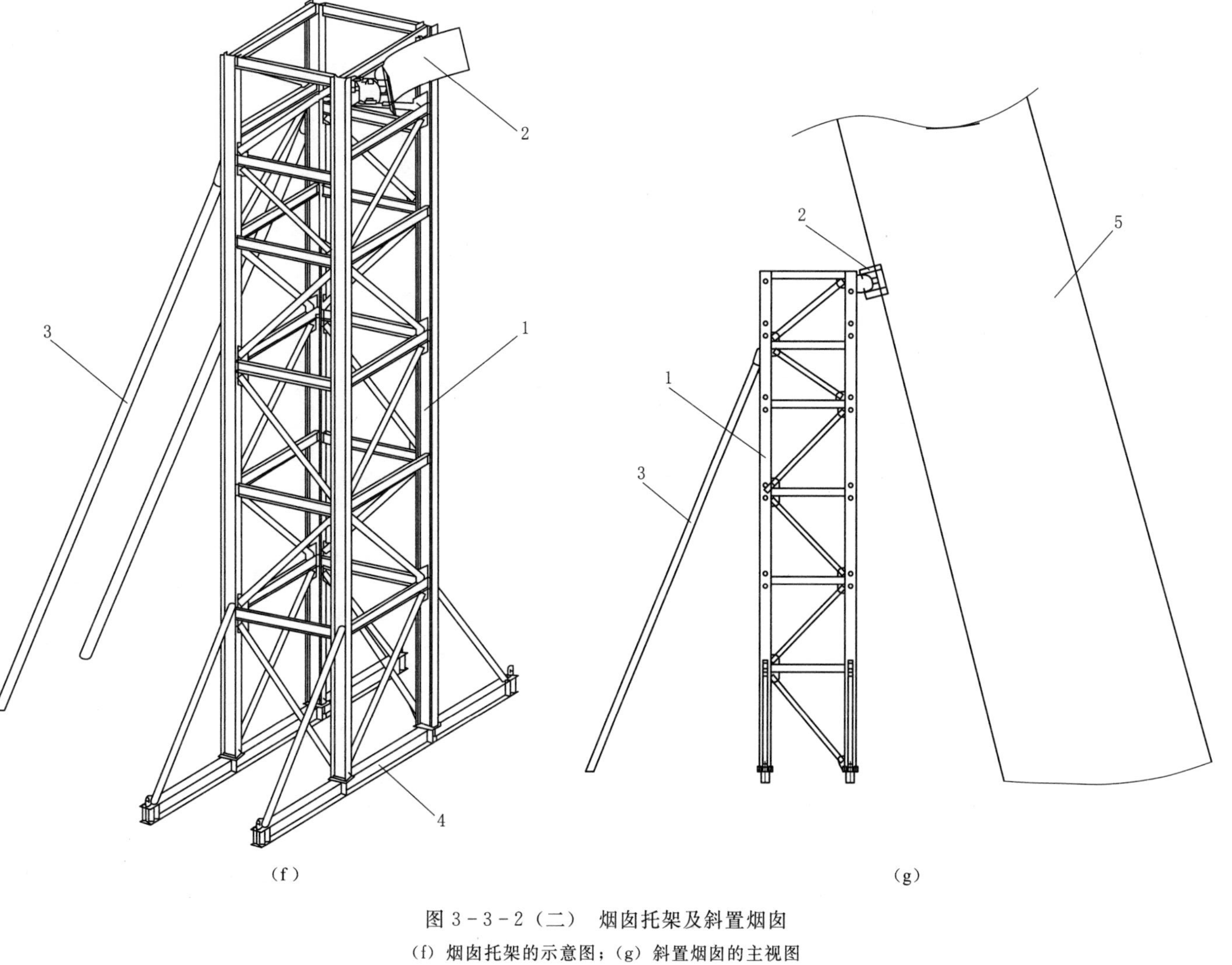

图3-3-2（二） 烟囱托架及斜置烟囱

（f）烟囱托架的示意图；（g）斜置烟囱的主视图

1—主桁架；2—倚靠件；3—支撑件；4—横梁；5—烟囱本体

如图 3-3-2（e）所示，主桁架 1 的横梁 4，横梁 4 与主桁架 1 的延伸方向垂直，且向主桁架 1 的两侧延伸。其中，横梁 4 增大了主桁架 1 与地面的接触面积，从而避免主桁架 1 陷入地面中。通过向主桁架 1 的两侧延伸的横梁 4，增大了主桁架 1 的支撑跨度，进而可以避免主桁架 1 向两侧倾倒。进一步的，主桁架 1 上连接有第一侧支杆 41 和第二侧支杆 42，第一侧支杆 41 和第二侧支杆 42 均自连接于主桁架 1 的一端向下倾斜延伸，并一一对应地连接于横梁 4 的两端。其中，主桁架 1、第一侧支杆 41 和横梁 4 形成三角形结构，主桁架 1、第二侧支杆 42 和横梁 4 形成三角形结构，从而可以确保横梁 4 与主桁架 1 的延伸方向垂直，避免主桁架 1 倾倒。

2. 实施实例二

如图 3-3-2（g）所示，本实施实例的斜置烟囱包括烟囱本体 5 和实施实例一提供的烟囱托架，烟囱本体 5 的轴线与铅锤方向的夹角小于 90°，烟囱托架的倚靠件 2 抵接于烟囱本体 5。本实施实例提供的斜置烟囱与实施实例一提供的烟囱托架的技术效果相同，故在此不再赘述。

在本实施实例中，倚靠件 2 位于烟囱本体 5 延伸高度的$\frac{3}{5}\sim\frac{2}{3}$处。其中，倚靠件 2 支撑在烟囱本体 5 重心位置的上方，且位于烟囱本体 5 延伸高度的$\frac{3}{5}\sim\frac{2}{3}$处，从而可以对烟囱本体 5 提供最佳的支撑，能够降低烟囱本体 5 由重力和倾斜所产生的弯曲应力。

第四节　烟囱对接辅助工具功能

一、背景技术

对于大型的钢烟囱，一般都是将烟囱分为多节，运输到电厂或一些化工厂等安装位置卸下后，再将每节钢烟囱依次焊接起来。采用这种方法既能方便烟囱的运输，将烟囱立起来时，也比较省力。但该方法有一个较为困难的步骤，就是如何方便、快捷且精确地将两节倾斜的烟囱体进行定位对接，并留出焊接缝隙进行焊接。

现有技术中，焊接两节立起来的烟囱时，一般靠缆风绳等工具先将上节烟囱稳定就位，就位后先进行点焊，再进行大面积焊接将上下两节烟囱连接在一起。但该方法施工难度大，安全系数低。同时还需要专门的工具检查烟囱的倾斜角度，在上节烟囱倾斜角度不准确时，吊车需要进行多次位置的调整，从而进一步增加了施工的难度。

二、烟囱对接辅助工具设计

该设计方案提供的烟囱对接辅助工具包括连接组件和限位组件。连接组件包括上连接片和下连接片。上连接片连接于烟囱的上节筒的下端外壁，下连接片连接于烟囱的下节筒的上端外壁，上连接片与下连接片连接配置成将上节筒和下节筒连接。限位组件包括至少两个沿下节筒周向间隔设于限下节筒的上端外壁的限位挡板，限位挡板具有自下节筒上端向上延伸且向远离上节筒方向倾斜的倾斜结构。烟囱对接辅助工具降低了两节烟囱连接时的施工难度，使施工更加方便、可靠。

三、烟囱对接辅助工具功能

在烟囱吊装之前，上节筒的下端外壁安装上连接片，在下节筒的上端外壁安装上连接片和限位挡板。当下节筒吊装完毕后，将上节筒吊起，使上节筒的下端和下节筒的上端对齐，再将上节筒慢慢向下移动。由于限位挡板的存在上节筒在下移的过程中，上节筒的下端先碰到倾斜结构。由于倾斜结构的作用，上节筒在下移的过程中，上节筒的轴线慢慢靠近下节筒的轴线并最终重合。在上节筒下移的同时调整上节筒，使上节筒绕其自身的轴线旋转一定角度从而使上连接片和下连接片处于同一条直线上，当上节筒放置于下节筒上时，将钢丝缠绕于上连接片和下连接片上，再将钢丝的两端拧紧，上连接片和下连接片固定在一起，从而将上节筒和下节筒暂时连接，再通过电焊对上节筒和下节筒之间的焊接缝隙进行焊接，使上节筒与下节筒连接为一体结构。

烟囱对接辅助工具的限位组件为上节筒起到了引导定位作用，可以使上节筒更方便地和下节筒对齐，连接组件在施工前安装于上节筒和下节筒上，省去了上节筒在吊装到下节筒上先要进行点焊的步骤，解决了倾斜筒体的对接定位难题，从而降低了两节烟囱连接时的施工难度，达到了方便、可靠的目的。

四、烟囱对接辅助工具具体实施方式

图 3-4-1 所示为烟囱对接辅助工具，图 3-4-1（a）所示为烟囱对接辅助工具的结构示意图，图 3-4-1（b）所示为图 3-4-1（a）中 A 处的局组件结构放大图，图 3-4-1（c)为图 3-4-1（a）中 A 处的局组件结构放大图的侧视图，图 3-4-1（d）为图 3-4-1（a）中 B 处的放大图。

下面将结合图 3-4-1 对本设计方案进行清晰、完整地描述。显然，所描述的实施实例是本方案中一组件的实施实例，而不是全组件的实施实例。

在本实施实例的描述中，需要说明的是，术语“中心”“上”“下”“左”“右”“竖直”“水平”“内”“外”等指示的方位或位置关系为基于附图所示的方位或位置关系，仅是为了便于描述本实用新型和简化描述，而不是指示或暗示所指的装置或元件必须具有特定的方位、以特定的方位构造和操作。此外，术语“第一”“第二”“第三”仅用于描述目的，而不能理解为指示或暗示相对重要性。

在本实施实例的描述中，需要说明的是，除非另有明确的规定和限定，术语“安装”“相连”“连接”应做广义理解，例如，可以是固定连接，也可以是可拆卸连接，或一体地连接；可以是机械连接，也可以是电连接；可以是直接相连，也可以通过中间媒介间接相连，可以是两个元件内组件的连通。

本实施实例中的烟囱对接辅助工具包括连接组件 100 和限位组件 200。连接组件 100 包括上连接片 101 和下连接片 102，上连接片 101 连接于烟囱的上节筒 1 的下端外壁，下连接片 102 连接于烟囱的下节筒 2 的上端外壁，上连接片 101 与下连接片 102 连接配置成将上节筒 1 和下节筒 2 连接；限位组件 200 包括至少两个沿下节筒 2 周向间隔设于限下节筒 2 的上端外壁的限位挡板，限位挡板具有自下节筒 2 上端向上延伸且向远离上节筒 1 方向倾斜的倾斜结构。

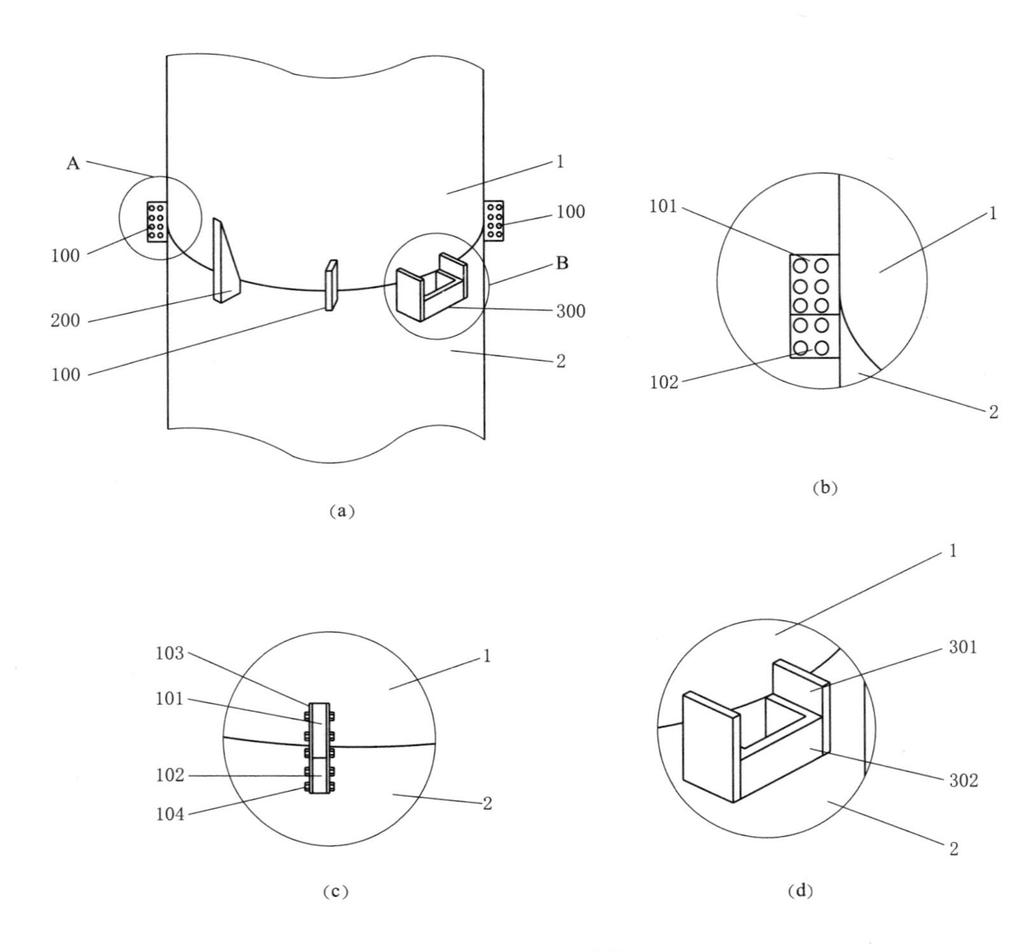

图 3-4-1　钢烟囱对接辅助工具

(a) 烟囱对接辅助工具的结构示意图；(b) 图 (a) 中 A 处的局组件结构放大图；

(c) 图 (a) 中 A 处的局组件结构放大图的侧视图；(d) 图 (a) 中 B 处的放大图

1—上节筒；2—下节筒；100—连接组件；101—上连接片；102—下连接片；103—固定板；

104—螺栓；200—限位组件；300—定位组件；301—槽状结构；302—凸起结构

在烟囱吊装之前，在上节筒 1 的下端外壁安装上连接片 101，在下节筒 2 的上端外壁安装上连接片 102 和限位挡板；当下节筒 2 吊装完毕后，将上节筒 1 吊起，使上节筒 1 的下端和下节筒 2 的上端对齐，再将上节筒 1 慢慢向下移动。由于限位挡板的存在上节筒 1 在下移的过程中，上节筒 1 的下端先碰到倾斜结构，由于倾斜结构的作用，上节筒 1 在下移的过程中，上节筒 1 的轴线慢慢靠近下节筒 2 的轴线并最终重合。在上节筒 1 下移的同时调整上节筒 1，使上节筒 1 旋转一定角度从而使上连接片 101 和下连接片 102 处于同一条直线上，当上节筒 1 与放置于下节筒 2 上时，将钢丝缠绕于上连接片 101 和下连接片 102 上，再将钢丝的两端拧紧，上连接片 101 和下连接片 102 固定在一起，从而将上节筒 1 和下节筒 2 暂时连接，再通过电焊对上节筒 1 和下节筒 2 之间的焊接缝隙进行焊接，使上节筒 1 与下节筒 2 连接为一体结构。

烟囱对接辅助工具的限位组件 200 为上节筒 1 起到了引导作用，可以使上节筒 1 更方便地和下节筒 2 对齐，连接组件 100 在施工前安装于上节筒 1 和下节筒 2 上，省去了上节筒 1 在吊装到下节筒 2 上先要进行点焊的步骤，从而降低了两节烟囱连接时的施工难度，达到了方便、可靠的目的。

在上节筒 1 放置到下节筒 2 上时，通过钢丝缠绕上连接片 101 和下连接片 102，再将钢丝的两端拧接即可将上连接片 101 和下连接片 102 固定在一起。在本实施实例中，连接组件 100 和限位组件 200 均焊接于上节筒 1 和下节筒 2 的外壁上。作为另一种实施方式，可增设固定圈，在固定圈上焊接连接组件 100 和限位组件 200。可设置两个固定圈，其中一个固定圈上焊接上连接片 101，另一个固定圈上焊接下连接片 102 和限位挡板，再将固定圈分别固定于上节筒 1 的下端和下节筒 2 的上端，同样能够实现连接组件 100 和限位组件 200 的功能。采用该方式，在吊装前不用将连接组件 100 和限位组件 200 焊接在上节筒 1 和下节筒 2 上，从而减少了施工时间；同时，在上节筒 1 和下节筒 2 完成焊接后，还可以将固定圈拆下进行多次利用，从而节省成本。

连接组件 100 设置有多个，多个连接组件 100 沿烟囱的周向均匀分布。设置多个连接组件 100，可以增加上节筒 1 与下节筒 2 之间的连接强度。在本实施实例中，设置四个连接组件 100，且任意两个连接组件 100 之间的沿烟囱轴向的距离均相同。多个连接组件 100 包括多个上连接片 101 和多个下连接片 102，多个上连接片 101 安装于上节筒 1 下端的外壁，多个下连接片 102 安装于下节筒 2 上端的外壁。

如图 3－4－1（b）和图 3－4－1（c）所示，上连接片 101 凸出于上节筒 1 下端。上连接片 101 凸出上节筒 1 的下端，下连接片 102 与下节筒 2 的上端平齐。当上节筒 1 下端与下节筒 2 上端接触时，上连接片 101 与下连接片 102 先进行接触，从而在上节筒 1 与下节筒 2 之间预留出焊接间隙。在本实施实例中，上连接片 101 凸出于上节筒 1 下端 3mm 故焊接间隙也为 3mm。上节筒 1 和下节筒 2 之间预留焊接间隙，可以使上节筒 1 与下节筒 2 的连接处被完全焊透。

连接组件 100 还包括固定板 103，固定板 103 分别与上连接片 101 和下连接片 102 连接。在上连接片 101 和下连接片 102 上开设有多个通孔，在固定板 103 上也开设有多个通孔，连接螺栓 104 分别穿过固定板 103 以及上连接片 101 和下连接片 102 上的通孔，即可将上连接片 101 和下连接片 102 连接。该连接方式方便快捷，且连接后上连接片 101 与下连接片 102 之间的连接强度较大。作为另一种实施方式，在上连接片 101 和下连接片 102 上设置开设有多个通孔，将一根钢丝的一端穿过上连接片 101 和下连接片 102 上的多个通孔与钢丝的另一端拧接在一起，即可将上连接片 101 和下连接片 102 连接。

连接组件 100 还包括固定环，固定环为具有长条形孔的环状结构，固定环套设于上连接片 101 和下连接片 102 上。在上节筒 1 刚放置到下节筒 2 上时，可先将固定环套设于上连接片 101 和下连接片 102 上，再用固定板 103 将上连接片 101 和下连接片 102 连接。或者当用固定板 103 将上连接片 101 和下连接片 102 连接后，再将固定环套设于上连接片 101 和下连接片 102 上，从而增加上连接片 101 和下连接片 102 之间的连接强度。在一些实施例中，烟囱对接辅助工具还包括定位组件 300，定位组件 300 包括上定位部和下定位部，上定位部连接于上节筒 1 的下端，下定位部连接于下节筒 2 的上端；上定位部和下定位部对接用于使上节筒 1 和下节筒 2 对正。

如图 3-4-1（d）所示，上定位部包括槽状结构 301，下定位部包括凸起结构 302；槽状结构 301 与凸起结构 302 相配合用于防止使上节筒 1 和下节筒 2 之间发生相对转动。

槽状结构 301 包括两个挡板，两个挡板间隔连接于上节筒 1 的外壁；槽状结构 301 的槽边与上节筒 1 的外壁平行；凸起结构 302 为槽钢，槽钢沿下节筒 2 的长度方向布置，槽钢的翼缘面板的边缘连接于下节筒 2 的外壁。挡板距离所述上节筒 1 外壁的高度和所述槽钢腹板距离所述下节筒 2 外壁的高度相同；槽状结构 301 卡接于槽钢外部用于判断上节筒 1 的轴线是否与下节筒轴线处于同一直线上。在上节筒 1 放置到下节筒 2 上后，凸起结构 302 卡接于槽状结构 301 中，由于槽状结构 301 的槽边平行于上节筒 1 的外壁，凸起结构 302 的腹板部分平行于下节筒 2 的外壁。当凸起结构 302 卡在槽状结构 301 内部时，判断槽状结构 301 的槽边和凸起结构 302 的腹板是否处于同一平面。当槽状结构 301 的槽边的一端高出或低于凸起结构 302 的腹板时，即上节筒 1 与下节筒 2 轴线不在同一直线上，需要调节上节筒 1，直到槽状结构 301 的槽边与凸起结构 302 的腹板处于同一平面，即上节筒 1 与下节筒 2 的轴线为同一直线。

第四章

钢烟囱工厂制作方案

第一节　钢烟囱制作质量计划

山钢日照精钢钢烟囱制作质量计划见表 4-1-1。

表 4-1-1　　山钢日照精钢钢烟囱制作质量计划

编号	装配部件	提供单位	检查、操作项目	执行文件	质量保证			证明文件	过程文件	质量文件包
					1	2	3			
01	普通钢板	物机部	材料质量验收（理化性能；材质、数量、规格、炉批号）	合同要求、材料标准	I	E		质量证明书	×	×
			表面质量和尺寸偏差（每批抽检 2 张）	合同要求、材料标准	I	E		检测报告	×	
			钢板化学成分分析（同一炉号抽检 1 张），常温拉伸试验（每批抽检 1 张），弯曲试验（每批抽检 1 张），钢板常温冲击（每批抽 1 张）	GB/T 1591—2008 GB/T 700—2006	I	E	H	化学成分分析单	×	×
	δ≥40mm 钢板	物机部	增加项目：不得小于 Z15 级规定标准（每批钢板每 50t 抽 1 张）	GB/T 5313—2010	I	E	H	试验报告	×	×
	δ≥26mm 钢板	物机部	增加项目：100%UT 检查	GB/T 2970—2016Ⅲ级	I	E	H	质量证明书	×	×
02	型钢	物机部	材料质量验收（理化性能；材质、数量、规格、炉批号）	合同要求、材料标准	I	E		质量证明书	×	×
			表面质量、外形和尺寸偏差（抽检 5%）	合同要求、材料标准	I	E		质量证明书	×	
03	焊材	物机部	材料质量证明	材料标准	I	E	H	质量证明书	×	×
			药皮外观质量、焊芯表面质量、尺寸、外形及允许偏差	材料标准	I	E	H	检测报告	×	
			化学成分分析（焊条、焊丝每批）	GB/T 5117—1995 GB/T 14957—1994	I	E	H	试验报告	×	×
			熔敷金属拉伸试验（焊条每批）	GB/T 5117—1995	I	E	H	试验报告	×	×
			熔敷金属冲击试验（焊条每批）	GB/T 5117—1995	I	E	H	试验报告	×	×
	焊接	质管部	焊接工艺评定		I	E	H	焊接工艺评定报告	×	
			焊接工艺规程		I	E	H	焊接工艺规程	×	
			焊接人员技能资格验证		I	E		资质证书	×	×
			无损检测人员技能资格		I	E		资质证书	×	×

续表

编号	装配部件	提供单位	检查、操作项目	执行文件	质量保证			证明文件	过程文件	质量文件包
					1	2	3			
03	焊剂	物机部	含水量检验（1/每批）	GB/T 12470—2003	I	E	H	试验报告	×	×
04	油漆	物机部	材料证明	材料标准	I	E	H	质量证明书	×	×
			油漆黏度，油漆附着力	GB 1723、GB 9286	I	E	H		×	×
05	筒身及筒身零部件	质管部	筒身钢板下料尺寸、外观检验	GB 50078	I	E	H			
			钢板卷制弧度、焊接前节段尺寸检验	GB 50078	I	E	H			
			筒身纵缝100%UT检验	GB/T 11345—2013（Ⅱ级）	I	E	H	检查报告	×	×
			筒身水平焊缝20%UT检验	GB/T 11345—2013（Ⅲ级）	I	E	H	检查报告	×	×
			钢板拼接、腹板≥20mm焊接梁，翼板、腹板连接的全熔透主角焊缝100%UT检验	GB/T 11345—2013（Ⅱ级）	I	E	H	检查报告	×	×
			梁柱刚接的短梁、牛腿及柱变截面处等重要部位的坡口焊缝按二级焊缝控制，应进行不少于20%UT检验，探伤长度不小于200mm，当焊缝长度不足200mm时应对整条焊缝进行探伤	GB/T 11345—2013（Ⅲ级）	I	E	H	检查报告	×	×
			板厚≥30mm，钢板焊接前预热焊后热处理，并记录后热处理曲线	焊接工艺评定合同要求	I	E		热处理报告及曲线	×	×
			所有焊缝100%外观检验	GB 50078 7.5.3	I	E		检验报告	×	×
			构件组装检验	GB 50078 7.5.4	I	E	H	检验报告	×	×
			最终外形尺寸检验	GB 50078 7.5.4	I	E	H	检验报告	××	
06	构件表面处理	质管部	摩擦系数测定		I	E		检查报告	×	×
			相同材质、相同处理方法的试件提供6组（抗滑移系数：μ=0.45）		I	E		检查报告	×	×
07	试组装	质管部	试组装尺寸检验	GB 50205—2001	I	E	H	检查报告	×	×
08	所有制作件	质管部	除锈，刷漆，包装	合同要求	I	E		检查报告	×	×

注 I—过程检验；E—公司质检员检验；H—停工待检控制点（生产过程中必须得到控制，质管部参与）；×—提供文件。

第二节　钢烟囱制作作业指导书

一、工程概况

山钢日照精品基地 2×350MW 自备电厂工程（以下简称：本工程），厂址位于山东省日照市岚山工业园区，为山钢集团日照有限公司年产 850 万 t 钢配套项目，该电厂定位为企业自备电厂，自发自用，满足日照钢铁基地电力需要。本施工作业指导书主要用作烟囱筒体制作与组装焊接使用。

烟囱设计为三管自立式钢烟囱，采用三根钢筒根部鼎立式布置、上部三筒紧靠的结构形式。由 108 根筒、梁、加强环、电梯梁组成，烟囱架高 180m，总重 1470t。烟筒内直径 4502mm，基部 0.5m，第一层高度 29.5m，第二层高度 25m，第三层高度 25m，第四层高度 25m，第五层高度 25m，第六层高度 25m，第七层高度 23m，顶部平台高度 2m。考虑吊装及运输，将筒体分为 7 大段 16 小节制作，现场组合每段小节直至与项目部约定的组合长度。

二、依据的标准

山钢日照精钢钢烟囱工厂制作依据的标准见表 4-2-1。

表 4-2-1　　山钢日照精钢钢烟囱工厂制作依据的标准

标　准　名　称	标 准 编 号
建筑结构可靠度设计统一标准	GB 50068
火力发电厂设计技术规程	GB 5000
火力发电厂建筑设计规程	DL/T 5094
钢结构用高强度大六角头螺母	GB/T 1229
钢结构用高强度大六角头螺栓、大六角螺母、垫圈技术条件	GB/T 1231
钢结构用扭剪型高强度螺栓连接副	GB/T 3632
钢结构用扭剪型高强度螺栓连接副技术条件	GB/T 3633
钢结构用高强度垫圈	GB/T 1230
六角头螺栓 C 级	GB/T 5780
六角螺母 C 级	GB/T 41
平垫圈 C 级	GB/T 95
火力发电厂土建结构设计技术规程	DL 5022
大中型火力发电厂设计规范	GB 50660
建筑抗震设计规范	GB 50011
工字钢用方斜垫圈	GB/T 852
槽钢用方斜垫圈	GB/T 853

续表

标　准　名　称	标　准　编　号
焊接接头拉伸试验方法	GB/T 2651
焊接接头冲击实验方法	GB/T 2650
电站钢结构焊接通用技术条件	DL/T 678
火力发电厂焊接技术规程	DL/T 869
焊接接头弯曲及压扁试验方法	GB/T 2653
T形角焊接头弯曲试验方法	GB/T 7032
焊接接头及堆焊金属硬度试验方法	GB/T 2654
热轧钢板和钢带的尺寸、外形、重量及允许偏差	GB/T 709
热轧型钢	GB/T 706
热轧 H 型钢和部分 T 型钢	GB/T 11263
焊接 H 型钢	YB 3301
热轧钢棒尺寸、外形、重量及允许偏差	GB/T 702
钢格栅板及配套件　第 1 部分	YB/T 4001.1
非合金钢及细晶粒钢焊条	GB 5117
热强钢焊条	GB 5118
焊接用钢丝	GB 1300
熔化焊用钢丝	GB/T 14957
气体保护焊用钢丝	GB/T 14958
气体保护电弧焊用碳钢、低合金钢焊丝	GB/T 8110
埋弧焊用低合金钢焊丝和焊剂	GB/T 12470
埋弧焊用碳钢焊丝和焊剂	GB/T 5293
钢的应变时效敏感性试验方法（夏比冲击法）	GB 4160
金属材料夏比摆锤冲击试验方法	GB 229
金属夏比冲击断口测定方法	GB 12778
火力发电厂与变电所设计防火规范	GB 50229
钢结构防火涂料	GB 14907
工业建筑防腐蚀设计规范	GB 50046
建筑钢结构防腐蚀技术规程	JGJ/T 251
建筑防腐蚀工程施工及验收规范	GB 50212
建筑防腐蚀工程施工质量验收规范	GB 50224
涂覆涂料前钢材表面处理　表面清洁度的目视评定　第 1 部分：未涂覆过的钢材表面和全面清除原有涂层后的钢材表面的锈蚀等级和处理等级	GB 8923.1
钢产品镀锌层质量试验方法	GB/T 1839
火力发电厂保温油漆设计规程	DL 5072
钢结构腐蚀防护热喷涂（锌、铝及合金涂层）及其试验方法	DL 1114

续表

标准名称	标准编号
建筑工程施工质量验收统一标准	GB 50300
建筑制图标准	GB/T 50104
建筑结构制图标准	GB/T 50105
焊缝符号表示法	GB 324
烟囱设计规范	GB 50051
烟囱工程施工及验收规范	GB 50078

三、作业准备和条件要求

（一）施工组织机构

本工程施工组织管理机构如图 4－2－1 所示。

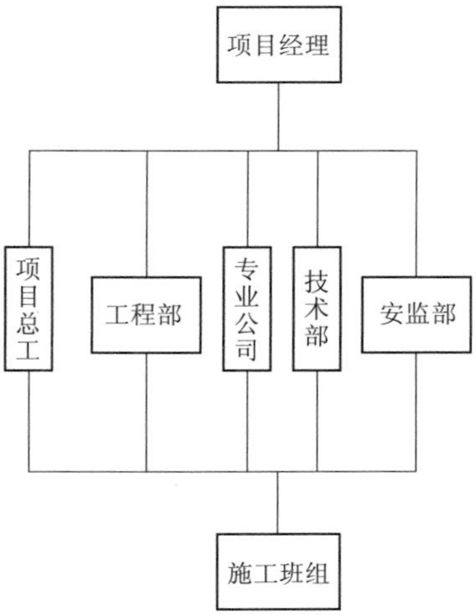

项目经理

项目总工　工程部　专业公司　技术部　安监部

施工班组

图 4－2－1　施工组织管理机构图

（二）总体施工方案

烟囱板材拟在现场号料、坡口制备、卷制、喷砂、喷漆、焊接组对成约 12m 长标准节，以上工序完工并检验合格后根据安装需要运至施工现场烟囱旁组对成吊装需用高度。

1. 施工平面布置的原则

施工现场平面布置按照流水施工的工艺流程布置，即按照放样区→切割区→卷制焊接区→喷砂区→涂装区→组标准节区→堆放区的流程布置生产加工场地，尽量减少运输量，避免倒流水。根据生产需要合理安排操作面积，以保证安全操作，保证材料和零件有必要的堆放场地。保证半成品顺利周转，成品顺利运出，便利供电、供水等线路的布置。

2. 施工生产用地面积的确定

钢烟囱制作、安装需要的场地包括生产用地、构件堆场用地、材料堆场用地、临时生活用地、进出场道路用地。

3. 施工机械布置

加工区需要设置的大型施工机械包括卷板机及起重设备，见表 4－2－2，主要用于烟囱钢板卷圆、平台加固卷圆、组对、运输。钢烟囱标准节从加工区到现场采用平板车运输。其他施工机械主要包括焊接机械，切割机械，除锈机械等。

表 4－2－2　施工机械

序号	设备名称	规格型号	数量	备注
1	起重设备		1 台	水平及垂直运输
2	倒链葫芦	5t	3 台	链长 6m
3	倒链葫芦	3t	3 台	
4	倒链葫芦	1t	3 台	

续表

序号	设备名称	规格型号	数　量	备　注
5	半自动切割机		3 台	制作用
6	埋弧焊机		2 台	焊接
7	空压机	$0.6m^3$	2 台	清根
8	逆变焊机	500kVA	4 台	
9	气保焊机	500kVA	8 台	
10	碳弧气刨		2 套	
11	千斤顶	10t	10 台	
12	千斤顶	20t	4 台	
13	烘箱		1 台	
14	卷板机		1 台	
15	角向磨光机		10 台	
16	水准仪		1 台	
17	经纬仪		1 台	
18	测温仪		1 台	
19	漆膜测厚仪		1 台	
20	对讲机	1km 内	6 对	
21	卡环	10t 以上	10 个	
22	卡环	10t 以下	20 个	
23				

4. 施工进度计划

钢烟囱 2018 年 5 月下旬开始加工生产，7 月下旬全部制作完毕，2018 年 6 月上旬开始安装。按照上述控制目标，按表 4-2-3 所示格式编制施工进度计划。

表 4-2-3　　施工进度计划表

序号	工作内容	开始时间	结束时间
1			
2			
3			
4			
5			
6			
7			

5. 劳动力计划

劳动力计划见表 4-2-4。

表 4-2-4　　劳动力计划

序号	工种	人数	序号	工种	人数
1	项目经理	1人	6	起重工	2人
2	技术负责人	1人	7	电工	1人
3	安全员	1人	8	架子工	2人
4	铆工	3人	9	普工油漆工	8人
5	焊工	5人	10	气焊工	2人

注　特殊工种作业人员需要持证上岗，管理人员必须具备相应的技术职称而且持证符合要求，方可上岗。

6. 施工工序关键的控制点（质量控制点编制质量计划）

施工工序关键的控制点见表 4-2-5。

表 4-2-5　　施工工序关键的控制点

序号	控制点	检验单位			
		班组	工地	监理	控制点
1	原材料、焊接材料品种、规格	★	★	★	H
2	焊缝质量	★	★	★	W
3	外形尺寸	★	★	★	W
4	焊接精度	★	★	★	W
5	焊接组装精度	★	★	★	W

注　W—见证点；H—停工待检点。

四、作业程序内容

（一）制作工艺流程

制作工艺流程如下：施工准备→放样→号料→切割→边缘加工（坡口制备）→矫正→成型→卷制→焊接→UT检验（焊接变形矫正）→除锈及涂料→标准节组对→验收及堆放。

（二）施工准备

施工准备包括施工场地准备、施工机械准备、施工技术准备、施工资源准备。

1. 施工场地准备

施工场地准备主要是按照施工平面规划的要求布置施工现场，即铺设平台，布置电源，布置机械设备，规划构件，材料堆场。钢平台总体要求为稳定、牢固，满足强度、刚度要求。

2. 施工机械准备

施工机械准备主要包括机械使用计划、进场时间等准备，现场的卷板机、焊机、焊接配套机械准备，安全使用制度、设备管理制度准备等。要求按照平面规划要求及机械设备使用规范要求布置好机械设备的位置，正确连接好设备电源。

3. 施工技术准备

施工技术准备包括技术交底、施工规范及实物交底、设计图及施工方法准备、施工详图准备。施工详图依据设计院提供的烟囱设计图及设计技术交底内容，结合钢结构施工及验收规范要求、施工现场的实际情况编制而成，施工详图包括具体施工技术标准、施工做法、烟囱节段的几何尺寸等内容，由工程师审核签字后，作为重要技术资料指导施工。施工技术交底主要以会议方式进行，交底内容以书面签字记录为原则实施，并落实到每个班组成员。对于测量、焊接、起重、安全等重要工序，必须按照阶段做好交底技术准备。

4. 施工资源准备

施工资源准备包括按照施工合同及图纸技术要求，合理组织施工所必需的劳动力资源、材料资源、机械设备资源、资金资源以及技术和管理资源等。施工资源准备中，材料准备相对突出，及时组织货源，对进场的钢材需要检验材质证明书，或按照施工验收规范要求现场取样检验。对实物验收，要特别做好钢材负偏差的控制，保证进场的主材满足工程及设计要求。

（三）放样、号料

（1）在钢平台上根据施工详图按 1∶1 比例放出实样，利用石笔和粉笔在平台板上弹出烟囱节段的圆弧形状。利用 0.8mm 厚的镀锌铁皮制作出弦长不小于 1.5m 的样板。

（2）放样前，在钢平台上先取定基准。在基准线的交界点和控制点用样冲做好标记，必要时用红油漆在旁边做上醒目的标记。确定烟囱半径后，采取 0.5in 直径的镀锌管做地规划弧，放出烟囱内壁圆弧形状，同样可以放出加固圈的圆弧形状。

（3）放样质量控制要求是平台的平面高差控制在 3mm 以内，控制基准线的偏差控制在 1mm 范围内。石笔或粉笔线宽度控制在 1mm 以内，不同规格的零件号料后要做好标记。

（4）利用镀锌铁皮做好样板后，主要检查烟囱圆弧度，烟囱周长采用钢卷尺进行号料。

（5）放样使用的工具包括钢卷尺、角尺、钢板尺、粉笔、石笔、地规、铁皮剪刀、样冲等。其中钢卷尺、角尺、钢板尺必须经过计量部门校验合格，方可使用。钢卷尺下料时，尽量采用同一把尺子，作业温度保证在同一温度下，否则要进行温度修正。

（6）放样结束后，应对照图纸进行自检。检查样板弧度是否符合精度要求，报专职检验人员检验。取样时，选用熟练的技术工人，做好样板的剪切工作，确保所取样板的形状满足工程要求。

（7）号料前，必须了解原材料的材质，按照排版图检查材料的规格，检查钢材的质量，对存在疤痕、裂缝、夹灰、厚度不足、负偏差过大的钢板应调换材料。

（8）号料的钢板要垫平，放稳不得弯曲，号料用的粉线要弹在钢板上清晰，避免周围环境的其他因素影响号料结果。

(9) 钢板的气割线必须弹直，弹好的线要用钢板中心复测，两端和中间的宽度一致。粉线切割需要预留割缝宽度，按如下数值考虑：

1) 自动切割割缝宽度为3mm。

2) 手动切割割缝宽度为4mm。

(10) 每块钢板下料前务必要质检复查，保证钢板尺寸符合展开长度，进而保证烟囱节段的周长一致，每圈烟囱节段的钢板要求一个节段号完成后方可施工下一段，避免出现数量混淆问题。

(四) 切割

(1) 钢板的切割采用氧-乙炔焰半自动切割机切割。

(2) 钢材切割面应无裂纹、夹渣、分层及大于1mm的缺棱。

(3) 气割的允许偏差应符合表4-2-6的规定。

表4-2-6 气割的允许偏差

项目	允许偏差/mm
零件宽度、长度	±3.0
切割面平整度	$0.05t$，且不应大于2.0
割纹深度	0.3
局部缺口深度	1.0

注 t—切割面厚度。

(4) 机械剪切的允许偏差应符合表4-2-7的规定。

表4-2-7 机械剪切的允许偏差

项目	允许偏差/mm
零件宽度，长度	±3.0
边缘缺棱	1.0
角钢端部垂直度	2.0

(5) 半自动切割机切割时，采取直线切割。导轨放在被切割钢板平面上，使被割炬的一侧面向操作者，根据钢板的厚度选择割嘴，调整气割直度和气割速度。坡口作业时，割嘴的角度调整到符合工艺评定所需要的角度，调整气体压力和切割速度。

(五) 边缘加工

(1) 边缘加工主要是钢板下料后，根据焊接工艺评定要求，纵向钢板接长采用V形坡口焊接，环向钢板接长采取单边V形坡口的形式焊接。钢板需要进行边缘坡口加工，坡口形式如图4-2-2所示。

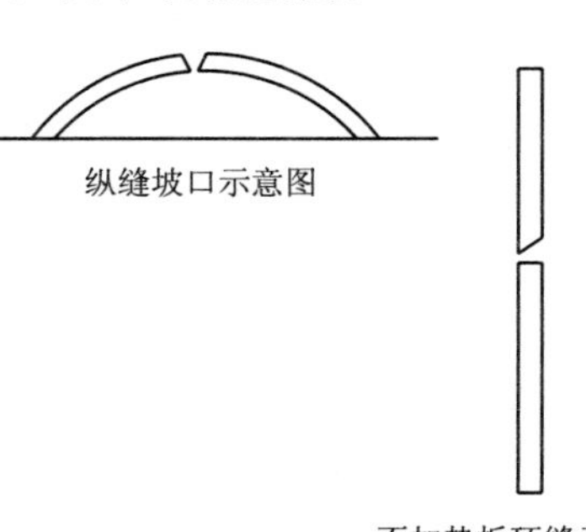

图4-2-2 坡口加工示意图

(2) 根据施工现场的实际情况，边缘加工的常用方法包括铲边、刨边、铣边和碳弧气刨边等。本工程采取半自动切割下料后，角向磨光机打磨，形成准确的坡口和焊接面，角向磨光机修整，形成准确的坡口形式。本工程 12mm 以上钢板制作时采用埋弧焊接的坡口夹角为 60°，钝边 5mm，现场组合的环缝采用一边坡口 45°、一边坡口 15°2mm 钝边的方案，上下两层拼接后也是 60°。12mm 钢板焊缝周围清理后Ⅰ型坡口焊接，另外坡口制备时要务必分清制作焊缝和现场焊缝。焊接严格按焊接工艺参数执行。

（3）边缘加工允许偏差应符合表 4-2-8 的规定。

表 4-2-8　　边缘加工的允许偏差

项　目	允　许　偏　差
零件宽度、长度	±1.0mm
加工边直线度	$L/3000$，且不大于 2.0mm
相邻两边夹角	±6′
加工面垂直度	$0.025t$，且不大于 0.5mm
加工面表面粗糙度	50▽

注　t—切割面厚度，L—零件长度。

（六）矫正、成型

（1）由于钢材、设备、工艺、运输等质量影响，引起钢材原材料变形、切割及边缘坡口加工变形、烟囱节段成型后焊接变形、运输变形等。为保证钢结构施工完成后的质量，必须检查合格后，才进行下一步施工。对于烟囱节段钢板需要进行矫正合格后才可以卷圆成型施工。

（2）矫正的主要形式包括矫直（即消除材料或构件的弯曲）、矫平（即消除钢板的翘曲或凹凸不平）、矫形（即对坡口的几何形状进行调整）。常用的矫正方法包括机械矫正、火焰矫正、手工矫正等。矫正工艺包括原材矫正、组对成型矫正、焊后矫正等。

（3）对于钢板的变形矫正主要采取手工矫正和火焰矫正。对于中板，变形较小的部位，采取榔头击打，消除变形；对于变形较大部位，采取火焰矫正。

（4）矫正时，碳素结构钢和低合金钢在热矫正时，加热温度不应超过 900°。矫正后的钢材表面，不应有明显的凹面或损伤，划痕深度不得大于 0.5mm，且不应大于该钢材厚度允许偏差的$\frac{1}{2}$。

（5）矫正后的钢板利用卷板机滚圆。滚圆是滚圆钢板的制作，实际是在外力的作用下，使钢板的外纤维伸长，内层纤维缩短而产生弯曲变形。

（6）三辊轴卷板机卷板时，先检查板料的外形尺寸、坡口加工、剩余直边和样板的正确与否。检查卷板机运转是否正常，并且向注油孔注油。清理工作场地，排除不安全因素。

（7）卷板前，必须对板料进行预弯搬头，由于板料在卷板机上弯曲时，避免端部剩余的直边无法卷圆。

（8）采用对称三辊轴卷板机卷板时，板料位置对中后，严格采用快速进给法和多次进给法滚弯，调整上辊轴的位置，使用板料和所划的线来检验板料的位置正确与否。逐步压下上辊轴并来回滚动，使板料的曲率半径逐渐减小，直至达到要求为止。由于钢板冷加工时会回弹，卷圆时必须施加一定的过卷量，在达到所需的过卷量后，还应来回多卷几次。

卷弯过程中，应不断用样板检验弯板两端的半径。

(9) 卷板时，需要注意一些常见的外形缺陷。如因辊轴调节量过大而产生过弯，因上下辊的中心线不平等产生锥形，因辊轴发生弯曲变形而产生鼓形，因上下辊压力和顶力太大而产生束腰，因板料没有对中而产生歪斜，因予弯过大或过小而产生棱角等。

卷板时保持设备及板面干净，防止因钢板或辊轴表面表面的氧化皮及黏附的杂质造成板料表面压伤。卷板时，宜按板纤维方向进行，不宜与弯曲线垂直。

(10) 卷板时，每一块钢板重量为3～7t，长度为14.2m左右，厚度较大钢板整体卷圆，需要配合卷板的起重设备。

(11) 卷板操作时，应注意检查卷板机的机械性能，并根据需要调整好辊轴间的距离，设备的最大卷圆钢板厚度为40mm，宽度最宽应不小于3000mm。吊车配合时要恰当，避免钢板自重使已卷好的圆弧部分回直被压扁。在卷板过程中，要经常使用圆弧样板检查弧度。

(七) 组装

烟囱节段钢板卷制完成后，需在加工区的钢平台上按内径尺寸画出直径4502mm的圆，将之12等分，焊接12块10mm×200mm×200mm的三角铁，然后将节段吊放在平台上，使内径与圆重合，筒壁与三角铁紧密贴合。

检查其外形几何尺寸偏差应符合表4-2-9的要求。

表4-2-9　外形尺寸偏差

项　目	允许偏差/mm
外径周长偏差	0，+6
对口错边	1
两端面与轴线垂直度	3
直线度	1
相邻两节焊缝错开	≥300
圆弧度	2
表面平整度	1.5
高度偏差	$\pm H/2000$，且±50

注　H—组装段的高度，检查数不小于10处。

卷制好第一节钢板后务必要在平台上组合，复核节段几何尺寸，看是否满足规范要求，如偏差较大，需调整钢板下料长度。

(八) 焊接

(1) 钢烟囱焊接主要采用手工电弧焊和二氧化碳气体保护焊埋弧焊。手工电弧焊主要用于构件组对定位，零星结构焊接；二氧化碳气体保护焊埋弧焊主要用于烟囱主体的板材焊接。焊缝主要有对接坡口焊缝，加固圈及烟道口的角焊缝。对接焊缝形式根据工艺评定内容确定，包括环缝和纵向焊缝。节段纵缝及节段之间环缝采用埋弧自动焊配合滚轮架焊接，先内后外。焊接电流、电压必须严格按照焊接工艺执行。

(2) 焊接材料选择和母材相匹配的焊丝和焊条。

1）母材材质为Q345＋Q345时，采用H10Mn2焊丝，焊剂采用HJ431或S101（根据所采用的WPS而定）。

2）母材材质为Q235＋Q235、Q235＋Q345时，采用H08A焊丝，焊剂采用HJ431或S101（根据所采用的WPS而定）。

（3）手工焊根据材质的不同，焊条或焊丝如下：

1）母材材质为Q235＋Q235、Q235＋Q345时焊条采用E4303(J422)或ER50－6。

2）母材材质为Q345＋Q345时焊条采用E5015（J507）或ER50－6。

设计要求钢筒本体焊缝为一级质量要求，其余为二级质量要求。一级焊缝按照规范要求进行焊接无损检测后，焊缝外形尺寸偏差满足表4－2－10的要求。

表4－2－10　　焊缝外形尺寸偏差

项　　目	允许偏差/mm
焊缝余高	1.5±1.0
焊缝凹面值	小于0.5
焊缝错边	不大于1

（4）焊接施工时，做好以下工作：

1）施工焊前焊工应复查组装质量和焊接区域的清理情况，如不符合技术要求，应修理合格后方能施焊。焊接完毕后应按施工管理要求清除熔渣及金属飞溅物。

2）强风天，在焊接区周围设置挡风屏，风速超过2m/s时，原则上停止施焊，有合适的挡风措施除外。雨天或湿度大的天气，应保证母材的焊接区不留水分，否则应采取加热方法，把水分彻底清除干净后才可以进行施焊。

3）严禁在焊缝区以外的母材上打火引弧。在坡口内引弧的局部面积应熔焊一次，不得留下弧坑，引弧宜在引弧板上开始。

4）焊接顺序和填充敷熔顺序关系到减少焊接变形的重要因素，应该选择合理的施工顺序，通常应该遵循以下原则：尽可能按照工艺评定的参数施工，尽可能地减少热量的输入，并必须以最小限度的热能量进行焊接；不要将热量集中在一个部位，尽可能均等分散；采取平行焊缝尽可能的延同一焊接方向同时进行焊接；从结构中心向外进行焊接等焊接顺序。

5）施焊过程中产生的缺陷，应当立即进行处理。凡不合格焊缝修补后应重新检查。在同一处的返修不得超过两次。

（5）焊缝施工完成后需要检查，检查包括外观检查和无损检查，烟囱焊缝的检查内容主要如下：

1）外观检查包括焊道是否平整，有无弧坑、焊瘤、咬边以及焊缝接口处的状况、表面磨平状况等；焊接几何尺寸方面的检查包括焊角加强高尺寸、焊缝长度、角焊缝焊角长度、补强焊角尺寸、不等边焊角等内容；焊后处理状况包括引弧板和引出板的去除状况、飞溅清除状况等。

2）无损检测主要采取超声波检测，必要时采取X射线检测。无损检测选择国家资格论证单位实施，出具具有效力的检测结果。

（九）焊后处理

焊缝焊接完成经无损检测后进行滚圆，节段纵缝外凸，需用专用弧板校圆，纵缝内凸，可用卷板机直接滚圆，使用卷板机滚圆时应逐渐加载，不得过载。校圆后的筒体应重新检测其周长及椭圆度。

（十）除锈及涂装

（1）设计要求在钢材表面进行涂刷前，必须进行除锈施工，除锈等级为 Sa2.5，喷砂除锈表面的粗糙度应控制在 40μm 左右。除锈后，在 12h 内涂装底漆。涂漆时环缝坡口侧预留 75mm 不刷漆，便于节段组对时焊接。

（2）钢材喷砂除锈前需进行验收，合格后才可以进行表面处理。对于钢材表面的毛刺、焊瘤、飞溅物、灰尘和积垢、油污、油脂等，应在除锈前清除干净，同时也要铲除疏松的氧化皮和较厚的锈层。

（3）喷砂除锈时，使用的压缩空气，必须分离出油污和水分，使用的砂子等磨料必须符合质量标准和工艺要求。喷射时，施工环境的相对湿度不大于 85%，或控制钢材表面湿度高于空气露点温度 3℃以上。经除锈后的烟囱表面，用毛刷等工具清扫，或用干净的压缩气吹净锈尘和残余的磨料，然后进行下道工序的施工。

（4）钢结构部分在现场采取干喷射除锈法施工，施工时需要做好环境保护措施，利用彩条布密封除锈施工现场，减少粉尘污染环境。喷射除锈遵循先上后下，先内后外以及先难后易的原则施工，喷射除锈的质量取决于喷射速度、喷射角度、喷射距离、每分钟喷出的磨料量、磨料的颗粒大小及形状、粉尘含量等。筒体钢板部分在加工厂进行喷砂及涂装。

（5）喷射磨料的质量决定除锈质量，磨料一般要求为比重大、韧性强、有一定粒度要求的粒状物，在使用过程中，不易破裂，散射出的粉尘很少，喷射后不应残留在构件上，磨料表面不得有油污，含水率不得大于 1%，同时还要考虑成本。

（6）烟囱节段组对。节段两两立式组对，然后在平台上组对成 12m 左右（5 个节段）的标准节，组对时分两个组作业先大致找圆，然后从一点出发，两组人员相对的组对，每组人员分内外两个班协同施工。在组对过程中，由于烟囱上口尺寸和下口尺寸一致，对于变截面钢板组对，严格防止错口和缝隙不均匀现象，禁止随意修口。对于变截面钢板组对，严格保证内壁板齐平，缝隙不大于 1mm，不同板厚还需要有过渡要求，如图 4-2-3 所示。

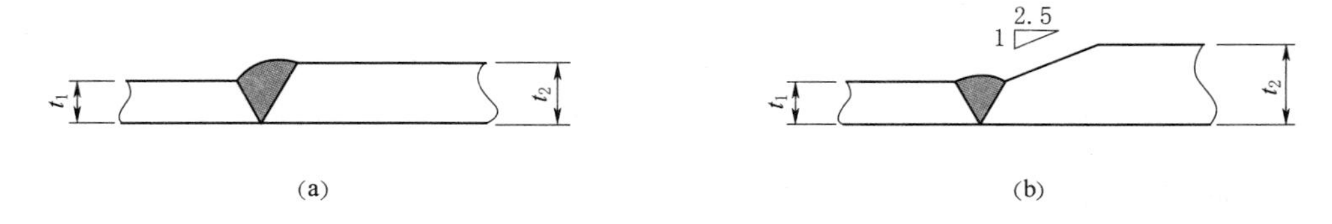

图 4-2-3　平行接头的板厚不一致情况过渡要求（单位：mm）

(a) $t_2-t_1\leqslant 4$；(b) $t_2-t_1>4$

还需注意纵缝位置，按项目部要求，节段纵缝（节段一条纵缝）在平台梁投影下方，直段每节节段焊缝需错开180°。直节段与斜节段组对时，要注意斜段焊缝位置，最高点与焊缝相差90°。

（7）烟囱节段焊接。烟囱节段组对焊接采用埋弧自动焊配合滚轮架施工，焊缝要求为一级标准。焊接操作臂不能达到的长度，应加长操作臂，但必须保证机头焊丝不能颤动，筒段旋转时使焊机头能达到焊缝中心位置，焊接程序及准备要求按照制作焊缝焊接要求执行。

检查烟囱上下节段组对后的直线度，确保上下节段在内刚性环螺杆的固定下，整个烟囱组对节段中心线在同一条直线上。

检查焊缝的间隙、坡口几何尺寸，不符合要求的地方采用碳弧气刨和角向磨光机修理，对于点焊严格按构造要求处理，点焊缝的焊角尺寸、焊接间隙等符合要求后，在烟囱内壁点焊表面需经处理。环向布置的平台T形钢焊接要求符合工艺评定要求。

焊接结束，焊缝外观检查符合要求后，组织无损检测。符合要求后，烟囱节段进行下一个环节的施工。对于环缝局部如果存在焊接内部缺陷，利用碳弧气刨和角向磨光机清根，补焊。

（8）烟囱节段接口防腐及完善。组对并焊接符合要求后的焊缝，需要对焊口进行完善处理，符合要求后涂刷底层防腐涂料。

焊接结束后，对烟囱接口上下的组对吊耳、定位码子、焊疤、承力吊点、加固胎架等切割、补焊、打磨等，将焊缝检测的耦合剂清理干净，请监理及业主现场检查验收，符合要求后涂刷底层防腐涂料。

防腐涂料的施工工艺要与制作过程中的施工工艺一致。

（9）运输。节段组合到规定长度后运输至现场，运输前应在内部设置十字支撑（钢管、角钢或槽钢等）防止运输过程变形，并且运输时，应将烟囱节段放置在鞍形支座或加垫木梁上以保护坡口及管壁。

（十一）焊接工艺

焊接主要包括制作场和安装场的烟囱壁板间的结接连接，烟囱加固圈、烟道加固件和本体间的角接连接，以及烟囱附属的防雷、保温、围护结构间的角接连接。焊接设备主要采用气保焊机和埋弧焊机。

1. 焊接工艺

按照焊接工艺评定内容组织焊接施工，特别是焊接参数严格按照评定的参数选取，检查坡口的几何形状、焊接输入能量、焊缝成型的道数、焊接设备及焊接操作，对于不符合焊接工艺评定相关内容的行为或条件应杜绝。

2. 焊接检测

按照图纸要求进行检验，包括焊缝外观检测、超声波检测、射线检测，符合要求后方可进行下步工作。检测存在问题的，需要按照要求返工，直到符合检测要求。

五、质量要求

（一）本工程质量目标

总体质量目标：严格执行《烟囱工程施工及验收规范》（GB 50078）等相关法规要求进行验收。

（二）质量管理网络图

略。

（三）质量验收评定的依据

（1）国家或行业颁发的规程、规范、标准。

（2）有效的设计文件、施工图纸及设计变更文件。

（3）设计院提供的图纸和技术说明书中的技术条件和标准。

（4）与有关单位议定或会议决定并经批准的补充规定。

（5）施工合同中规定的标准和要求。

（6）经建设单位或监理单位同意的施工技术文件中规定的标准要求。

（7）施工过程中严格按照强制性条文执行。

（四）质检员的设置

本项目结合项目部人员的实际情况，严格遵守三级验收制，明确质检员的设置：项目部（质量部）设专职质检员，负责项目部级的质检验收；各作业队或作业面设置工地质检员；各施工班组设兼职质检员（班组长兼）。

（五）施工过程中的自检验收

施工过程中，按验评项目划分文件，本项目内部执行三级检查验收制度。

（1）班组自检。施工人员应对施工质量负责。对设备、原材料、加工配制品和设计等质量问题应及时汇报、处理。施工结束后施工人员应进行自检并做好记录，发现问题即行处理，自检不合格不报验，经班组长复核无误后交工地质检员检查、验收。

（2）工地复检。工地质检员对班组提交的质量自检技术记录和实体质量进行复查、评级、签证。

（3）项目部专职质检员负责审查工地提交的质量检查验收相关的记录，实地查验，并进行验收、评级、签证。

（六）建设（监理）单位验收

（1）按验评项目划分文件、及其他相关文件要求，须邀请建设（监理）单位验收的见证点（W 点）和停工待检点（H 点），项目部内部自检合格后，提供检查验收的资料，及时报请建设（监理）单位验收。

（2）未按规定要求检查验收的项目，不算完工，不得转接下道工序，隐蔽工程不得隐蔽。

（3）对各级检查验收中提出的问题，有关部门、有关班组应认真研究处理，及时反馈处理结果。重大问题应做好记录留存。

（七）保证施工质量的检查验收工作

（1）对计量器具进行严格检验，对不合格者不得使用，应研究处理并记录留存。

（2）不同工种接续施工的项目要进行工序交接检查。上道工序不合格，下道工序施工人员有权拒绝继续施工。

（3）按《烟囱工程施工及验收规范》（GB 50078）进行验收。

（八）加强图纸会审和技术交底的控制措施

执行没有经过图纸会审和技术交底的项目不得开工的制度。开工前由工程部组织专业图纸会审，重点做好施工中的接口管理，及时发现并解决问题。各班组施工前，执行书面技术交底的程序，接受技术交底的必须是所有参加施工的人员，详细交代施工操作步骤、质量控制方法以及安全主意措施，以确保每个施工人员充分领会交底内容，做到心中有数，以便在具体操作中贯彻实施。

（九）保证建筑物平面位置和高程的措施

（1）测量器具必须在有效的检定期内，在测量前必须检查仪器是否在完好的状态，并经监理工程师确认。

（2）测量时必须两人以上工作，并进行多次复核。

（十）质量保证措施

（1）加强施工过程和工序质量的控制，严格执行“三检制”（即自检、互检、专业检）制度，以严谨的工作态度和工作作风，确保所有施工人员持证上岗，加强成品保护意识。

（2）加强材料、半成品、成品的质量控制，凡进场的材料、半成品、成品必须经过有资格的试验室进行复检，确认合格后方能使用，并搞好“二证”资料的收集、存档和整理工作。

（3）施工技术的质量保证措施。落实质量保证计划、质量目标计划，对一些特殊部位及技术难点落实至班组每一个人，让作业人员了解技术交底的施工流程、施工计划、图纸要求、质量控制标准，以便操作人员心中有数，从而保证在施工过程中按要求施工，杜绝质量问题的出现。

（4）施工操作的质量保证措施。施工操作人员是工程质量的直接责任者，因此施工操作人员自身的技术素质以及对他们的管理均有严格的要求，对操作人员增强其质量意识的同时，要加强管理，以确保操作过程的质量要求的实现。首先，对每个进入本项目施工的人员均要求有一定的技术等级和相应的施工经验，同时在施工过程中进行考核，对不合格的施工人员坚决辞退，以保证操作者本身具有合格的技术素质。其次，加强对每个人员的质量意识教育，提高其质量意识，自觉按操作规程进行操作，在质量控制上加强其自觉性。施工管理人员，特别是施工工长及质检人员，应随时对操作人员所施工的内容、过程进行检查，为他们解决施工难点，在现场进行质量标准的测试，随时指出达不到质量要求及标准的部位，要求操作者整改。最后在施工中各工序要坚持自检、互检、专检制度，在整个过程中做到工前有交底，工作中有检查，完工后有验收的“一条龙”操作管理模式，以确保工程质量。

（5）施工材料的质量保证措施。施工材料的质量，尤其是用于结构施工的材料，将直接关系到整个建筑物的结构安全，因此在各种材料进场时，包括钢材、焊材及其他一些辅助施工用材料，一定要求厂家随货提供产品合格证或质保书，主要材料要求报监理、业主审批。对钢材等还要做复试检验，只有当各项报告全部合格后，方能允许用于施工。总之，在材料供应和使用过程中，必须做到“四验”“三把关”，即“验规格、验品种、验数量、验质量”“材料验收人员把关、技术质量试验人员把关、操作人员把关”。以保证用于本工程的各种材料均是合格优质材料。

（6）焊接质量保证措施如下：

1）所有焊工必须持有效证件上岗，且从事与证件中内容相符的焊接工作。

2）现场焊接检验人员上专职焊接检验员担任，且持有有效岗位合格证书。

3）施焊前，技术人员对焊工做好技术交底，组织焊工学习焊接作业指导书及操作规程、施工图纸等相关技术文件。

4）焊接工艺评定，按建筑钢结构焊接规程的规定进行，若不合格应重新评定至合格。

5）焊缝的无损检测工作由持有效证件的无损探伤人员担任。

6）焊材由器材部门主管，质检员、专业技术人员配合。建立焊材进场验收、保管、发放登记制度，并严格执行。焊材质量符合国家标准，且具备有效真实的质量证明书或检验报告。焊材由专人保管、烘干、发放，建立台账，以便跟踪。

（7）防止焊接变形的措施如下：

1）在零件板的V形坡口单面对焊时，先将工件预先反向斜置进行对接，焊接后，由于焊缝本身的收缩，使焊件恢复到预先的形状和位置。

2）选择恰当的焊接顺序控制焊接变形：①收缩最大的焊缝应先焊，先焊对接焊缝，再焊角焊缝；②采取对称的焊接顺序；③长焊缝焊接采取对称焊，执行逐步退焊、分中逐步退焊、跳焊等焊接顺序。

六、安全措施

（一）安全管理网络图

安全管理网络图如图4-2-4所示。

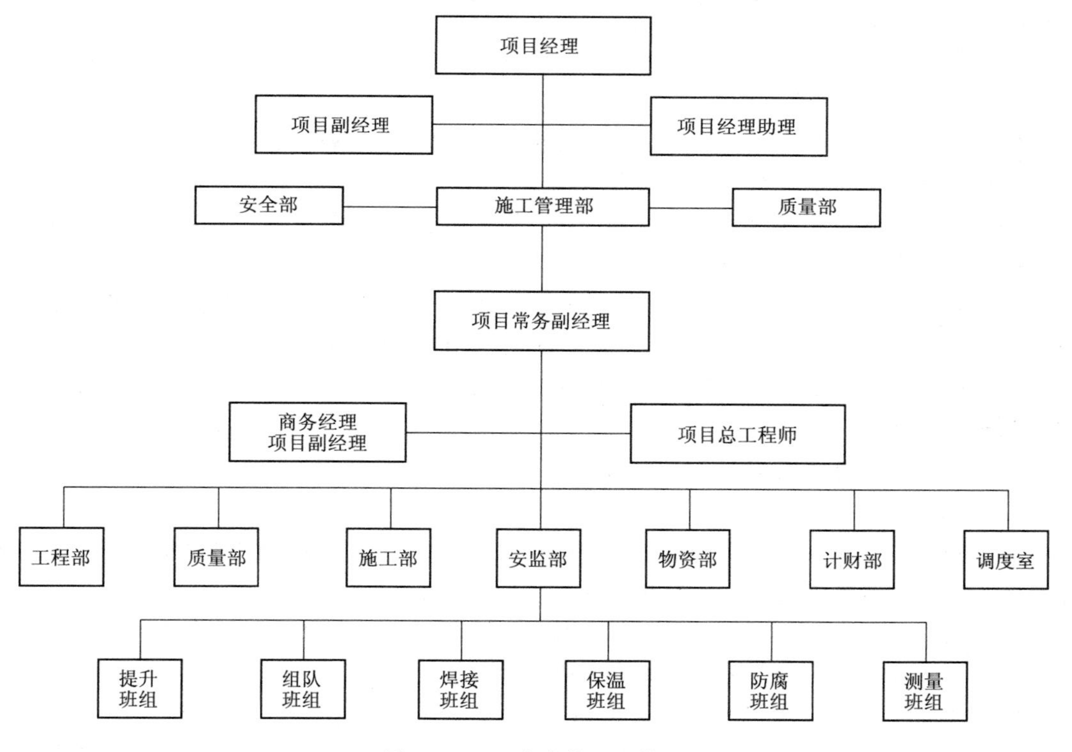

图4-2-4 安全管理网络图

（二）安全目标

（1）杜绝人身伤亡事故。

（2）杜绝重大机械设备损坏事故。

（3）无重伤事故。

（4）轻伤率控制在3‰以下。

（5）杜绝火灾事故。

（6）杜绝重大交通责任事故及其他重大事故。

（7）严格控制各种习惯性违章现象。

（三）文明施工目标

实行施工总平面模块化管理，做到“设施标准、行为规范、施工有序、环境整洁”，创建安全文明施工样板工地。

（四）环境目标和指标

（1）建筑施工场所的场界噪音达标排放。

（2）不出现环境污染事故。

（五）安全文明施工管理措施

（1）成立以项目经理为核心的安全生产领导小组，设立专职安全员统抓各项安全工作，对安全生产进行目标管理，层层落实，责任到人。

（2）进场员工均经过项目部三级安全教育培训，并经考试合格后方可上岗。培训与考试成绩要登记在案，“三无”人员禁止进场。

（3）坚决贯彻“安全第一，预防为主”的安全生产方针，把安全工作列入重要议事日程，并付诸实施。

（4）明确安全文明施工的管理目标，逐步实现制度化、规范化、标准化。落实岗位责任制，做到安全工作事事有分工、人人有职责。

（5）做好第三级的安全教育，并开展经常性的、多样化的安全知识教育和岗位练兵活动，使员工不断提高安全意识和自我保护能力。

（6）施工班组组织每周一次的“安全日”活动，并做到有内容、有目的、有记录。坚持每天进行站班会，做到“三查”“三交”。班后开好安全小结会。

（7）施工班组施工前做到先交底，同时完善安全措施。在施工中严格执行相关的操作规程和施工方案。

（六）安全文明施工现场保证措施

1. 施工现场安全标准化

施工现场安全标准化是实现安全生产的根本措施，是强化安全管理和安全技术的有效途径，根据该工程的实际情况制订相应的技术措施如下：

（1）所有施工人员进入施工现场必须佩戴安全帽。

（2）工人在临边高处作业必须系安全带。

2. 临时用电和施工机具

（1）使用电动工具（手电钻、磨光机）前检查安全装置是否完好，运转是否正常，有无漏电保护，使用时严格按照操作规程作业。

（2）电焊机上应设防雨盖，使用防潮垫，一次、二次电源接头处要有防护装置，二次线使用接线柱，且长度不超过30m，一次电源采用橡胶套电缆或穿塑料软管，长度不大于30m，且焊把线必须采用铜芯橡胶绝缘导线。

（3）配电箱、开关箱应装在干燥、通风及常温场所，不得装设在有严重损伤作用的瓦斯、烟气等有害气体的场所；不得装设在易受外来固体物撞击、强烈震动、液体浸蚀及热源烘烤的场所。

（4）开关箱内部和顶部应装订防火板，实行“一机、一闸、一漏”制，熔丝不得用其他金属代替，且配电箱上锁编号，有专人负责。

（5）每一分部分项工程施工前必须由专业工长下达书面安全技术交底，班组履行签字手续后方能施工，并且在施工前传达给班组每位成员。

3. 火灾预防措施

（1）仓库内应派专人看守，并标明“严禁烟火”字栏，如果储备挥发性易燃易爆物，应注意温度及通风，仓库及现场内应严禁吸烟及携带引火物品。

（2）易燃易爆等危险物品应放于安全地点，除必要数量外，不得携入工作场所。

（3）灭火设备应按照规定设置，放在明显容易取用的地点，并定期检查应保持随时可用之状态，同时要熟练使用方法。

（4）使用氧气乙炔焊接时，应注意附近有无易燃易爆物品，使用易燃物品人员需严格操作，并应有监工在场。

（5）不得接用过的保险丝，停止工作，要迅速关闭电源。

（6）电器设备应经常检查，并做好检查记录。

4. 火灾抢救

（1）一旦发现起火，应立即呼救，并停止工人，迅速关闭电源或其他火类源，在场人员均立刻协同灭火。

（2）火灾时项目经理应一面参加抢救，另一面沉着指挥救火，并迅速通知义务消防队，必要时应通知本地消防队协同抢救，并应通知其他部位戒备，警报器应立即打开。

（3）发现火灾应迅速将着火附近的可燃物移开，如火势大一时不能扑灭，项目主管人员应先指挥抢救人员及物品。

（4）救火时，先救人，后抢物。

（5）油类或电线失火，应有砂或地毯等物扑灭，切勿用水灌救。

（6）衣服着火，立即在地上打滚，较易扑灭。

（7）在火烟中抢救，应用湿毛巾掩着口。

（8）如火焰封住出口，应利用绳索或顺着钢丝绳逃生。

（七）主要预防及控制措施

（1）进入施工现场的所有人员必须正确佩戴安全帽，不准穿高跟鞋、硬底鞋、拖鞋进入施工现场。严禁酒后上班，施工现场设置安全警告牌，门卫禁止闲杂人员进入施工现场。

（2）所有机电设备实行专机专人负责制，持证上岗操作。非专业人员不得动用机电设备，各种机械强化保养，提高完好率，严禁带病运行。

（3）现场施工用电严格遵照施工现场临时用电安全技术规范的有关规定及要求进行布置及架设，用电采用三相五线制。现场用电线路及电器安装均由持证电工安装，无证人员不得操作。现场的所有移动式电器须安设漏电保护器，班前由持证电工进行灵敏度试验，定期对闸刀、开关、插座进行安全检查。夜间施工时，准备充足的照明设施，保证足够的照明条件；特殊作业场所，使用低压照明。

（4）加强对施工人员的防火安全教育，及时对现场消防器材的管理，消防器材配备齐全，安放位置符合消防要求，并定期检查，更换灭火器的药品，保证消防器材随时处于良好状态。

（5）高空作业、临边作业要求系好安全带。禁止从高空随意抛掷材料、物品。

（6）及时取得气象预报资料，根据气象预报，提前做好防风防雨措施，并切实按措施严格执行实施，合理安排现场施工生产。暴雨来临前，认真检查监建设施、电线及场地排水设施，做好抗风加固和防雨准备。

七、环保要求

（一）文明施工目标

文明施工是施工单位保持施工场地整洁、卫生、施工组织科学、施工程序合理的一种施工活动。现场文明施工的水平，是施工项目乃至于整个企业各项管理水平的综合体现。一流的施工企业，除了要有一流的质量、一流的安全外，还要有一流的文明施工现场。

该工程文明施工的目标是：通过全体员工的不懈努力，各部门全力配合，把工地创建为文明样板工地。

（二）文明施工管理制度

文明施工的各项活动主要是根据总包方、业主在施工平面图布置的规划文件中的各项规定而开展。

（1）为了确保文明施工中的各项工作能够顺利地贯彻落实，成立以项目经理为首的文明施工领导小组，以主要施工工长及材料负责人、安全负责人为骨干的文明施工工作领导小组，全面负责文明施工的各项工作。建立文明施工管理，定期及不定期组织文明施工大检查，对不符合文明施工的地方限期整改。

（2）实行区域管理制度，划分职责范围，工长、班组长分别是包干区域的负责人，项目按文明施工中间检查记录表自检评分，每月进行总结考评。

（3）加强施工现场的安全保卫工作，完善施工现场的出入管理制度，施工人员佩戴证明身份的证卡，禁止非施工人员擅自进入。

（4）严格按国家环境保护的有关法规制订本工程防止环境污染的具体措施。

（三）文明施工现场场貌管理措施

（1）按照施工平面布置图设置各种临时设施，如材料库房、临时材料堆场等，收到材料后堆放合理，机械设备施工有序。

（2）现场指定一名管理人员负责整个施工现场的平面布置，道路通畅，材料堆放及环境卫生等，保证整个施工现场机具、材料等按平面图布置和堆放，并保持整洁，挂好标识牌。施工垃圾要及时清运。

（3）主要通道口、电气设备、机械设备等部位设立安全和文明施工标牌，并在每道工序前做技术、质量、安全和文明施工交底，防患于未然。

（4）统一规划与布置工地现场用水、用电管线，不得乱拉乱接，所有增设的管线都必须有合理的用途或依据。

（5）对现场施工人员进行文明施工教育，提高全体施工人员的文明意识和文明修养。

（四）文明施工现场料具管理措施

（1）料具存放。各种材料、设备满足消防安全和生产需要，分类堆放整齐并进行标识。

（2）机械设备。安置稳固，操作区整洁、平坦，机械保养及时，零配件完好。

（3）制作现场。制作现场做到工完场清，各种材料分门别类堆码整齐。

（4）切实加强火源管理，电焊及焊接作业时应清理周围的易燃物，消防工具齐全，动火区域要安放灭火器，并定期进行检查。

（五）环境保护噪声降低措施

（1）加强对全体参加施工人员的环保教育，增强环保意识。使全体施工人员培养起自觉的环保觉悟，贯彻到日常工作中。整个工程施工过程中环保工作作为文明施工综合达标考评的首要条件，具有一票否决权。

（2）在施工过程中，需用的各种施工机械，在进场前进行一次全面彻底的检修，使用中加强保养，使之处于良好的工作状况，采取部分有效的措施将机械噪声控制在标准范围内，并尽量降低。

（3）严格遵守劳动法和噪声管理规定，合理安排作息时间，配备施工预备力量，保障员工有充分的时间休息。

（六）环境保护污染控制措施

（1）施工过程中最容易产生大量的生活垃圾和建筑垃圾，并给清洁的环境造成“一次污染”，工完场清制度一定要得到认真贯彻执行。现场施工中，每道施工工序，除了进行安全、技术交底以外，还应有文明施工的内容，工作完成后，必须对施工中造成的污染进行认真的清理，否则，由此产生的费用就要从该班组中扣除，真正做到谁污染，谁清理。

（2）在与多家单位一起施工时，项目将严格按照总包的规定对文明施工进行管理。

（3）除了严格执行工完场清制度以外，在现场还须建立文明施工责任区制度，根据安全总监、材料组长、各组长、各施工工长具体的工作区域，将整个施工现场划分为若干个责任区，实行挂牌制相关责任人必须在单位时间内，使自己分管的现任分区达到文明施工各方面的要求，项目定期要进行检查，发现问题，立即责令整改，力争现场整齐、清洁。

（七）文明施工教育

由项目副经理、劳资员、安全总监对员工进行文明施工教育和相关的法律法规知识教育，提高大家的文明施工意识和法制观念，要求现场做到“五有、四整齐、三无”以及“四清、四净、四不见”，每月按项目劳动竞赛制度进行检查、评比。

八、附录

（一）安健环计划

（1）所有进场人员必须经过三级安全教育，并形成记录。

（2）特种作业人员应持证上岗。

（3）施工作业面应有相应的安全围护措施，且醒目位置应设置施工安全标示牌和危险点、危险源标示牌。

（4）施工人员必须经过安全技术交底方可开工。

（5）所有进场的机械、设备各项证件应齐全，并遵守相应的安全操作规程，严禁带病作业。

（6）所有进场人员应配备安全帽、工作服。

（7）现场应设置安全员进行监督和巡视。

（8）所有进场人员应进行体检，合格后方可上岗。

（9）施工现场应设置垃圾回收点，严禁乱扔、乱倒。

（10）所有进场材料应按定置化要求分类码放整齐。

（11）高处作业系好安全带。

（12）严禁酒后作业。

（13）施工电源应按相关规范设置。

（14）脚手架使用之前应进行验收，验收合格后挂牌使用。

（二）烟囱烟囱安装图

略。

（三）烟囱施工危害辨识与风险评价控制措施

略。

第五章

钢烟囱吊装施工机械选择及使用

第一节 备选机械概况

一、LR1400履带式起重机

1. 概况

中国电建集团核电工程有限公司（原山东电力建设第二工程公司）2001年从德国利勃海尔公司购入LR1400履带式起重机。该起重机重型主臂长12m，作业半径4.5m，额定负荷400t，重型主臂最大长度84m，塔式工况副臂最大长度70m。其履带架由利渤海尔公司自行制造，采用抗扭曲、细晶粒高强度钢的焊接结构，可由起重机自行安装；行走机构免维护（自动加油润滑），为平履带板结构，履带宽1.2m，跨距7.5m；驱动机构由行星齿轮液压驱动，行走履带可单独控制并可反向行走，即原地转向；回转支撑由利渤海尔公司自行制造，采用抗扭曲、细晶粒高强度钢的焊接结构，通过3排圆柱滚柱轴承与底盘连接，可360°回转；发动机采用利渤海尔公司D9406TI－E型、水冷6缸柴油机，转速在1900r/min时，输出功率为300kW，转速在1400r/min时，最大扭矩为1710N·m；控制系统由电子同步伺服控制卷扬机，释放负载时回收能量，所有动作都有操纵杆独立控制；作为起升和变幅用的2个卷扬机，由轴向柱塞液压马达和行星齿轮驱动，液压释放时弹簧作用，采用多片式制动器。

2. 相关起重性能图表

LR1400履带式起重机SDB主臂工作范围如图5－1－1所示，LR1400履带式起重机SDB主臂起重性能见表5－1－1，LR1400履带式起重机SD主臂工作范围如图5－1－2所示，LR1400履带式起重机SD主臂起重性能见表5－1－2，LR1400履带式起重机S84DBW70性能如图5－1－3所示。

表5－1－1　　LR1400履带式起重机SDB主臂起重性能　　单位：t

主臂：28～119m　超起臂杆：28m　履带：7.8m×7.5m　回转：360° 平衡配重：135t　超起配重：250t/15m　中心压重：43t														
半径/m \ 臂长/m	28	35	42	49	56	63	70	77	84	91	98	105	112	119
6.5	350	—	—	—	—	—	—	—	—	—	—	—	—	—
7	350	350	319	—	—	—	—	—	—	—	—	—	—	—
8	350	350	318	267	—	—	—	—	—	—	—	—	—	—
9	345	350	317	266	224	—	—	—	—	—	—	—	—	—
10	341	350	316	265	223	198	178	—	—	—	—	—	—	—
11	338	343	315	264	223	198	177	150	—	—	—	—	—	—
12	333	330	314	264	223	198	176	149	129	—	—	—	—	—
14	308	305	295	263	222	197	175	148	129	112	96	—	—	—
16	286	282	276	260	221	197	174	147	129	112	96	83	72	62
18	266	262	256	245	219	196	172	146	129	112	96	83	72	62
20	248	245	239	232	207	190	167	145	129	111	96	83	72	62
22	220	227	225	218	197	181	159	139	124	105	90	82	72	63
24	190	205	204	204	188	172	152	133	118	101	86	78	71	60
26	163	187	186	186	179	164	146	128	113	96	82	75	67	57

续表

主臂：28～119m 超起臂杆：28m 履带：7.8m×7.5m 回转：360° 平衡配重：135t 超起配重：250t/15m 中心压重：43t														
臂长/m 半径/m	28	35	42	49	56	63	70	77	84	91	98	105	112	119
28	—	172	170	170	171	157	140	122	108	92	78	72	64	55
30	—	159	157	157	159	151	134	118	104	88	75	69	62	53
32	—	143	146	145	147	145	128	113	100	85	72	66	59	51
34	—	—	136	135	137	139	123	109	96	81	69	63	57	49
36	—	—	127	126	128	129	119	105	92	78	66	61	55	47.5
38	—	—	119	118	120	121	114	101	89	75	64	59	53	46
40	—	—	—	111	112	113	110	97	85	72	61	56	51	44.5
44	—	—	—	99	100	101	102	90	80	67	57	52	47	41.5
48	—	—	—	—	90	90	91	84	75	63	53	48.5	43.5	38.5
52	—	—	—	—	—	82	82	79	70	59	49.5	45.5	40.5	36
56	—	—	—	—	—	74	74	74	66	55	46.5	42	37.5	34
60	—	—	—	—	—	—	68	68	62	51	43.5	39.5	35.5	31.5
64	—	—	—	—	—	—	—	62	59	48.5	40.5	36.5	33	29.6
68	—	—	—	—	—	—	—	57	55	46	38	35	31	27.7
72	—	—	—	—	—	—	—	—	52	43.5	36	33	29	25.9
76	—	—	—	—	—	—	—	—	48.5	41.5	34	31.5	25.2	24.2
80	—	—	—	—	—	—	—	—	—	39.5	32	30	22.6	22.8
84	—	—	—	—	—	—	—	—	—	—	30.5	26.8	20.1	21.6
88	—	—	—	—	—	—	—	—	—	—	—	22	17.4	19
92	—	—	—	—	—	—	—	—	—	—	—	17.4	14.9	17
96	—	—	—	—	—	—	—	—	—	—	—	—	12.5	14.9
100	—	—	—	—	—	—	—	—	—	—	—	—	10.1	13
104	—	—	—	—	—	—	—	—	—	—	—	—	—	11
最大风速/(m·s^{-1})	14.3		12.8			11.1			9					

表 5-1-2　　LR1400 履带式起重机 SD 主臂起重性能　　单位：t

主臂：28～119m 超起臂杆：28m 履带：7.8m×7.5m 回转：360° 平衡配重：135t/155t 中心压重：43t														
臂长/m 半径/m	28	35	42	49	56	63	70	77	84	91	98	105	112	119
7	—	265	259	—	—	—	—	—	—	—	—	—	—	—
8	238	233	228	224	—	—	—	—	—	—	—	—	—	—
9	212	208	204	200	205	—	—	—	—	—	—	—	—	—
10	189	188	188	189	185	175	166	—	—	—	—	—	—	—
11	167	166	166	166	167	159	151	144	—	—	—	—	—	—
12	149	149	148	148	148	146	139	132	126	—	—	—	—	—
14	123	122	121	121	121	120	118	113	108	104	96	—	—	—
16	104	103	101	101	101	100	99	98	94	90	86	82	72	62
18	89	88	87	86	86	85	84	83	83	79	76	72	70	62
20	78	77	75	75	74	73	72	71	71	70	67	64	62	58
22	69	68	66	66	65	64	63	62	61	61	60	57	55	52
24	62	60	59	58	57	56	55	54	53	53	52	50	49	46
26	56	54	53	52	51	50	48.5	47.5	46.5	46	45.5	43.5	43.5	41
28	—	49	47.5	46.5	45.5	44.5	43	42	41	40.5	39.5	38	37.5	36
30	—	44.5	43	42	41	39.5	38.5	37.5	36.5	35.5	34.5	33	32.5	31

续表

主臂：28～119m　超起臂杆：28m　履带：7.8m×7.5m　回转：360°　平衡配重：135t/155t　中心压重：43t														
臂长/m 半径/m	28	35	42	49	56	63	70	77	84	91	98	105	112	119
32	—	41	39	38	37	35.5	34.5	33	32	31.5	30.5	28.8	28.3	26.7
34	—	—	35.5	34.5	33.5	32	31	29.7	28.6	27.7	26.8	25.1	24.5	23
36	—	—	32.5	31.5	30.5	29.1	27.8	26.5	25.4	24.5	23.6	21.8	21.2	19.7
38	—	—	30	28.8	27.5	26.3	25	23.7	22.6	21.7	20.7	18.9	18.3	16.7
40	—	—	—	26.4	25.1	23.9	22.5	21.2	20.1	19.1	18.1	16.4	15.7	14.1
44	—	—	—	22.5	21	19.7	18.3	16.9	15.8	14.8	13.7	11.9	11.2	9.6
48	—	—	—	—	17.7	16.3	14.8	13.4	12.2	11.2	10.1	8.3	7.5	5.8
52	—	—	—	—	—	13.4	11.9	10.5	9.2	8.2	7	5.3	4.5	—
56	—	—	—	—	—	11.1	9.5	8	6.7	5.6	4.5	—	—	—
60	—	—	—	—	—	—	7.5	5.9	4.5	3.4	—	—	—	—
64	—	—	—	—	—	—	—	4.1	—	—	—	—	—	—
68	—	—	—	—	—	—	—	2.5	—	—	—	—	—	—
最大风速/(m·s^{-1})	14.3			12.8			11.1			9				

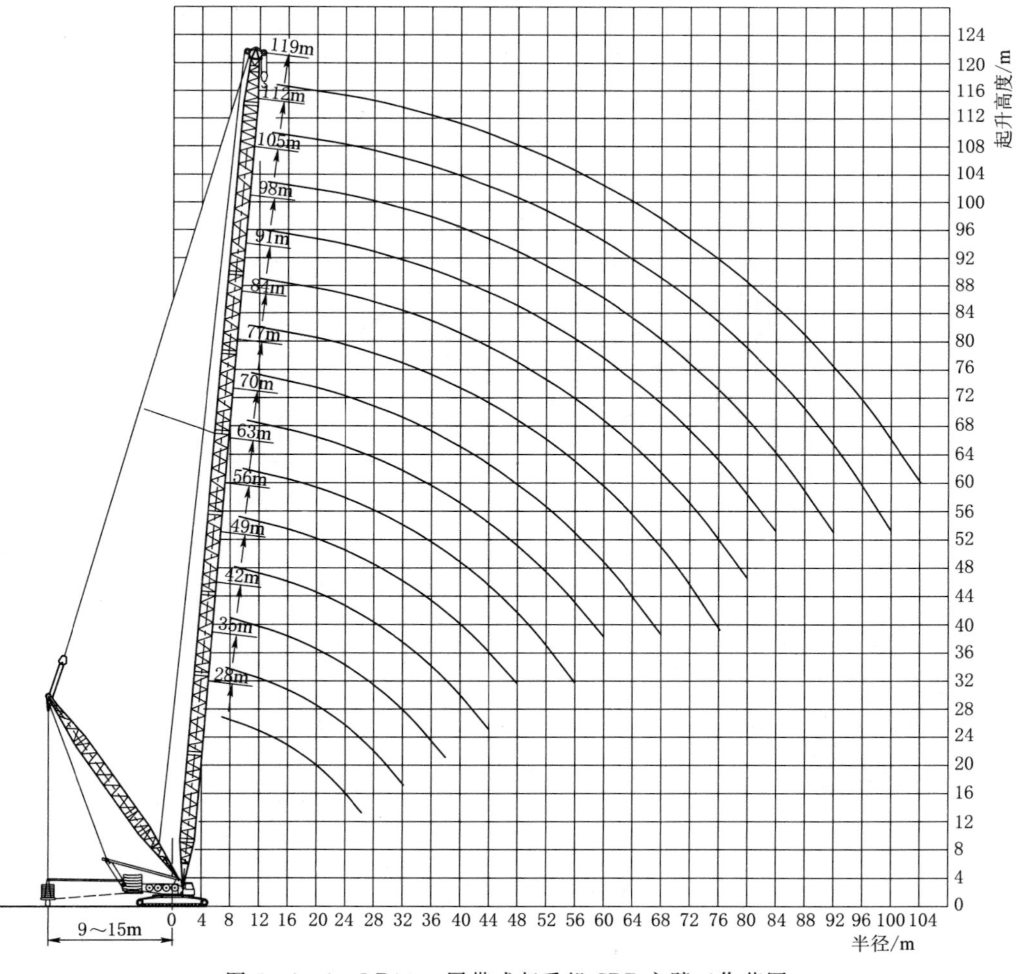

图 5-1-1　LR1400 履带式起重机 SDB 主臂工作范围

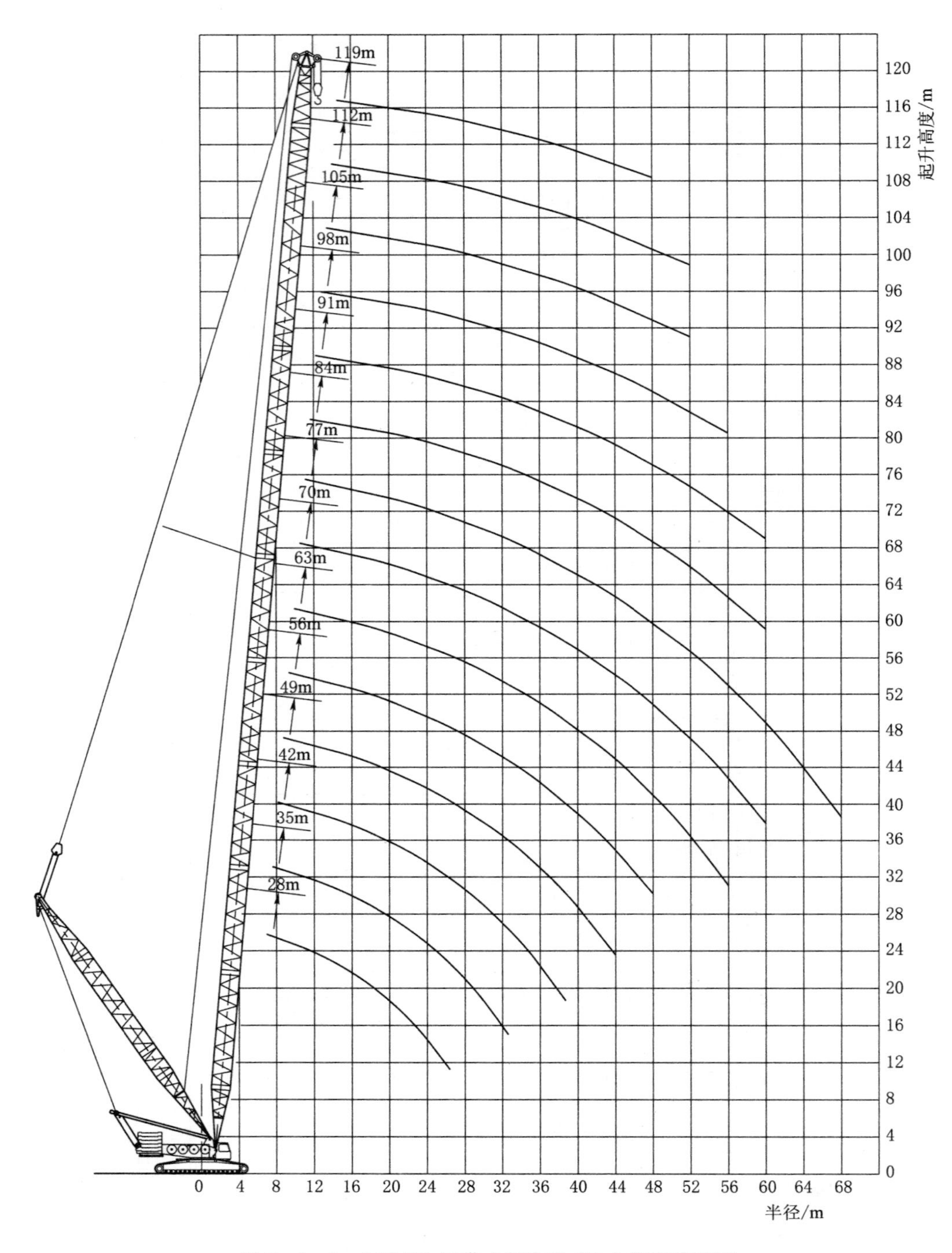

图 5-1-2 LR1400 履带式起重机 SD 主臂工作范围

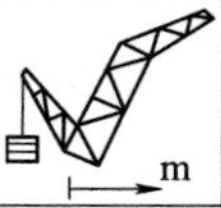

m	主臂：84m			超起桅杆：28m			副臂：70m		
	85.0	85.0	85.0	85.0	85.0	85.0	85.0	85.0	85.0
26.0	26.7	26.7	26.7						
28.0	26.0	26.0	26.0						
30.0	25.4	25.4	25.4						
32.0	24.8	24.8	24.8						
34.0	24.3	24.3	24.3						
36.0	23.7	23.7	23.7						
38.0	23.2	23.2	23.2						
40.0	22.8	22.8	22.8						
44.0	21.6	21.6	21.6						
48.0	20.3	20.3	20.3						
52.0	19.1	19.1	19.1	22.0	22.0	22.0			
56.0	18.0	18.0	18.0	21.5	21.5	21.5			
60.0	17.2	17.2	17.2	20.8	20.8	20.8			
64.0	16.6	16.6	16.6	19.8	19.8	19.8			
68.0	16.0	16.0	16.0	18.8	18.8	18.8			
72.0	15.5	15.5	15.5	17.9	17.9	17.9			
76.0				16.8	16.8	16.8			
80.0				15.8	15.8	15.8	14.4	14.4	14.4
84.0				14.9	14.9	14.9	13.9	13.9	13.9
88.0				14.7	14.7	14.7	13.4	13.4	13.4
92.0							12.9	12.9	12.9
96.0							12.3	12.3	12.3
100.0							12.1	12.1	12.1
104.0							12.1	12.1	12.1
n	3	3	3	2	2	2	2	2	2
xx	87.0	87.0	87.0	77.0	77.0	77.0	67.0	67.0	67.0
yy	11.0	13.0	15.0	11.0	13.0	15.0	11.0	13.0	15.0
$v/(m \cdot s^{-1})$	9.0	9.0	9.0	9.0	9.0	9.0	9.0	9.0	9.0
TAB 124	119	120	121	135	136	137	141	142	143

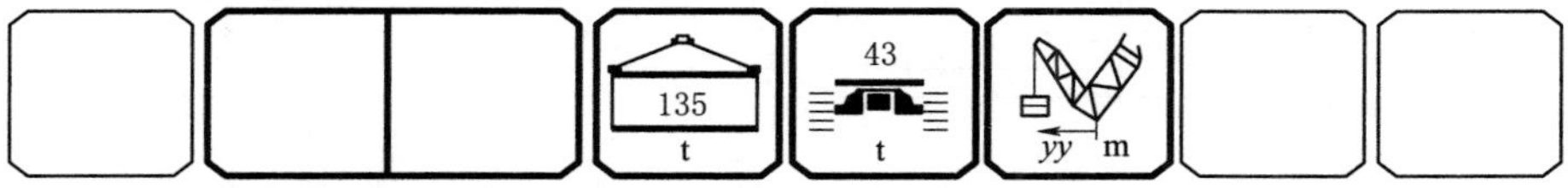

135 t　43 t　*yy* m

注：*xx*—主臂角度；*yy*—超起半径；*n*—变幅钢丝绳股数。

图 5-1-3　LR1400 履带式起重机 S84DBW70 性能

二、SCC9000 液压履带式起重机

1. 概况

中国电建集团核电工程有限公司（原山东电力建设第二工程公司）2008 年从上海三一科技有限公司购入 SCC9000 液压履带式起重机。主臂带超起工况最大起重量 900t，主

臂最长 120m，变幅副臂带超起最大起重量 450t，最长主臂 96m，最长副臂 96m，带基本臂整机重量 740t，后配重、中央严重、超起配重合计共 780t；发动机采用康明斯生产 QSK23 六缸水冷发动机，额定功率 597kW。

2. 相关起重性能图表

SCC9000 液压履带式起重机 LJDB 工况起重（部分）起升高度工作范围曲线如图 5－1－4 所示，SCC9000 液压履带式起重机 LJDB _ 96 _ 85° _ 24m _ 0＋250 _ 80 副臂 30～96m 工况见表 5－1－3，SCC9000 液压履带式起重机 LJDB _ 96 _ 85° _ 24m _ 80＋250 _ 80 副臂 30～96m 工况见表 5－1－4，SCC9000 液压履带式起重机 LJDB _ 96 _ 85° _ 24m _ 130＋250 _ 80 副臂 30～96m 工况见表 5－1－5。

表 5－1－3 SCC9000 液压履带起重机 LJDB _ 96 _ 85° _ 24m _ 0＋250＋80 副臂 30～96m 工况

主臂：96m　主臂角：85°　副臂：30～96m　超起桅杆：42m　超起半径：24m　超起配重：0t
后配重：250t　中央压重：80t　回转范围：0°～360°

臂长/m 半径/m	30	36	42	48	54	60	66	72	78	84	90	96
20												
22	212.0	209.4										
24	191.1	188.6	187.8									
26	173.5	171.1	170.4	167.9								
28	158.5	156.2	155.5	153.0	152.3							
30	145.5	143.3	142.6	140.2	139.5	136.9	126.0					
32	134.1	132.0	131.4	129.0	128.3	125.8	124.0	114.0				
34	124.1	122.1	121.5	119.2	118.5	116.0	114.3	113.0	102.0			
36	115.1	113.3	112.7	110.4	109.8	107.3	105.6	104.4	102.0	92.0		
38	107.1	105.4	104.9	102.7	102.0	99.6	97.9	96.6	94.5	91.9	82.0	
40		98.3	97.9	95.7	95.0	92.6	91.0	89.7	87.6	85.0	82.0	74.0
42		91.9	91.5	89.3	88.7	86.3	84.7	83.4	81.3	78.8	76.8	74.0
44		86.0	85.7	83.6	83.0	80.6	79.0	77.8	75.7	73.1	71.1	70.4
46			80.5	78.4	77.8	75.4	73.9	72.6	70.5	68.0	66.0	65.2
48			75.6	73.6	73.0	70.7	69.1	67.8	65.8	63.3	61.3	60.5
52				65.2	64.6	62.3	60.8	59.5	57.4	55.0	53.0	52.2
56				58.0	57.5	55.2	53.7	52.4	50.3	47.9	45.9	45.1
60					51.3	49.1	47.6	46.2	44.2	41.8	39.8	39.0
65						42.5	41.1	39.6	37.6	35.2	33.3	32.4
70							35.6	34.1	32.1	29.6	27.7	26.8
75								29.3	27.3	24.9	22.9	22.0
80									23.2	20.8	18.8	17.9
85										17.2	15.2	14.2
90										14.2	12.1	11.0
95											9.5	8.2
100												5.8

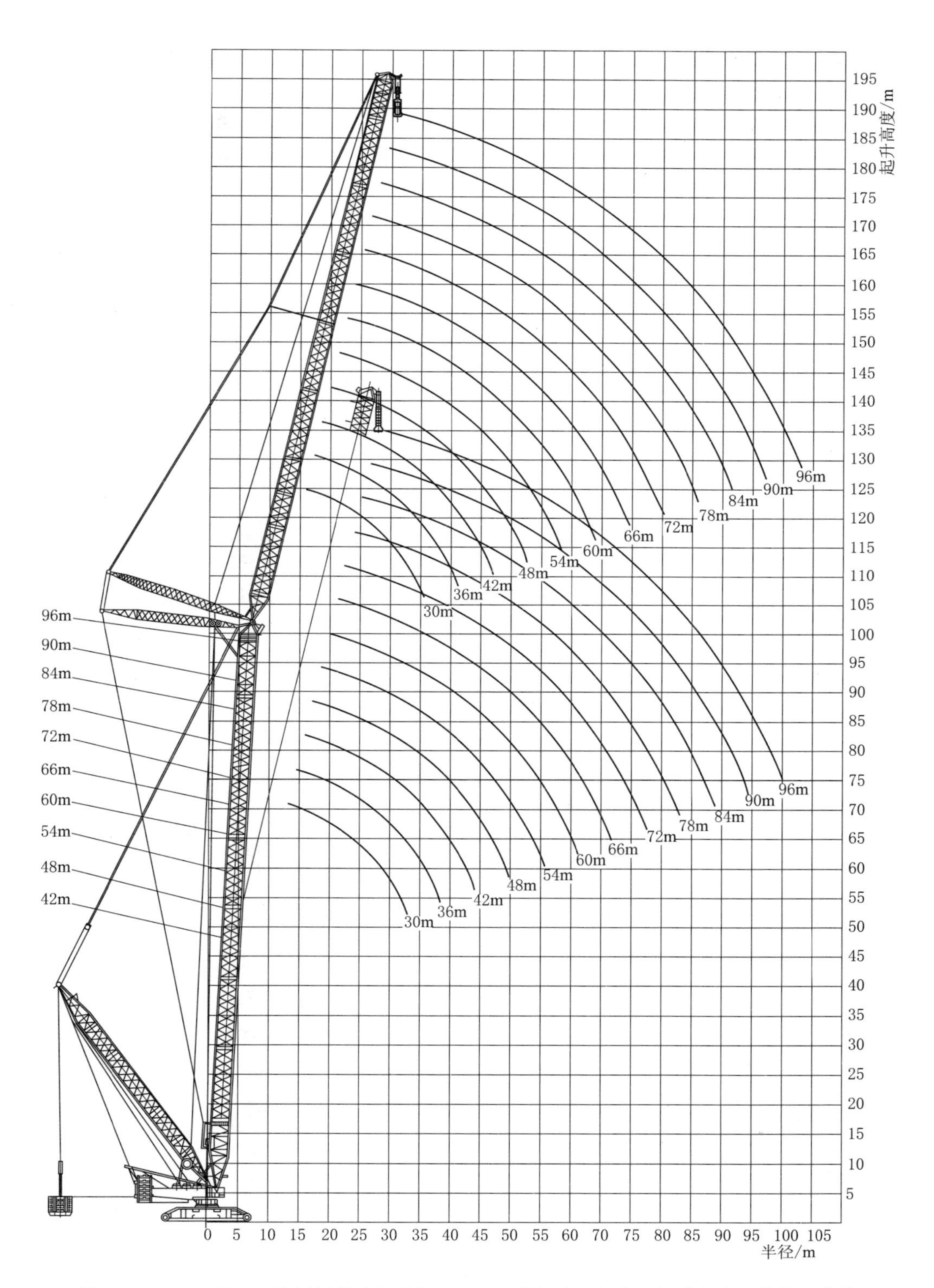

图 5-1-4 SCC9000 液压履带式起重机 LJDB 工况起重（部分）起升高度工作范围曲线

表 5-1-4　　SCC9000 液压履带起重机 LJDB _ 96 _ 85° _ 24m _ 80+250+80 副臂 30～96m 工况　　单位：t

主臂：96m　主臂角：85°　副臂：30～96m　超起桅杆：42m　超起半径：24m　超起配重：80t
后配重：250t　中央压重：80t　回转范围：0°～360°

臂长/m 半径/m	30	36	42	48	54	60	66	72	78	84	90	96
20												
22	246.0	220.0										
24	244.0	221.0	202.7									
26	236.1	219.0	197.9	175.9								
28	216.5	214.0	193.0	173.9	156.4							
30	199.5	197.3	188.2	172.0	155.4	140.0	126.0					
32	184.7	182.6	181.9	170.0	154.4	139.0	126.0	114.0				
34	171.6	169.6	169.0	165.2	152.8	137.0	125.0	114.0	102.0			
36	160.0	158.1	157.6	155.3	148.8	135.0	124.0	113.0	102.0	92.0		
38	149.5	147.8	147.3	145.1	141.6	132.0	122.0	112.0	102.0	92.0	82.0	
40		138.6	138.1	135.9	134.7	128.0	119.0	111.0	101.0	92.0	82.0	74.0
42		130.2	129.8	127.7	127.0	122.0	115.0	109.0	100.0	91.0	82.0	74.0
44		122.6	122.3	120.2	119.6	115.0	110.0	105.0	98.0	91.0	81.0	73.0
46			115.4	113.3	112.7	109.0	105.0	101.0	95.0	89.0	80.0	72.0
48			109.1	107.1	106.5	104.0	99.0	96.0	92.0	86.0	78.0	71.0
52				96.1	95.5	93.2	91.0	89.0	85.0	81.0	75.0	68.0
56				86.7	86.1	83.8	82.3	81.0	78.0	75.0	70.0	65.0
60					78.0	75.7	74.3	72.9	70.9	68.0	66.0	62.0
65						67.1	65.7	64.2	62.2	59.8	57.9	57.0
70							58.4	56.9	54.9	52.5	50.5	49.7
75								50.6	48.6	46.2	44.2	43.3
80									43.2	40.7	38.8	37.8
85										36.0	34.0	33.0
90										31.9	29.8	28.7
95											26.2	25.0
100												21.7

表 5-1-5　SCC9000 液压履带起重机 LJDB _ 96 _ 85° _ 24m _ 130+250+80 副臂 30～96m 工况

单位：t

主臂：96m　主臂角：85°　副臂：30～96m　超起桅杆：42m　超起半径：24m　超起配重：130t
后配重：250t　中央压重：80t　回转范围：0°～360°

臂长/m 半径/m	30	36	42	48	54	60	66	72	78	84	90	96
20												
22	246.0	220.0										
24	244.0	221.0	202.7									
26	240.0	219.0	197.9	175.9								
28	231.0	214.0	193.0	173.9	156.4							
30	223.0	204.1	188.2	172.0	155.4	140.0	126.0					
32	211.0	193.8	183.3	170.0	154.4	139.0	126.0	114.0				
34	201.3	182.7	173.7	165.2	152.8	137.0	125.0	114.0	102.0			
36	188.0	172.0	164.2	156.7	148.8	135.0	124.0	113.0	102.0	92.0		
38	176.0	161.9	155.0	148.6	141.6	132.0	122.0	112.0	102.0	92.0	82.0	
40		152.6	146.2	140.7	134.7	128.0	119.0	111.0	101.0	92.0	82.0	74.0
42		144.3	137.9	133.1	127.9	122.0	115.0	109.0	100.0	91.0	82.0	74.0
44		137.2	130.3	125.9	121.4	115.0	110.0	105.0	98.0	91.0	81.0	73.0
46			123.3	119.1	115.2	109.0	105.0	101.0	95.0	89.0	80.0	72.0
48			117.1	112.7	109.2	104.0	99.0	96.0	92.0	86.0	78.0	71.0
52				101.5	98.3	95.0	91.0	89.0	85.0	81.0	75.0	68.0
56				92.6	88.8	86.0	83.0	81.0	78.0	75.0	70.0	65.0
60					81.0	77.0	75.0	74.0	71.0	68.0	66.0	62.0
65						69.0	67.0	66.0	64.0	62.0	60.0	58.0
70							60.0	58.0	57.0	56.0	55.0	53.0
75								53.0	51.0	50.0	49.0	48.0
80									47.0	46.0	45.0	43.0
85										42.0	41.0	39.0
90										38.0	37.0	35.0
95											34.0	31.0
100												26.0

第二节　吊装方案初期策划

一、方案初期策划

根据钢烟囱吊装分段情况、每段钢烟囱的重量以及公司自有机械的性能，其吊装方式有以下 3 种。

1. 吊装方式 1

首先采用 LR1400 履带式起重机进行低标高钢烟囱吊装的主吊机械，再使用 SCC9000 液压履带式起重机作为高标高钢烟囱的主吊机械进行施工。

2. 吊装方式 2

采用 120t 塔机作为主吊机械进行施工。

3. 吊装方式 3

单独采用 SCC9000 液压履带式起重机作为主吊机械进行施工。

二、各吊装方案的优缺点分析

（一）吊装方式 1 的优缺点

1. 优点

SCC9000 液压履带式起重机使用时间短，机械使用台班相对较少。

2. 缺点

（1）需暂缓 1 号机组、2 号机组引风机框架施工。

（2）需承担 LR1400 履带式起重机、SCC9000 液压履带式起重机进厂费用。

（3）需在钢烟囱吊装期间完成 LR1400 履带式起重机的装、拆及 SCC9000 液压履带式起重机的组装工作，加长施工周期，且在 2 台机械的组、拆过程中，因场地限制，钢烟囱组合和吊装工作均处于停工状态。

（二）吊装方式 2 的优缺点

1. 优点

施工占用场地小，施工制约因素少，效率高，机械装、拆时间短，有利于缩短施工周期。

2. 缺点

需对外租赁，占用项目部流动资金，但此时公司自有机械 SCC9000 液压履带式起重机闲置。

（三）吊装方式 3 的优缺点

1. 优点

仅 1 次进厂费用，施工周期适中，有效提高公司自有机械利用率，机械进出场费相对吊装方式 1 较少。

2. 缺点

施工制约因素多，进出场费用较 120t 塔机要高。

综上分析，最终确定采用 SCC9000 液压履带式起重机作为主吊机械进行施工。

第三节 施工机械的装、拆、工况变更

一、施工流程

施工流程如下：底座总成卸车→底座与横梁安装→底座与横梁间各种快速接头安装→伸开横梁上的支腿油缸→左右履带架与横梁安装→中央配种安装→下车走台与下车安装→主机与底座总成安装→主机与底座总成间各种快速接头安装→上车走台与平台安装→司机室安装→两个主提升卷扬安装→主变幅桅杆、主变幅卷扬安装→主机后配重安装→超起桅杆安装→主臂安装→变幅副臂后桅杆安装→变幅副臂前桅杆安装→变幅副臂安装→超起配重安装→板起。

二、施工工艺要求

（一）底座总成的卸车

底座总成整体尺寸为5.95m×3.54m×3.03m，重量为47t。在放置底座的位置铺设4块路基板，待运输车辆开到现场后，辅助吊车采用作业半径12m、额定负荷80t、负荷率62.5%，用ϕ47mm×20m的钢丝绳扣四股起吊（安全系数为6.71），将底座总成缓慢吊起。当底座总成离开运输车辆200mm时，把拖车开走，将底座总成落向路基板，当底座总成距离路基板约500mm时，将底座总成的4个支腿伸出并固定牢固，即将支腿从图5-3-1所示状态变化到图5-3-2所示的状态，使支腿在垂直方向上不能移动。待4个支腿全部伸长后，将底座总成落到路基板上。

图5-3-1 伸出支腿

图5-3-2 固定牢固

（二）底座总成与横梁安装

（1）横梁整体尺寸为10.34m×2.1m×1.85m，重量为21.6t。

（2）底座总成与横梁安装前，先将横梁上的安装固定座置于位置1处，挡销插入相应孔中以使安装固定座固定，使其不能串动。拆下挡销2。利用移动泵站拔出横梁的销轴，并拆下横梁上的拉杆，如图5-3-3所示。

（3）辅助吊车最大采用作业半径20m、额定负荷37t、负荷率67.6%，把横梁吊起缓慢靠近底座总成。将装配用卡轴缓慢落入卡槽使顶面顶住顶块。

（4）插入横梁与底座间的连接销，再配挡销2挡住销轴。

（5）采用相同的方法装配另一侧横梁。

（6）将底座和横梁间液压管路的快速接头连接、电气管路的各种接头连接。通过快换接头相连接的各液压、电气管路之间的连接应正确无误，否则可能损坏液压、电气元件。

（7）将移动泵站的液压管通过快换接头与横梁的液压管连接，操作移动泵站，伸出横梁上的支腿油缸，直到全部伸出到最大长度，且保证底座总成与横梁处于水平状态，如图5-3-4所示。

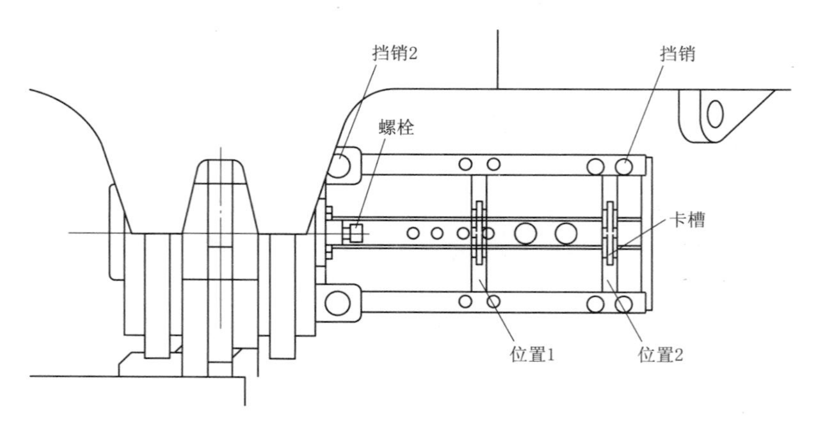

图 5-3-3　位置 1 和位置 2

（a）现场横梁吊装实物图

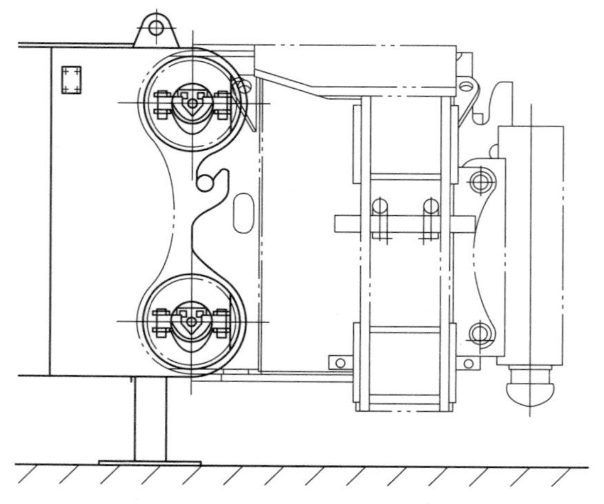

（b）底座总成与横梁安装完毕示意图

图 5-3-4　底座总成与横梁安装

注意事项如下：

1）移动泵站的液压管与横梁支腿油缸液压管连接要正确，液压接头连接牢固。

2）伸出支腿油缸的过程中，底座要保持平衡。

（三）左右履带架与横梁安装

（1）履带架总成整体尺寸为14.62m×1.75m×2.11m，重量为41.3t。履带板整体尺寸为10.54m×2m×0.24m，重量为13.1t，每个履带架上履带由3块组合成。

（2）安装履带架前先把履带板铺在履带架安装位置的下面，并将3部分履带板连接起来，平铺到地面。

（3）采用与拔横梁销轴相同的方法，将履带架上的销轴拔出。

（4）用辅助吊车采用作业半径14m、额定负荷63t、负荷率70.3%，将SCC9000液压履带起重机履带架缓慢吊起，靠近横梁，在起吊过程中，必须保证底座总成处于水平位置。

（5）将装配用卡槽缓慢落入卡轴，顶面顶住顶紧螺栓。

（6）插入横梁与底座间的销轴，完成履带架与底座总成的装配。

（7）使用2挂5t倒链及辅助吊车将履带板装配到履带架上。

（8）采用相同的方法装配另一条履带架及履带板。

（9）操纵移动泵站，将4个支腿油缸全部收回，注意在支腿回收过程中，底座总成与横梁处于水平状态。

（10）断开移动泵站与横梁间液压管的快速接头连接。注意：在断开移动泵站与横梁间液压管的快速接头前，必须先释放液压管路中的压力。

（11）左右履带架与横梁间各种快速接头、拉杆安装底座与横梁间的各种快速接头，包括液压管路的快速接头及电气线路的接插件，最后安装履带架和横梁的连接拉杆，如图5-3-5所示。

图5-3-5 安装履带架与横梁

注意事项如下：

1）通过快速接头相连接的各液压、电气管路之间应连接正确，否则可能损坏液压、电气元件。

2）所有的液压快速接头的对接都有数字 1～5 的标识，只有贴有相同数字标示的两根软管才能对接，不能接错。尤其是马达 A、B 口接反会导致动作方向相反，卸油口和补油口接反会导致液压马达损坏。

（四）装配中央配重

（1）中央配重共 8 块，前后各 4 块，单块重量为 10t。中央配重架整体尺寸为 3.79m×1.42m×1.72m，重量为 2.3t。中央配重整体尺寸为 3.1m×1.1m×0.51m，重量为 10t。

（2）先把配重架吊入横梁上的卡槽中，然后依次装配中央配重。

（五）下车走台与下车安装

安装前确认下车的底座总成、横梁、履带架已经安装完毕，液压管路、电气线路均已连接完毕。安装时，依次安装固定座 1、2、3，再安装走台 1、2、3、4、5，最后安装走台板、走梯和走梯护栏，如图 5-3-6 所示。

（六）主机与底座总成的安装

（1）主机整体尺寸为 13.93m×3.4m×3.13m，重量为 52.5t。

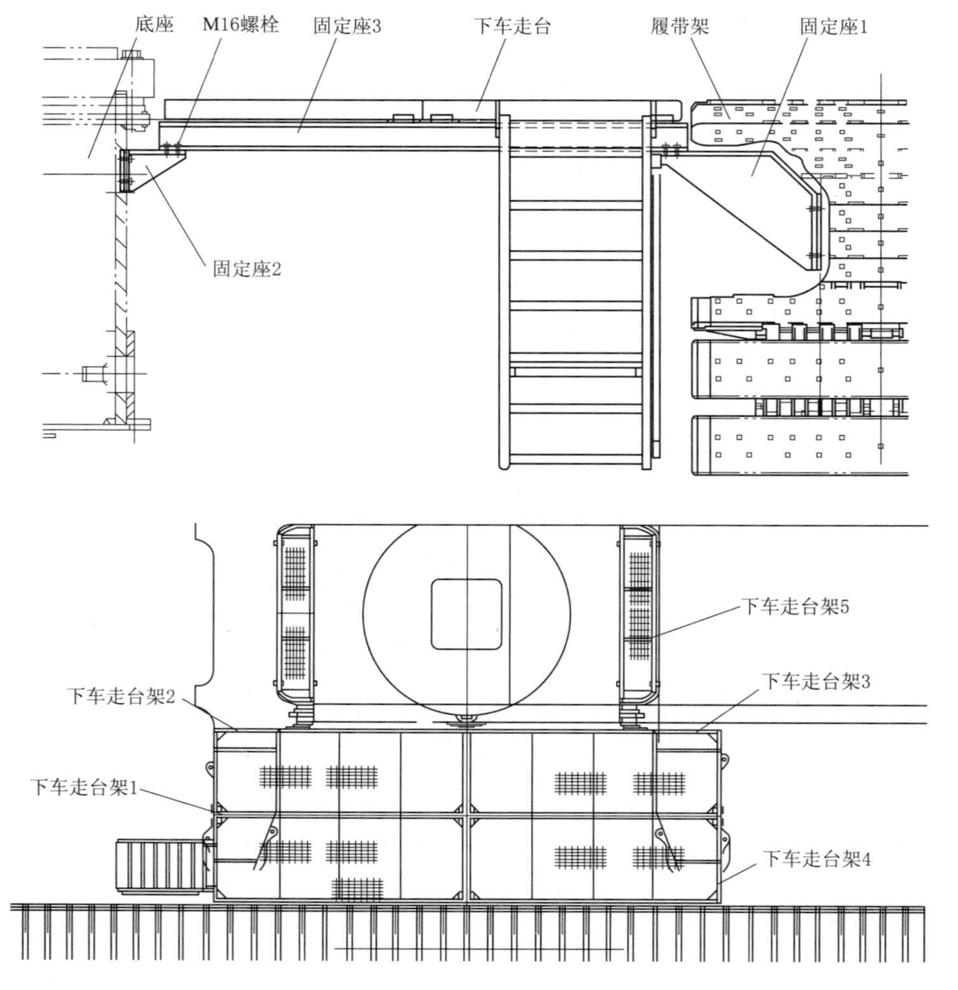

图 5-3-6（一） 下车走台与下车安装

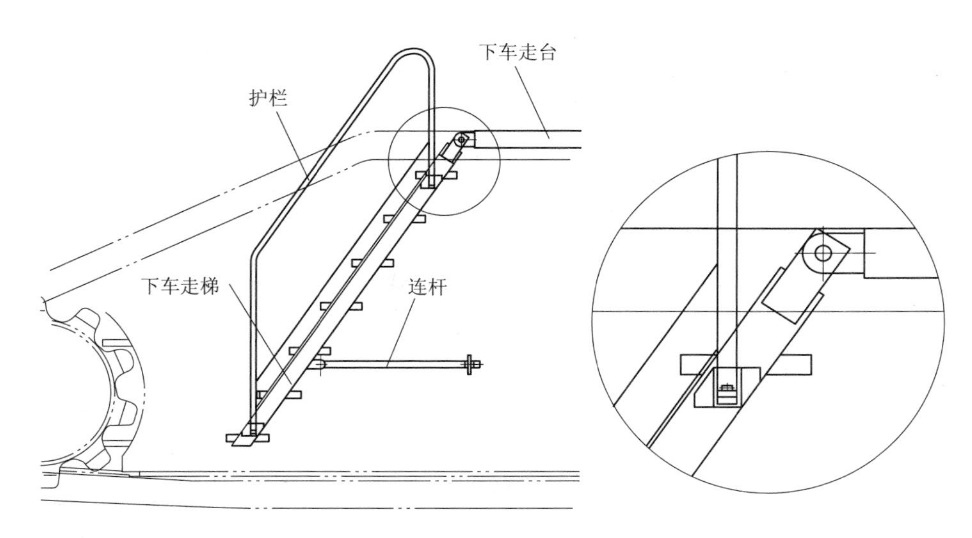

图 5-3-6（二） 下车走台与下车安装

（2）CC1000 履带吊采用作业半径 12m、额定负荷 80t、负荷率 70%，使用 1 对 ϕ47mm×20m 钢丝绳四股起吊，吊点为专用吊点，钢丝绳安全系数为 7.8。

（3）CC1000 履带吊将主机吊运到底座上方，再缓慢落沟，待主机接近底座总成时，可采取点动方式进行操作。

（4）先装配主机与底座总成的销轴连接支架，再用移动泵站把主机与底座总成连接销子打入销孔中。

（5）最后连接主机与底座间的各种快换接头，包括电气管路的接插件和液压管路的快换接头。所有的液压快速接头的对接都有数字 1～5 的标识，只有贴有相同数字标识的两根软管才能对接，不能接错。否则，马达 A、B 口接反会导致动作方向相反，泄油口和补油口接反会导致液压马达损坏。

（七）上车走台与平台的装配

先安装左右两侧的上车走台，再安装护栏，最后安装上车走梯，如图 5-3-7 所示。

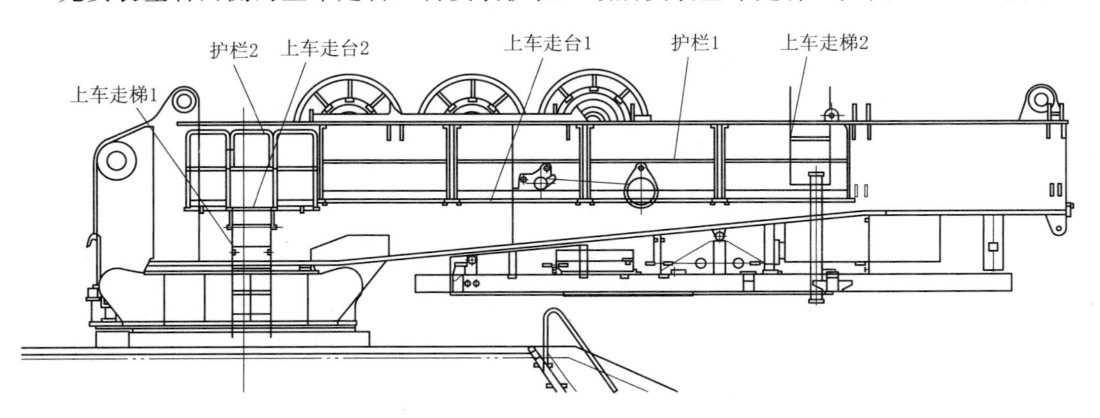

图 5-3-7 上车走台与平台装配工艺

（八）装配司机室

（1）将司机室缓慢吊起，拆下支脚螺栓，将支脚旋转 90°，再装上支脚螺栓，并拧紧。

（2）将卡轴落入平台总成的卡槽中，继续缓慢降落司机室，将司机室顶面与位于平台的顶面顶住，插入销轴。销轴装配完毕后，在销轴上装好别针销。

（3）连接司机室与平台间的各种液压管路、电气线路的接头。液压管路、电气线路一定要按标示连接正确，否则会导致严重后果。

（4）安装司机室与平台之间的横拉杆，并调节拉杆的长度。

（5）安装与司机室连接的上车走台及走台护栏。

（九）装配两个主起升卷扬机

使用 CC1000 履带吊把两个主提升卷扬机分别倾斜吊起，将卷扬机的卡槽落入平台的销轴内，然后继续放下卷扬机，卷扬机绕着销轴旋转到水平状态后，落到安装卷扬机的顶紧螺栓上。控制司机室内使装配油缸伸缩的按钮，油缸推动销轴，安装好卷扬机与平台间的固定销轴。安装好销轴别针销，以防意外操作而拔出销轴，引起事故。根据标示连接卷扬与主机平台的各种快换接头，如图 5-3-8 所示。

（十）装配主变幅桅杆和主变幅卷扬机

主变幅桅杆和主变幅卷扬机如图 5-3-9 所示。

1. 装配主变幅卷扬机

使用辅助吊车将主变幅桅杆和主变幅卷扬机的组合件吊起，缓慢落入平台上用于固定主变幅卷扬机的位置处，将主变幅卷扬机卡槽落入平台的卡槽中，然后继续放下卷扬机。卷扬机绕着销轴旋转到水平状态后，会落到安装卷扬机的顶紧螺栓上。控制司机室内使固定卷扬机油缸伸缩的按钮，安装好卷扬机与平台的连接销轴，并安装好别针销。然后根据油管标牌连接各快速接头，最后拆下主变幅卷扬机与主变幅桅杆的连接销轴，使两者分开，如图 5-3-10 所示。

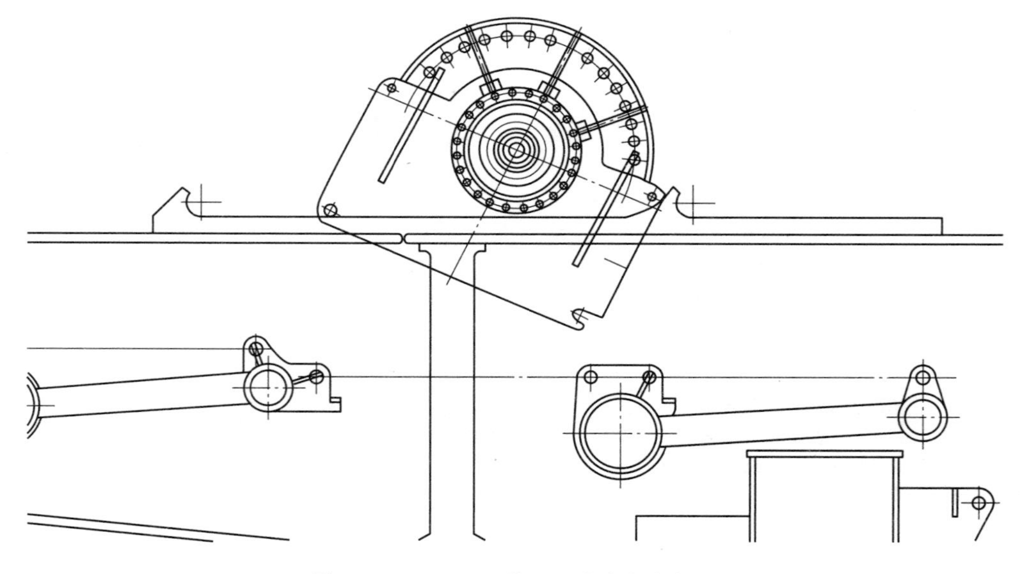

图 5-3-8（一） 装配两个主起卷扬机

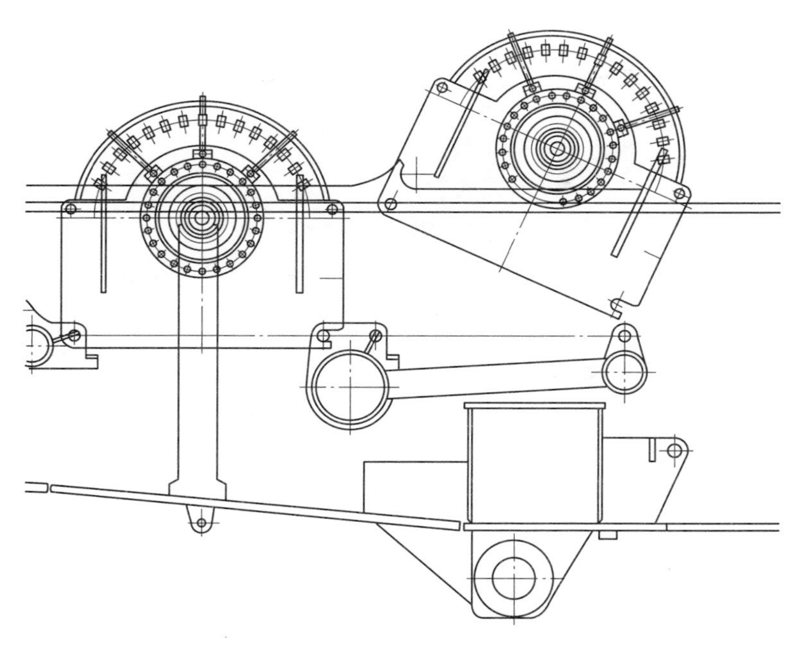

图 5-3-8（二） 装配两个主起卷扬机

图 5-3-9 装配主变幅桅杆和主变幅卷扬机

图 5-3-10 主变幅卷扬机

2. 装配主变幅滑轮

拆下桅杆尾部滑轮组与桅杆的连接销轴，连接尾部滑轮组销轴油缸与平台间的快换接头，操纵驾驶室内的控制按钮，把尾部滑轮组安装到位，如图 5-3-11 所示。

图 5-3-11 装配主变幅滑轮

3. 装配主变幅桅杆

连接好主变幅桅杆和平台连接销轴油缸，操纵驾驶室内按钮，把主变幅桅杆和平台连接销轴安装到位，如图 5-3-12 所示。

图 5-3-12 装配主变幅桅杆

4. 主变幅桅杆的扳起和钢丝绳的穿绕

伸出主变幅桅杆顶升油缸，同时放出主变幅钢丝绳，使主变幅桅杆慢慢向前趴，使桅杆与水平面间的夹角不小于 25°，如图 5-3-13 所示。

(十一) 主机后配重的装配

主机后配重包括以下内容：

(1) 后配重托盘。整体尺寸为 2.7m×2.27m×2.68m，数量为 2 块，单件重量为 5t。

(2) 后配重。整体尺寸为 2.35m×1.84m×0.45m，数量为 24 块，单块重量为 10t。

先装配两个后配重托盘，再安装 16 块 10t 重的后配重，装配后配重块时，应采取对称吊装的方式，避免单侧配重数量过多，两侧配重块数量之差不得大于 2。

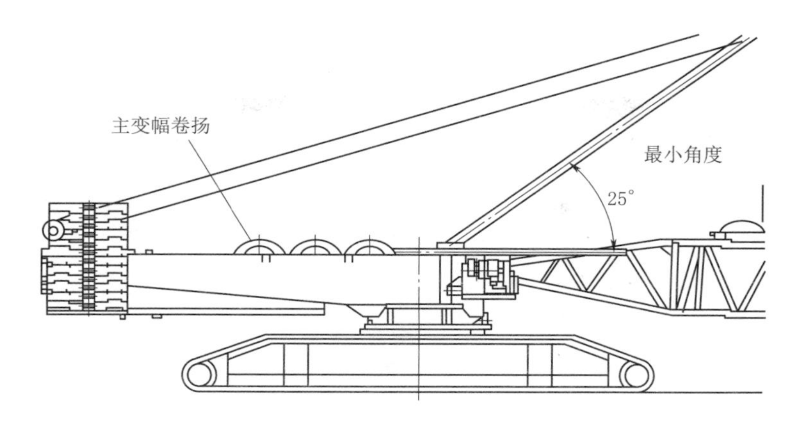

图 5-3-13 主变幅桅杆的扳起和钢丝绳的穿绕

（十二）装配超起桅杆

超起桅杆的基本参数见表 5-3-1。

表 5-3-1 **超起桅杆的基本参数**

序号	部件描述	长度/m	数量/节	备 注
1	超起桅杆下节臂	9	1	含超起卷扬机 20.4t
2	超起桅杆中间节	6	2	
3	超起桅杆中间节	12	1	
4	超起桅杆上节臂	9	1	
合计		36	5	

（1）在地面将超起桅杆臂杆组合成整体后，用板起架和 CC1000 履带吊抬吊的方法进行整体装配，如图 5-3-14 所示。

（2）超起桅杆装配完成后，在超起桅杆头部下方地面上打 500mm 高的道木墩，将超起桅杆放置到道木墩上。在距离超起桅杆头部约 1500mm 的位置，同样用道木打 500mm 的道木墩，并将主变幅动滑轮组放置到上面。使用辅助卷扬机的辅助，按照顺穿法穿绕超起变幅绳，如图 5-3-15 所示。

图 5-3-14　整体装配

(a) 穿绕辅助钢丝绳

(b) 由辅助钢丝绳牵引穿绕超起变幅钢丝绳

图 5-3-15　穿绕超起变幅绳

（3）扳起超起桅杆。拔出超起桅杆防后倾油缸的销子，旋转防后倾油缸撑杆，在撑杆与主旋管角度约51°时，再将销子穿到孔上。同时用辅助吊车将防后倾油缸吊起并放置在防后倾油缸撑杆上，如图5-3-16所示。连接超起桅杆和主变幅桅杆连接的内拉板及连接超起配重的外拉板，穿起升绳并固定。穿超起变幅绳和主起升绳时，要注意相应绳对应的过渡滑轮的位置，以防穿错，如图5-3-17所示。连接液压油路，包括工作油路A、B，马达泄油路T，马达补油路S，以及超起桅杆防后倾油缸两路油路（有杆腔和无杆腔）。连接超起桅杆变幅上限位行程开关（防后倾）、力矩限制器、超起桅杆变幅卷扬机、马达制动电磁阀、马达转速传感器、卷扬机三圈保护器。

扳起超起桅杆，使水平夹角不大于51°，同时放下超起桅杆动滑轮组备用。

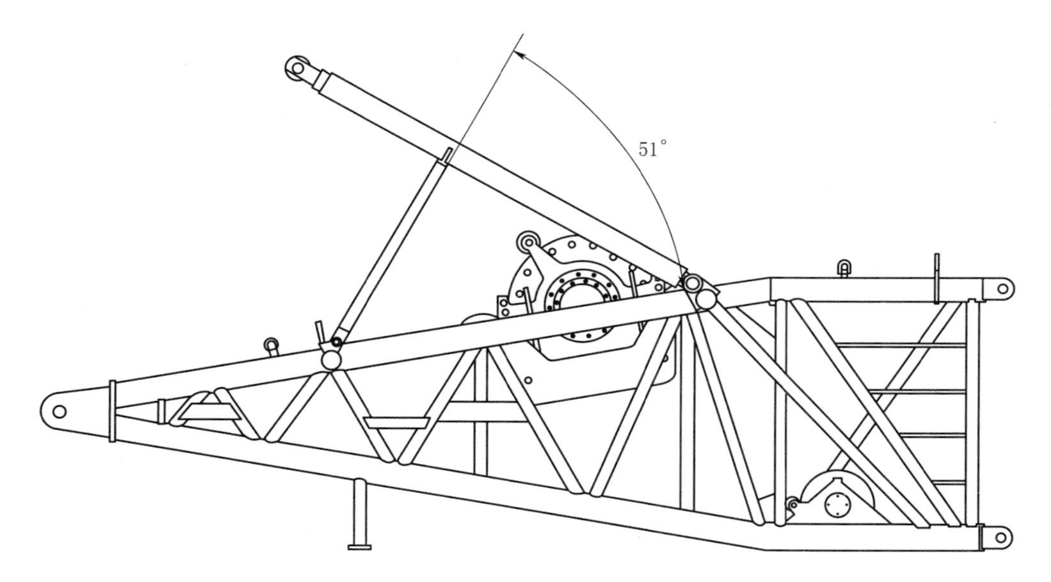

图5-3-16 在撑杆与主旋管角度约51°时再将销子穿到孔上

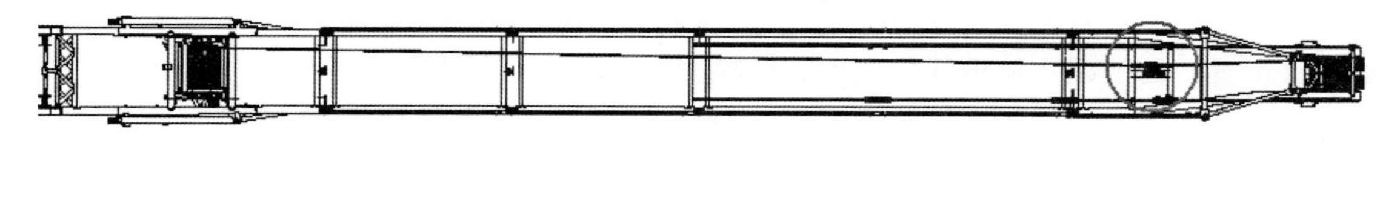

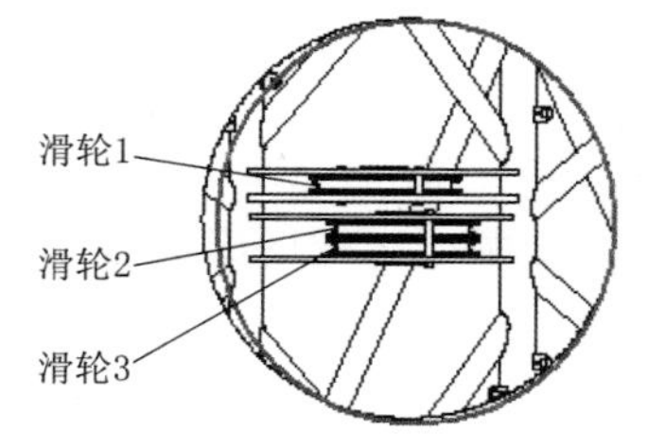

图5-3-17 穿超起变幅绳和主起升绳（注意相应绳对应的过渡滑轮的位置）

（十三）装配主臂

1. 装配主臂根部节

将主臂根部节 H2 和 12m 中间臂 H8A 连接在一起后，使用辅助吊车将装配好的组件装配到主机销孔上。连接主臂根部节的动力油缸的油管，并使动力油缸插入孔中，打上保险销。在 H8A 臂杆下垫上道木作为支撑，高度约 0.3m。

2. 其余臂杆的装配

其余臂杆的装配顺序为：1 节 12m 主臂根部节 H2、1 节 12m 中间臂 H8A、5 节 12m 中间臂 H8B、1 节 10.5m 主臂中间节（主臂上节臂）H1、1 节 1.5m 塔式头 H3。安装完主臂后将主臂上节臂的前端支撑腿伸出，距地面高度为 2.815m，固定好后将再连接相应的主臂内拉板（1 节 2.19m 增杆 L_{D1}、8 节 6m 通用拉杆 L_{T2}、1 节 4.5m 上节臂的拉杆 L_{H1}）、主臂外拉板（1 节 6.6m 主臂根节拉杆 L_{H2}、12 节 6m 通用拉杆 L_{T1}、2 节 4.5m 上节臂的拉杆 L_{H1}、1 节 6.22m 变幅副臂后桅杆 L_{Y1}、1 节 0.5m 变幅副臂增杆 L_{Y11}），如图 5-3-18 所示。

（十四）装配变幅副臂

用辅助吊车将副臂根部节 J2—4500mm 连接到主臂杆头 H3 上。插上 a 处的销轴，并锁好锁销，并在 J2 下面垫适当垫块让其受到地面的支撑，使上销孔距地面的高度为 3.036m，如图 5-3-19 所示。

其余副臂的装配顺序为：1 节 12m 主臂中间臂 H8B、1 节 6m 变径节臂 J10、1 节 6m 副臂中间臂 J6、2 节 12m 副臂中间臂 J8、1 节 7.5m 副臂上节臂 J1。拉杆的装配顺序为：1 节 0.5m 变幅副臂增杆 L_{Y11}、1 节 6.68m 变幅副臂前拉杆 L_{Y21}、1 节 1.5m 变幅副臂前拉杆 L_{Y23}、1 节 3.5m 变幅副臂前拉杆 L_{Y22}、7 节 6m 通用拉杆 L_{T2}、1 节 5.86m 副臂上节臂拉杆 L_{J1B}、1 节 1.54m 副臂上节臂拉杆 LJ1A。

连接完毕，用辅助吊车吊起副臂头部节 J1，拔出 a 处的销子，将副臂上节臂上的支腿拔出支撑在地面上，再把滑轮组安装到副臂上节臂的绞制孔上，如图 5-3-20 所示。

按照本次工况配置表连接相应长的拉板，并置于副臂上。

（十五）副变幅前后桅杆的装配、连接拉杆、穿绕钢丝绳

（1）前桅杆装配。采用地面组合好后整体吊装的方法。安装好后，拉前桅杆上节臂上的支撑腿，使前桅杆上节臂支撑腿撑在主臂中间节 H8B 的直腹管上，并用钢丝绳把前桅杆捆绑在副臂上，如图 5-3-21 所示。

注意：前桅杆与副臂都不能有直接的接触，a、b 两点都要有方木把两者隔开。

（2）后桅杆的装配。采用在地面组合好后整体吊装的方法。把上部两销子先断开，以便降低高度为穿副变幅钢丝绳提供方便，用副变幅桅杆辅助绳穿绕副变幅卷扬钢丝绳，打上上部两销子。

（3）穿绕副变幅钢丝绳、主钩绳及连接拉板，如图 5-3-22 所示。放出一个主起升卷扬钢丝绳，将绳头拉至后桅杆下节臂上的辅助组装绳处，用锁头与其相连。再用辅助吊车吊起后桅杆，同时放出副变幅钢丝绳。当后桅杆与副臂成 40°时，开始卷入主起升绳，

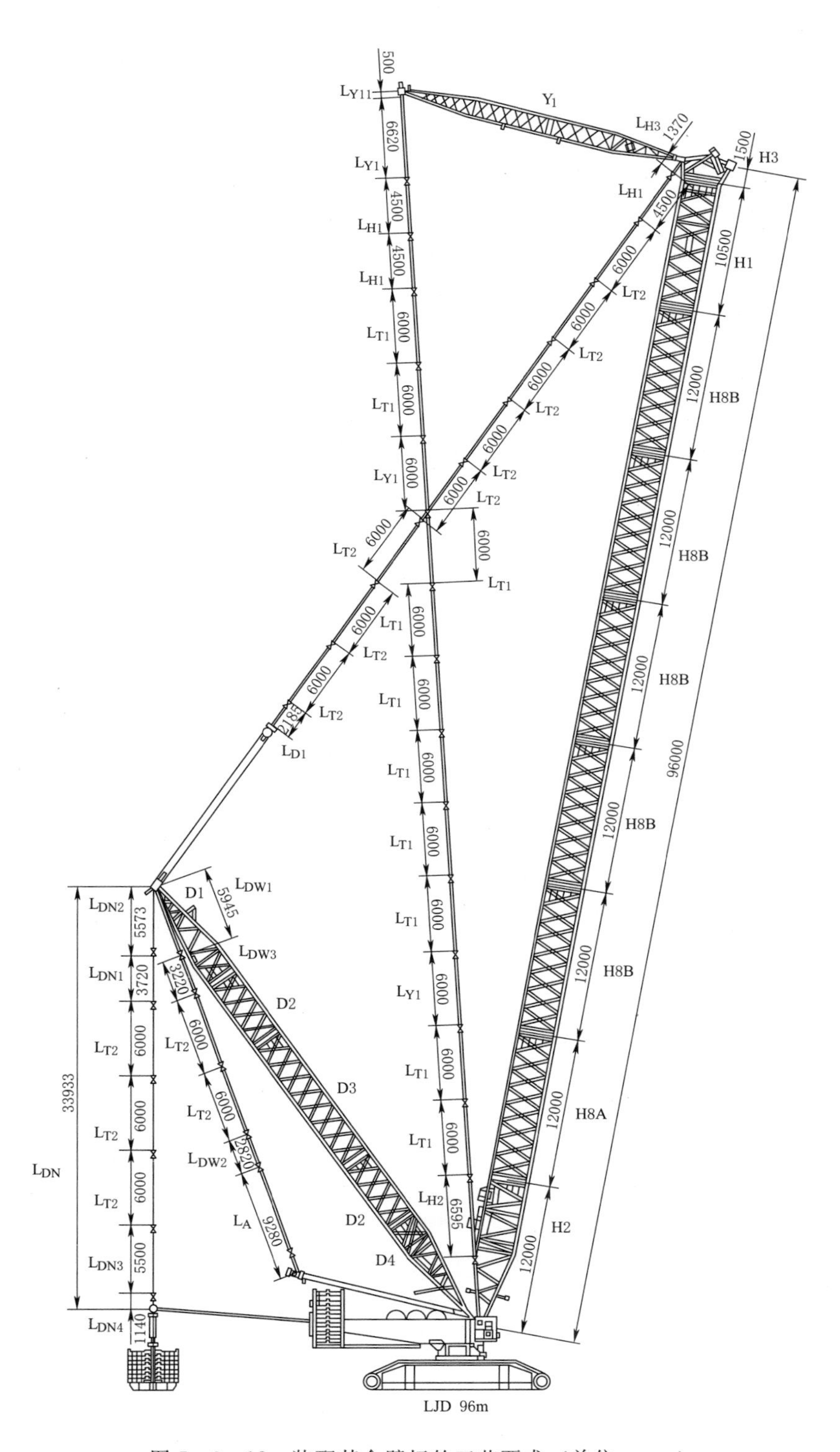

图 5-3-18　装配其余臂杆的工艺要求（单位：mm）

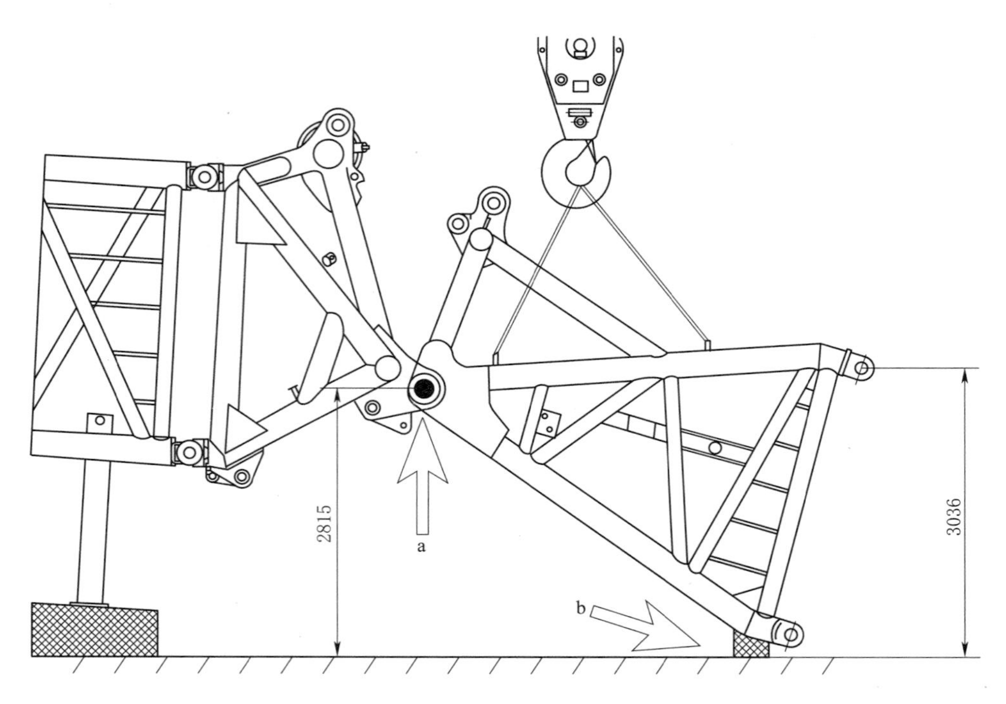

图 5-3-19 装配变幅辅臂（单位：mm）

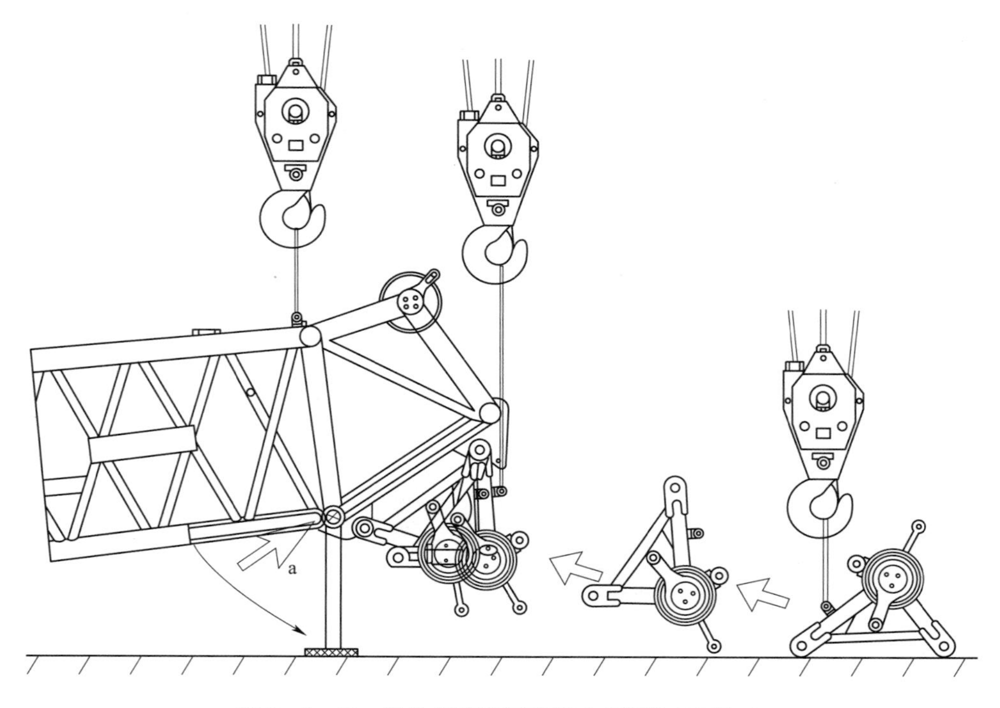

图 5-3-20 滑轮组安装到副臂上节臂的绞制孔上

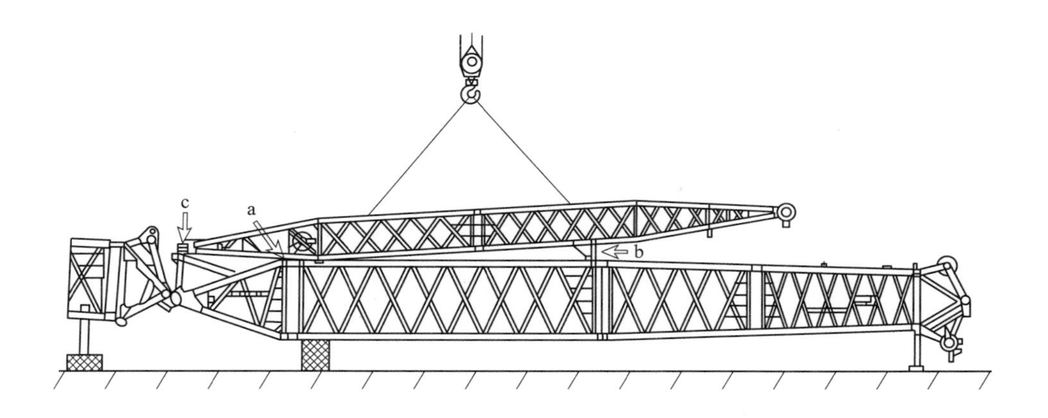

图 5-3-21　前桅杆装配工艺要求

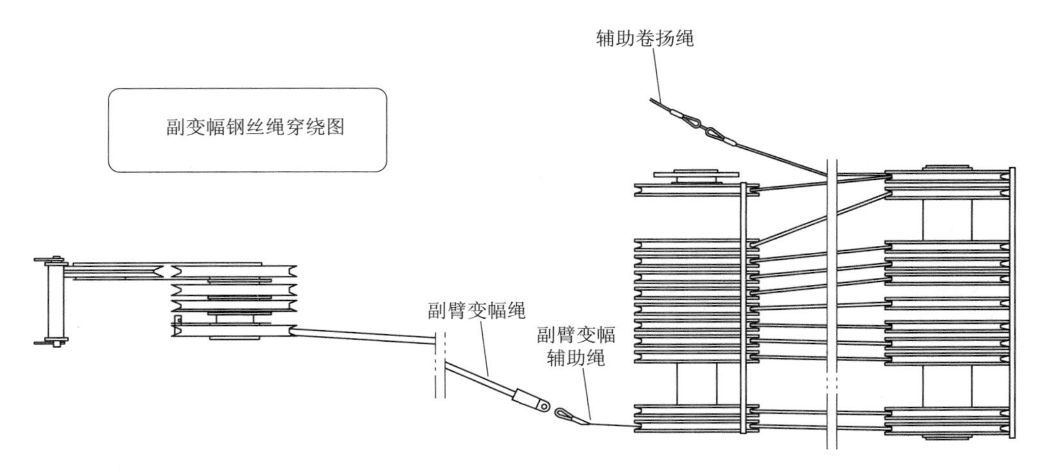

图 5-3-22　穿绕副变幅钢丝绳、主钩绳及连接拉板

辅助吊车随着移动，直至后桅杆上的拉板接近主臂外拉板，并将两拉板连接，直至后桅杆防后倾油缸进入滑道，并用销轴销住。

放出主起升绳，解开与辅助组装绳的连接锁头，把辅助组装绳固定在后桅杆的下节臂上，拆下捆绑前桅杆的钢丝绳。把钩绳穿过副变幅桅杆上的过渡滑轮，经过副臂，到达副臂前段并预留足够穿钩的长度。收副变幅钢丝绳使前桅杆升起，直至能连接副臂变幅拉板，继续升起前桅杆，如图 5-3-23 所示，直至达到能安装前桅杆防后倾油缸的高度。利用辅助吊车安装副臂防后倾氮气缸。

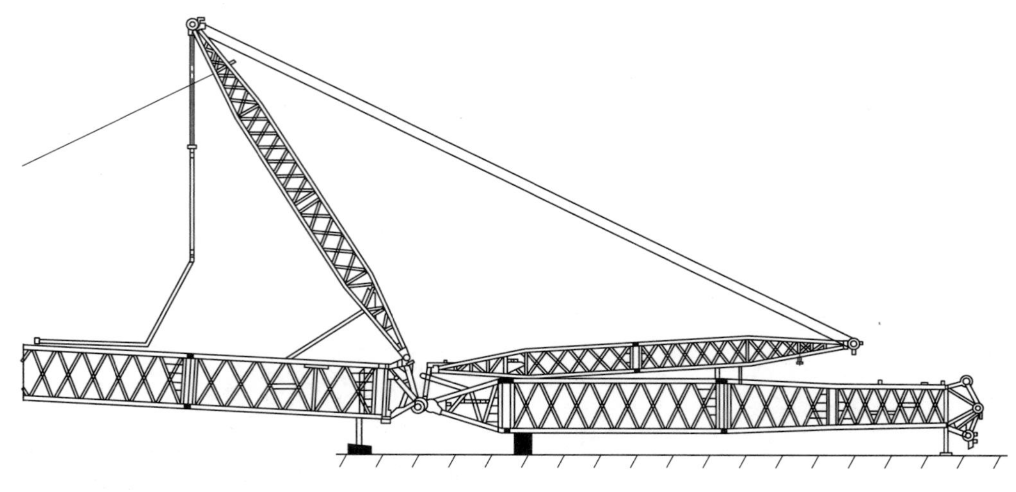

图 5-3-23　升起前桅杆

（4）进行电气部分的接线。

（5）电气部分接线完毕，需进行表 5-3-2 所示的各项检查。

表 5-3-2　电气部分接线完毕的检查项目

检查前提 / 检查项目	所有电气连接均已完成。发动机正在运转。限位开关上的控制杆均已检查，它们的运动自如，并以加上润滑油
横标灯	接通横标灯开关，目视检查其功能是否正常
风速仪	检查风速仪的运动及其功能是否正常
起吊限位开关	手动吊杆头部的开关。 在起吊方向上，起升卷扬必须断开。 提升上限位指示灯亮
副臂变幅角度最大时防后倾油缸的限位开关	分别用手操作两防后倾油缸上的限位开关。副臂变幅卷扬的“收绳”运动时必须断开
主、副臂起臂 57°夹角限位开关	分别用手操作副臂上的限位开关。副臂变幅卷扬的“放绳”及主臂变幅卷扬、超起变幅卷扬的“收绳”运动必须断开

（十六）扳杆

（1）将小车放置在副臂的正前方，用辅助吊车吊起副臂上节臂，把小车移至杆头的正下方，把杆头滑轮组的支撑板卡在小车的槽里，如图 5－3－24 所示。

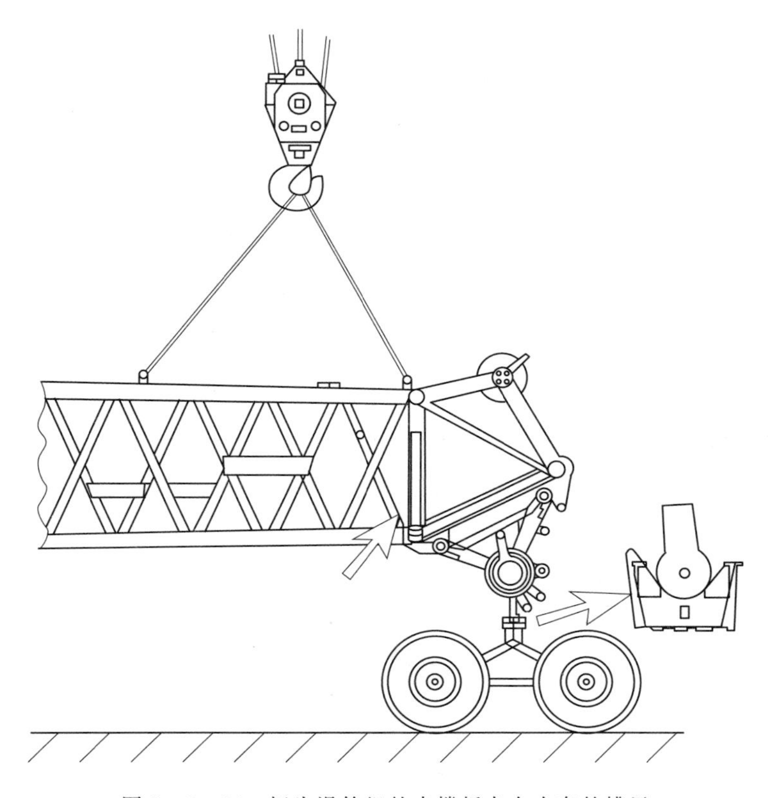

图 5－3－24 杆头滑轮组的支撑板卡在小车的槽里

（2）依据 SCC9000 液压履带起重机各工况各配重起臂说明及能力表的要求，选用 21m 超起半径，挂 450t 超起配重，卷入副变幅钢丝绳使得前桅杆与副臂拉板拉直。卷入主变幅卷扬扳起主臂，同时释放副变幅钢丝绳，使得副臂杆头不离开小车。此时小车和副臂杆头向主机方向运动，当拉至主臂与副臂夹角为 57°时，停止释放副臂变幅卷扬机，如图 5－3－25 所示。

（3）然后再卷入副变幅卷扬，使副臂达到适合安装鹰嘴的高度，如图 5－3－26 所示。

（4）拆除小车，安装完鹰嘴后，调整副变幅卷扬机，达到适合穿钩的高度，进行穿钩，钢丝绳的走向如图 5－3－27 所示。

（5）按图 5－3－28 所示要求进行起升钢丝绳的穿绕，穿完吊钩后，开始扳杆，使主臂达到 87°，超起半径 18m，再继续扳副臂到所需的角度。注意：在扳起过程中要派专人监护卷扬机的工作情况。扳杆结束，拆除超起配重进行力矩限制的调整等。

（6）严格按照安装使用说明书的要求对车辆的各安装部件包括起重安装、操作、机务、电气、液压等部件再进行仔细的检查，确定准确无误后准备试吊。

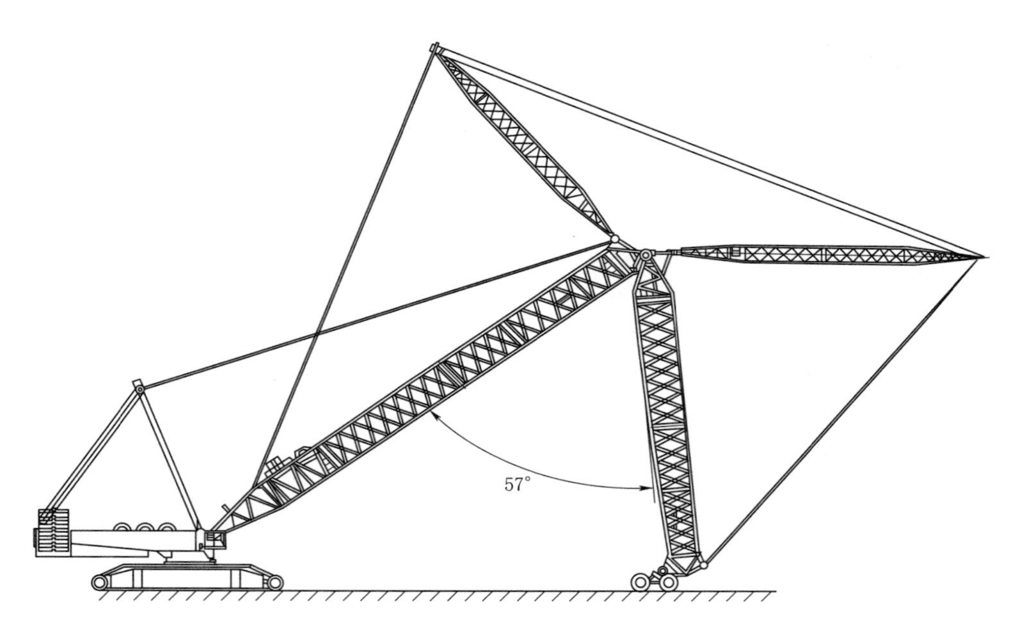

图 5-3-25　当拉至主臂与副臂夹角为 57°时停止释放副臂变幅卷扬机

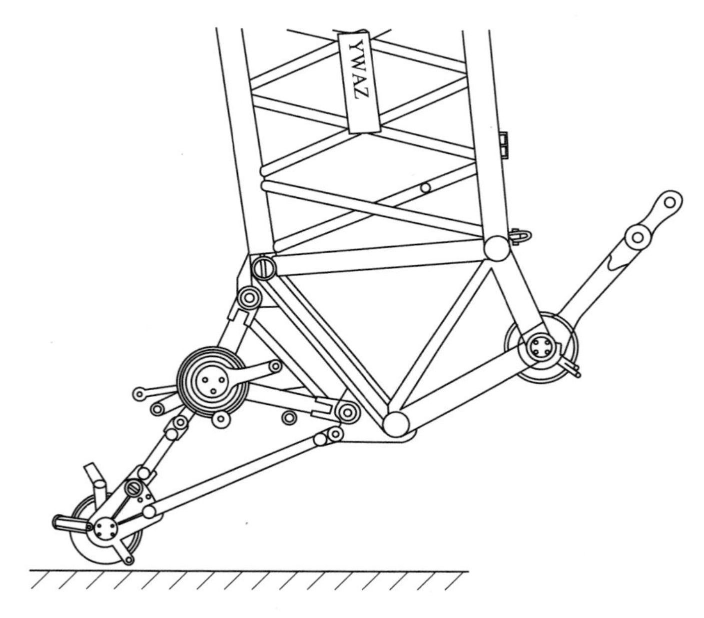

图 5-3-26　副臂达到适合安装鹰嘴的高度

(十七) 工况变更

(1) 按履带吊板起的相反步骤，将 SCC9000 履带吊臂杆趴平。

(2) 84m 副臂装配顺序。副臂装配顺序为：1 节 12m 主臂中间臂 H8B、1 节 6m 变径节臂 J10、1 节 6m 副臂中间臂 J6、4 节 12m 副臂中间臂 J8、1 节 7.5m 副臂上节臂 J1。拉杆的装配顺序为：1 节 0.5m 变幅副臂增杆 L_{Y11}、1 节 6.68m 变幅副臂前拉杆 L_{Y21}、1 节 3.5m 变幅副臂前拉杆 L_{Y22}、11 节 6m 通用拉杆 L_{T2}、1 节 5.86m 副臂上节臂拉杆 L_{J1B}、1

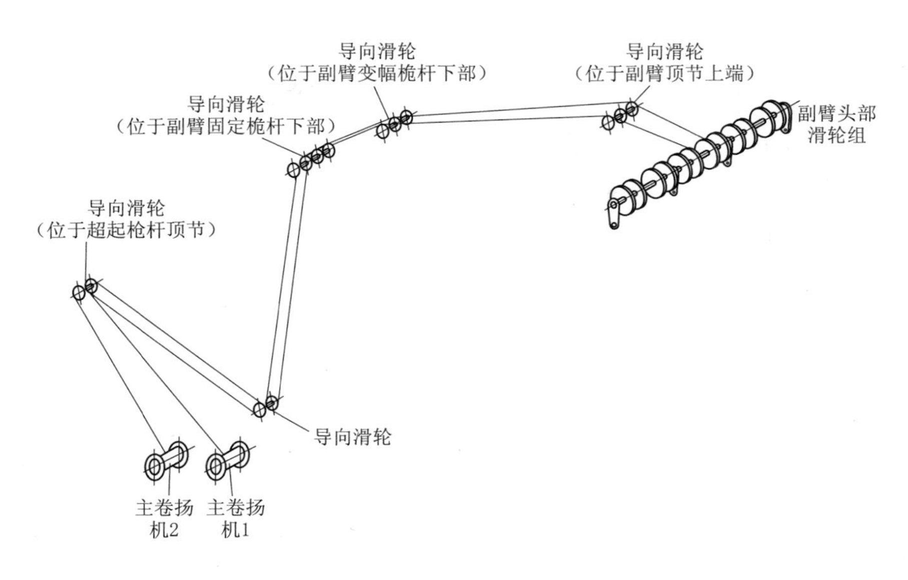

图 5-3-27　提升钢丝绳到变幅副臂的走向（带超起）

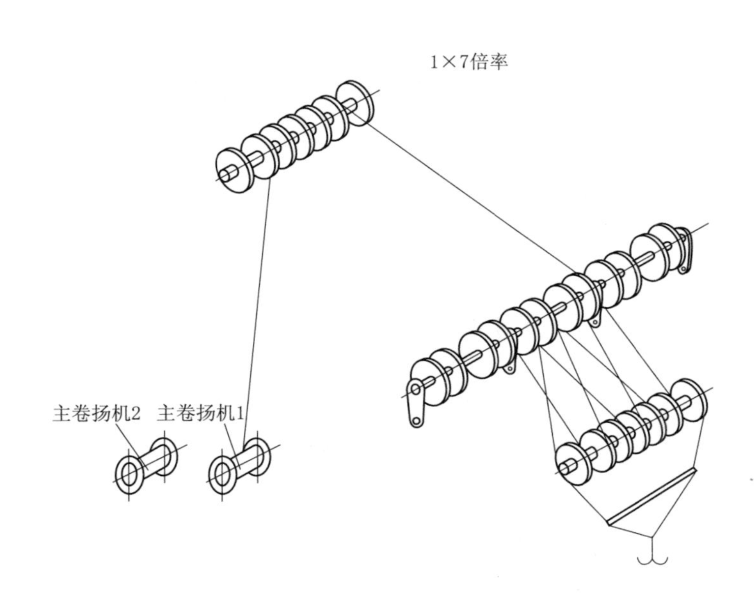

图 5-3-28　穿绕起升钢丝绳

节 1.54m 副臂上节臂拉杆 L_{J1A}。

（3）96m 副臂装配顺序。副臂根部节以后臂杆装配顺序为：1 节 12m 主臂中间臂 H8B、1 节 6m 变径节臂 J10、1 节 6m 副臂中间臂 J6、5 节 12m 副臂中间臂 J8、1 节 7.5m 副臂上节臂 J1。拉杆的装配顺序为：1 节 0.5m 变幅副臂增杆 L_{Y11}、1 节 6.68m 变幅副臂前拉杆 L_{Y21}、1 节 3.5m 变幅副臂前拉杆 L_{Y22}、13 节 6m 通用拉杆 L_{T2}、1 节 5.86m 副臂上节臂拉杆 L_{J1B}、1 节 1.54m 副臂上节臂拉杆 L_{J1A}。

（4）以上工况，扳起操作与 60m 副臂相同。

（十八）载荷试验

1. 空载试验

空负荷试验主要进行以下动作试验：

（1）空钩在最大、最小幅度处提升、下落各三次。

（2）回转机构在360°范围内左右各回转一次。

（3）两机构同时动作，观察联合动作的准确、可靠性；试验各限位动作的准确性、可靠性。

空载试验的目的是试验各机构、各操作回路、各电气控制回路动作的正确性、准确性，以及各限位动作的准确性、可靠性。

2. 额定载荷试验

（1）选择主臂80°，作业半径46m，吊重50t，进行起钩、落钩、回转及变幅等动作的联合动作试验。

（2）额定载荷试验的目的是验证起重机的结构、制动器及安全保护装置在正常工作载荷下的性能。试验中及试验后，机械的各部件不得出现机构或部件损坏，连接处没有松动，各安全装置可靠，力矩限制器的系统符合精度规定。

第四节　施工机械的润滑与维护保养

一、润滑与维护保养工作之前注意事项

（1）提前通知操作人员，并指定一名监护人员。

（2）关闭发动机。

（3）只有在润滑与维护保养工作需要发动机运行时，才可在进行此项工作时，使柴油机保持运行状态。

（4）停放好起重机。其方法是将其停放在地面上（要确保地面具有足够的承载能力），或采取类似措施以防止移动（如用楔子固定好履带板）。

（5）严禁没有经过允许的人员启动发动机（如锁住司机室门），并设置相应的警示牌。

（6）在开始维护保养工作之前清洁起重机，尤其是去除接头处与联轴节的润滑油、燃油或任何附加剂。不要使用侵蚀性清洁剂，要采用非纤维清洁布。

（7）主要是从安全角度或功能发挥角度考虑，在用水（高压清洁剂）或任何其他清洁剂之前，盖住或用带绑住所有会受到水或清洁剂而产生的不利影响的开口，例如配电柜。

（8）在清洁后，将盖或绑带完全挪开，并检查确保这些区域没有水。

（9）在清洁后，应检查所有燃油管路、发动机油管路和液压油管路是否出现泄漏，接头部分是否松动，有无裂痕部位与损坏。

（10）如果发现任何故障，请立即修复或更换。

（11）因为在进行维护保养与安装工作的过程中可能会出现润滑油溢出的情况，因此要事先准备好合适的容器和黏合剂。

二、润滑与维护保养工作中的注意事项

（1）无关人员不得进入施工区域。

（2）在更换单个部件或较大组合部件时，必须将其平稳地停放在辅助设备上，而且必须确保其不会受到任何风险或损坏。

（3）只能使用可以正常工作并具有足够承载能力的辅助装置。

（4）不得在悬吊的重物下站立、行走或工作。

（5）只能指定经验丰富的人员加载，并向起重机司机发出信号。信号员必须在起重机司机视野范围内，或能与起重机司机喊话或通信联系。

（6）若在维护保养工作过程中需要拆卸安全设备，必须重新安装，并在完成维护保养工作时立即检查。

（7）要确保所有工作介质、其他消耗品和更换部件按照环保要求和安全要求的方式加以使用。

（8）要确保油布和易燃材料存放地远离有火灾隐患的地方，搬运时要小心。

（9）必须定期检查或检验起重机的电气设备，对松动的接头与起火的电缆必须立即修复或更换。

（10）只能由合格电工或由有合格电工监督的训练有素的人员根据电气技术规定对电气系统或工作媒介进行维修工作。

（11）只能使用具有规定电流强度的原装保险丝，如果电源出现故障，应立即关闭起重机。

（12）定期检查液压系统所有软管以及接头有无泄漏以及外观是否损坏，如发现损坏立即修复或更换。

（13）润滑或维修液压设备的工作只能由有液压设备方面的专门知识和经验的人员实施（系统必须减压）。

（14）高压油喷油可能会导致人员受伤与火灾。

（15）在处理润滑油、润滑脂与其他化学物质时，应遵守与本产品相关的安全规定。

（16）在处理热消耗品时应小心谨慎，防止烫伤或烧伤。

（17）确保完成工作后没有任何工具遗留在设备上。脱落的工具或凸出的工具会对生命与肢体造成危险。

三、润滑与保养工作内容

（一）目的

（1）做好运行准备工作。

（2）保持性能水平。

（3）避免故障时间。

（4）维护起重机的使用价值。

（5）减少修理费用。

（二）起重机状况检查

操作人员应按照润滑与维护保养表，定期以目视检查方式检查起重机。

(1) 检查油位与油的质量。

(2) 检查油箱与过滤系统，以确保这些系统保持清洁并运转正常。

(3) 检查软管与管路有无泄漏与损坏。

(4) 检查传动装置的安装（减速机、发动机、阀）。

(5) 检查钢绳是否润滑、有无污物和磨损。

这些定期目视检查往往可以及早查到损坏，使问题很快得到解决。这样就可以避免起重机运行时因故障而出现停机的情况。

(三) 预防性维护保养

预防性维护保养包括“起重机状况检查”中的部分措施，检查起重机状况可及早发现磨损、损坏或缺陷，并可及早解决这些问题，这可帮助运行中的起重机避免停机、修理情况的发生。

(1) 检查安全设备。

(2) 比较液压系统和电气系统的理想值和实际值，如电压、液压系统压力等。

(3) 检查液压系统与电气系统的功能。

(4) 检查蓄能器的氮装载压力。

(5) 分析液压油与传动油的质量。

(6) 检查各传动装置的噪声程度与振动程度。

(7) 检查轴承有无损坏与磨损。

(8) 检查起重机设备有无损坏与磨损。

(9) 检查钢绳有无损坏与磨损。

必须将正确的目视检查与功能检查过程以及检查结果作记录，撰写检查报告（维保记录），以后的修理工作将以该检查报告为基础。

(四) 主要部件的维保

1. 发动机

(1) 燃油系统。检查系统管路是否漏油，连接是否牢固，进油阻力、回油阻力是否正常，定期更换滤清器、排空燃油箱中的水与残留物。

(2) 冷却系统。检查冷却液液位、温度，定期检查冷却液浓度。

(3) 进气系统。检查进气系统是否有泄漏，连接是否牢固，进气阻力、排气阻力是否正常，定期清理、更换滤清器。

2. 分动箱

检查分动箱油位，根据油质情况定期更换润滑油，检查各连接部件间是否漏油。

3. 回转支承

使用中注意回转支承的运转情况，如发现噪声、冲击、功率突然增大，应立即停机检查，排除故障，必要时需拆检。

定期对回转支承齿面进行清洁、润滑，检查回转支承螺栓是否有异常。

4. 卷扬机

定期检查卷扬机油位，根据油质情况定期更换润滑油，检查各连接部件间是否漏油及底座的固定情况以及卷扬机制动器制动情况。

5. 液压系统

检查液压油箱油位、油质，根据现场实际情况清理、更换回油过滤器滤芯，检查液压系统是否有泄漏，压力软管是否有损坏等情况。

6. 电气系统

检查照明系统、安全装置、蓄电池的维护保养及电气线路的防火等。

7. 钢丝绳检查

钢丝绳是使用期有限的一种基本消耗品。钢丝绳的许多特性在其整个使用期都会发生变化，例如其破断力在开始并继续使用时首先会增加，但是在超过某个最大值时其破断力会迅速下降。破断力下降的原因是磨损与腐蚀所造成的金属损失百分比增加，而磨损与腐蚀是随着钢丝绳的绳股断裂与结构变化而产生的。在钢丝绳中，各承载部分是平行的，因此，即使有一部分绳丝都已断裂，钢丝绳仍然能安全操作。

(1) 日常检查。每个工作日都要尽可能对钢丝绳的任何可见部位进行检查，以便及时发现损坏与变形的情况，特别应注意钢丝绳在机器上的固定部位，发现有任何明显变化时，应予以报告，查找原因及时处理。

(2) 由主管人员作定期检验［一般部位检查和绳端部位（索具除外）的要求］。为了确定检验周期需要考虑以下各点：

1) 国家对该起重机的法规要求。

2) 起重机类型及工作环境。

3) 起重机的工作级别。

4) 前几次检验的结果。

5) 钢丝绳使用的时间。

(3) 按一般部位检查和绳端部位（索具除外）的规定进行如下专项检验：

1) 在钢丝绳和（或）其固定端的损坏而引发事故的情况下或钢丝绳经拆卸又重新安装投入使用前，均应对钢丝绳进行一次检查。

2) 起升装置停止工作 3 个月以上，在重新使用之前，应检查钢丝绳。

(4) 单独使用或部分在合成材料、金属材料或镶嵌有合成材料轮衬的滑轮上使用的钢丝绳，当其外层发现有明显的断丝或磨损痕迹时，其内部可能早已产生了大量的断丝。因此，应根据已往的钢丝绳使用记录制定钢丝绳专项检查进度表，其中既要考虑使用中的常规检查，又要考虑钢丝绳的详细检验记录。

对润滑剂已发干或变质的局部绳段应特别注意保养。对于专用起重设备的钢丝绳报废标准，应以起重设备制造厂和钢丝绳制造厂之间交换的资料为准。

(5) 一般部位检查。虽然对钢丝绳应作全长检验，但应特别注意下列部位：

1) 钢丝绳运动和固定的始末端部位。

2) 通过滑轮组和绕过滑轮的绳段，在机构重复作业的情况下应特别注意机构吊载期间绕过滑轮的部位。

3) 位于定滑轮的绳段。

4) 由于外部因素可能引起磨损的绳段。

5) 腐蚀及疲劳的内部检验。

6）处于热环境的绳段。

（6）绳端部位检查（索具除外）。

1）应对从固接端引出的钢丝绳段进行检验，因为这个部位发生疲劳（断丝）和腐蚀是危险的，还应对固定装置本身的变形或磨损进行检验。

2）对于采用压制或锻造绳箍的绳端固定装置应进行类似的检验，并检验绳箍材料是否有裂纹以及绳箍与钢丝绳间是否有滑动的可能。

3）可拆卸的装置（楔形接头、绳夹、压板等）应检查其内部绳段和绳端内的断丝情况，并确保楔形接头和钢丝绳夹的紧固性，检验内容还包括绳端装置是否完全符合相关标准和操作规程的要求。

4）如果断丝明显发生在绳端装置附近或绳端装置内，可将钢丝绳截短再重新装到绳端固定装置上使用，并且钢丝绳的长度必须满足在卷筒上缠绕的最少圈数的要求。

第五节 施工机械的安全管理

一、全体作业人员的责任

（1）任何不安全的情况或作业必须得以及时给予纠正或报告给监督人员。

（2）所有在起重机周围工作的人员，都必须遵守所有的警告信号，并警惕自己和他人的安全。所有作业成员都应了解作业项目内容和程序。

（3）注意观察是否有危险情况，并及时将危险提醒给操作人员和信号人员，如高压线、无关人员、设备以及较差的地面情况等。

二、管理人员的职责

（1）检查操作人员是否经过培训，能否胜任工作，身体是否健康，是否有作业证，作业证是否有效。此外，还包括是否有良好的判断能力、合作意识及心理素质。缺少以上任何一条都不允许操作起重机。

（2）检查信号人员必须具有良好的视觉及听觉判断能力，掌握标准的起重机指挥信号并且发出的信号清晰准确，同时应具有足够的经验识别危险因素，并能通知操作人员及时避免。

（3）检查起重工必须知道如何确定重量、距离和选择合适的吊具，使用合格的起重工。

（4）给每个项目作业成员以相应的安全责任，使其及时向监督人员报告不安全因素。

三、起重机械安全的预防与预警

及时收集大风气象信息，并及时向大型机械操作、使用单位发布预警信息。大型机械操作、使用单位及人员提前采取预防措施，防止事故发生。SCC9000液压履带起重机施工现场位置如图5-5-1所示。

（1）起重机安装前，对风速仪进行校准。

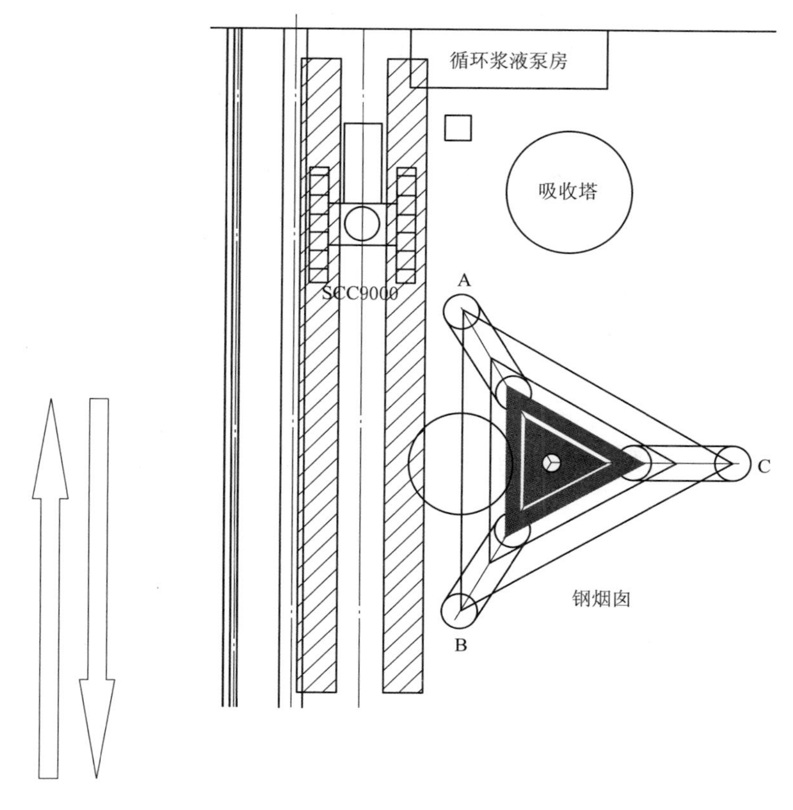

图 5-5-1　SCC9000 液压履带起重机施工现场位置

（2）施工前，向相关权威部门咨询天气情况。

（3）起重机施工过程中，必须保证风速仪工作正常。

（4）风速达到 5.5～7.9m/s（4 级风）时，禁止起吊迎风面较大的物件。

（5）风速小于 9.8m/s（相当于 5 级风）时，起重机方可进行吊装工作，且应注意以下事项：

1）受起重机后方向前风力的影响，起重机应适当降低载荷施工。

2）受起重机前方向后风力的影响，起重机不带载荷，而起重臂处于或接近最大角度时，易造成臂杆后仰，故应适当减少起重臂角度。

3）受起重机前方向后风力的影响，起重机不带载荷，风力造成起重机向后倾翻力矩增加，应适当增加起重机前倾的力矩。

4）当起重机受侧向风作用发生共振，部件发生摆动时，应立即改变荷载或进行回转，消除或减缓起重机部件的摆动。

（6）风速大于 9.8m/s，而小于 15m/s 时，起重机可处于正常非工作防风状态，严禁施工。

起重机防风时，尽可能使起重臂处于逆风方向，以便于在风速大于 15m/s 时，将起重机趴杆。

（7）风速大于 15m/s 时，起重机应落下起重臂。

（8）起重机停机或防风时，尽可能使整个起重机的重心接近回转中心。

（9）SCC9000液压履带起重机正南，从正对炉左道路位置向南，作为履带吊防风通道，应整平压实，严禁摆放其他设备、材料。

（10）超起配重按照起重机趴杆要求，定位放置450t，严禁随意挪动。如果施工中需使用超起配重，则在施工完毕后，及时恢复。

（11）为防止起重机械电气设备被雷电损坏，起重机机身必须使用1根500A单股铜芯线与接地网连接。

（12）起重机械使用单位在起吊每段烟囱、横梁前，必须提前向安环部咨询大风气象信息，在大风发生前，必须有足够的时间将起吊的烟囱就位焊接完毕，并摘钩，否则不得进行起吊作业。

（13）烟囱塔筒吊装就位，焊接过程中突起大风，则起重机缓慢增加负荷至起吊重量，以烟囱塔筒作为地锚，增强起重机侧向稳定性（烟囱塔筒重量最小32t，吊钩、起吊工装等附件，重量在45t以上）。

（14）起重机械施工过程中，各相关方要严格根据本施工方案的要求，做好起重机械的防风工作。

第六章

钢烟囱吊装施工

第一节 前 期 准 备

一、地基处理

因自备电厂工程钢烟囱施工区域与钢厂液氨存储区和膜处理间仅隔1条6m宽的柏油路，且为保证安全，液氨存储区的道路必须保证畅通，同时为了保证2台机组的按时达标投产发电，与钢烟囱紧密相连的脱硝装置、引风机不能缓建，所以将履带式起重机的施工活动范围限制在炉后的一个非常狭小区域，该区域仅满足履带式起重机前后行走及180°回转，且与脱硫装置施工区域重叠。

自备电厂区域是海洋回填区，土地承载能力较差，要满足自重上千吨的履带吊在上方行走施工必须对其地基进行换填。经核算，在每条履带下换填6m宽、3m深的基石，并在其上表面铺设碎石，以满足吊车施工地面承载能力及水平度的需求。

二、准备工作

1. 筒体

吊装顺序采用正装工序，即按照0～30m层、30～55m层、55～80m层、80～105m层、105～130m层、130～155m层、155～180m层自下而上的吊装顺序完成。筒体多为2510mm宽钢板卷制焊接而成，总板节数为72节。

每段筒体包含顶部加强环部分及加强环下部筒段两大部分，两部分在地面组装完成，吊点布置在筒段两端。其中上部吊点设置在距离筒体上部1.3m处；下部在距离筒段下口2m处设置板式吊耳，为防止下部吊装对筒体产生挤压变形，在筒段上部加装上部加强箍，在筒段下部加装下部加强箍，加强箍与筒体之间加垫2mm厚的橡胶皮。筒体吊点设置完成后，指挥SCC9000/900t履带吊及CC1000/200t履带吊吊车溜尾起钩，起钩后利用下部吊点设置的倒链进行筒体倾斜角度调整，然后吊至角度校正靠模一侧，进行角度校正。角度校正靠模采用两根筒体自身倾斜角度与靠模角度存在偏差时，利用倒链进行调整，直至角度合适恰好靠进靠模的圆弧板圆弧内。

筒段吊装上部及下部加强箍示意图如图6-1-1所示，上侧抱箍实物图如图6-1-2所示，吊装加强箍整体示意图如图6-1-3所示，吊装加强箍加工制作图如图6-1-4所示。

2. 钢烟囱安装施工准备

本烟囱结构形式独特，超高、超重、无外附着，在钢烟囱的加工制作、高空位置控制、整体水平度控制、角度控制、整体几何尺寸控制、对口组装、焊接变形控制等方面存在较大难度。为了保证筒体的尺寸、圆度等制作精度，节省时间和原材，首先利用计算机模拟软件对筒体整体建模，详细拆分构件，将筒体按照吊装需求分段，各部套单独出图；然后原材进场后采用数控切割机下料；最后切割完成的钢板采用四辊数控卷板机进行卷制，焊接采用埋弧自动焊接。

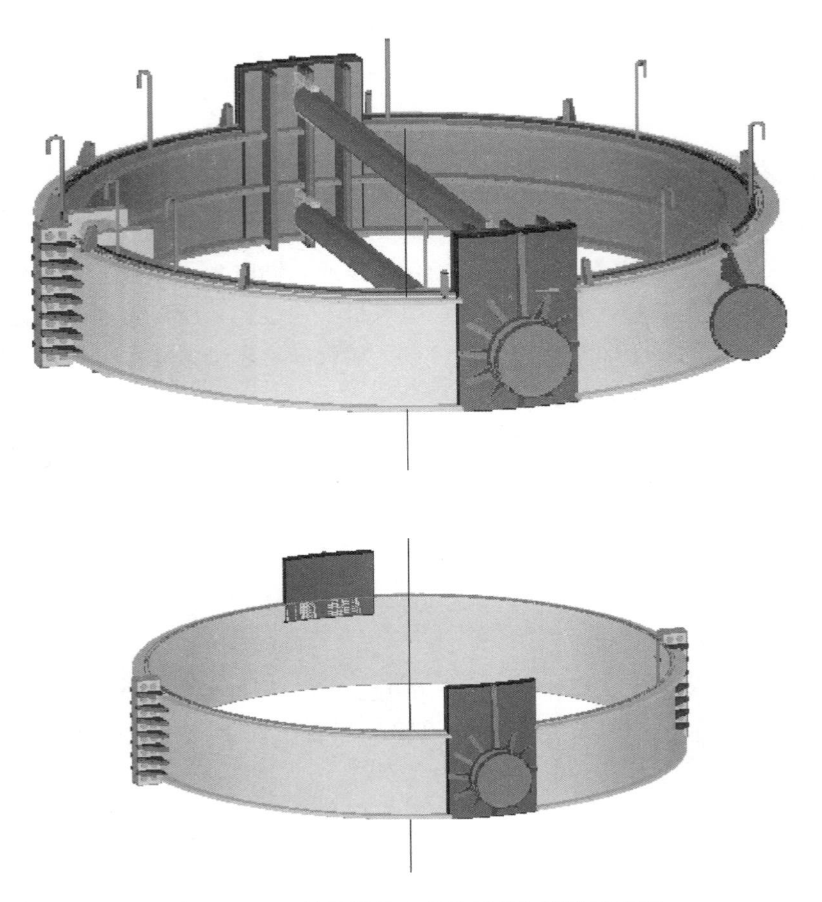

图 6-1-1 筒段吊装上部及下部加强箍示意图

图 6-1-2 上侧抱箍实物图

图 6-1-3 吊装加强箍整体示意图

图 6-1-4 吊装加强箍加工制作图

(1) 筒体加工制作完成运至现场组装完成后，为了避免筒体在空中角度调整时，构件状态改变带来的换钩、摘钩工作，并减少折弯、摩擦，安装双轴式吊具，吊具与钢丝绳之间为滑动摩擦，实现超长段筒体卧式及立式状态自由转换。

(2) 吊具安装完成后，为了满足吊装要求，减少机械移位，运用计算机三维模拟筒体吊装过程，指导吊车就位。

(3) 吊车就位后对筒体进行起吊，利用下部吊点设置的倒链进行筒体倾斜角度粗调整后，吊至地面角度校正工装进行角度校正。

(4) 地面角度校正完成后，起吊进行筒体高空对口，采用四套上下承插板进行焊接缝隙调整，螺栓孔设计时考虑焊接缝隙，承插板采用高强螺栓穿插连接，利用承插连接板实现快速高效对口。

(5) 筒体高空对口完成后，为了解决高空无支撑、无辅助对口就位措施的难题，将对口后的筒体放在高空托架上提供支撑，并利用托架上部托弧板通过千斤顶实现筒体角度的微调，使筒体保证在设计倾斜角度状态下进行环焊口焊接。

(6) 焊接完成后，人员乘坐提前安装好的电动提升吊篮直接上升到上层筒体加强环平台的位置，进行摘钩作业；依次将本层剩余两根筒体吊装就位，然后进行平台大梁的吊装；平台大梁吊装完成后进行螺旋电梯井的吊装；最后安装螺旋爬梯。

3. 异性构件数控下料技术

本工程筒体为倾斜的，加强环平台是水平的，这样平台加固圈就为一个外圆内椭圆的形状，人工下料无法保证内部椭圆的尺寸，应用CAD精准放样后，利用数控切割机下出内部椭圆的圆弧，极大地方便了现场安装，如图6-1-5和图6-1-6所示。

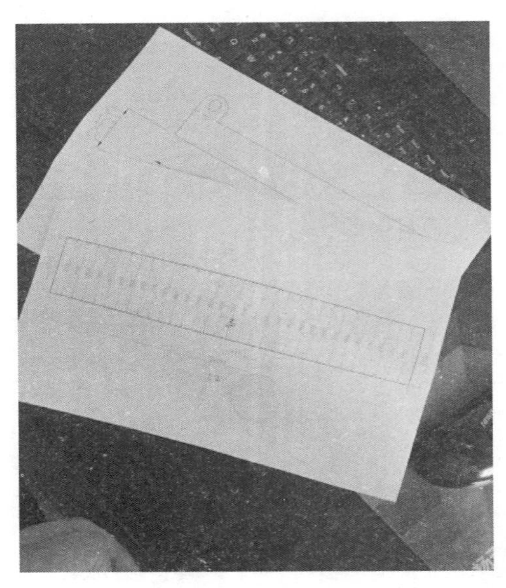

图6-1-5 筒体板材放样示意图

图6-1-6 筒体板材放样现场图

4. 大口径圆管卷制焊接技术

圆管中径展开后，采购定宽定长钢板，打好坡口后利用数控四辊卷板机卷制，因筒体是整体卷制，展开后钢板较长，需在卷板机上方设置固定托架，以防止筒体自重下垂。

本工程筒体钢材的纵缝按二级焊缝标准检验，横缝按一级焊缝检验，为保证检验合格率，采用埋弧自动焊配合滚轮架焊接，12mm以上钢板制作时采用埋弧焊接的坡口夹角为60°，钝边5mm，现场组合的环缝采用上坡口45°、下坡口15° 2mm钝边的方案，上下两层拼接后也是60°。12mm钢板焊缝周围清理后Ⅰ形坡口焊接，经检验合格率在90%以上。筒体焊接完成后，需运输至现场组合，每段筒体都在内部采取米字钢管支撑，外部专用马鞍座，避免运输中的变形，保证了运输的稳定性。筒体钢板坡口形式示意图如图6-1-7所示，不同板厚对接坡口样式示意图如图6-1-8所示，筒体卷制加工现场图如图6-1-9所示，筒体现场运输图如图6-1-10所示。

5. 自制轴式扁担梁及轴式吊耳技术

在吊装施工过程中，180m三管曲线自立式钢烟囱，筒体卧式组装、竖向吊装，吊装机械与吊具、筒体构件，需经过多次状态转变，采用轴式扁担梁及轴式吊耳组合工装，可一次性实现筒体从卧式改变为立式、筒体自空中角度调整等工作，避免构件状态改变带来的换钩、摘钩工作。扁担梁在吊点外侧焊接限位板避免吊装或者筒体调整过程钢丝绳脱落。图6-1-11所示为轴式扁担梁及轴式吊耳双轴式吊具吊装模型图，图6-1-12所示为轴式扁担梁及轴式吊耳双轴式吊具吊装实物图。

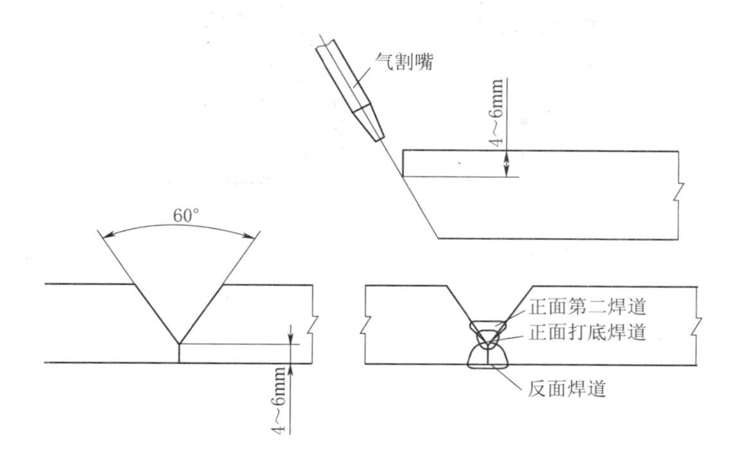

图 6-1-7 筒体钢板坡口形式示意图

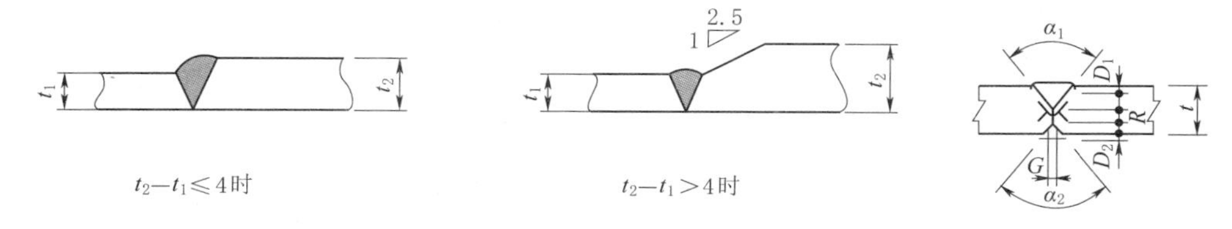

图 6-1-8 不同板厚对接坡口样式示意图

图 6-1-9 筒体卷制加工现场图

图 6-1-10 筒体现场运输图

图 6－1－11　轴式扁担梁及轴式吊耳双轴式吊具吊装模型图

图 6－1－12　轴式扁担梁及轴式吊耳双轴式吊具吊装实物图

6. 角度靠模工装进行筒体角度调整技术

地面角度找正靠模工装采用托弧板、支撑钢结构框架、可调角度轴承销组成。筒体由卧式改为立式后，利用靠模工装在地面将筒体倾斜角度调整，保证筒体达到设计的安装倾斜角度，图 6－1－13 所示为角度靠模工装示意图，图 6－1－14 所示为靠模工装实物图。

7. 自制“承插式”对口工装技术

“承插式”对口及焊缝预留工装，采用高强螺栓连接副及连接板设计而成。由于上下两段筒体间的焊口为椭圆形斜焊口，超高空钢烟囱筒体的组对及焊缝预留极具施工难度，故应采用四套上下承插板进行焊接缝隙调整，螺栓孔设计时考虑焊接缝隙，承插板采用高强螺栓穿插连接，利用承插连接板对口时同步实现焊接缝隙的预留。图 6－1－15 所示为“承插式”对口工装模型图，图 6－1－16 所示为“承插式”工装实物图。

8. 自制筒体对口调整、支撑托架技术

对口托架采用支撑钢结构构架、顶部托弧板、千斤顶组装而成。超高超长且超重筒体起吊就位后，由于筒体与地面夹角非 90°，需采用对口托架进行角度保证并提供水平支撑力防止筒体自重发生的倾斜，对口托架上部托弧板可利用千斤顶实现筒体角度的微调，使筒体保证在设计倾斜角度状态下进行环焊缝焊接。图 6－1－17 所示为托架工装示意图，图 6－1－18 所示为托架工装实物图。

三、Tekla 模拟布置技术

针对钢烟囱采用 Tekla 软件对图纸进行深化分解，在一个虚拟的空间中搭建一个完整的钢结构模型，模型中不仅包括结零部件的几何尺寸也包括了材料规格、横截面、节点类型、材质、用户批注语等在内的所有信息，可以从不同方向连续旋转地观看模型中任意零

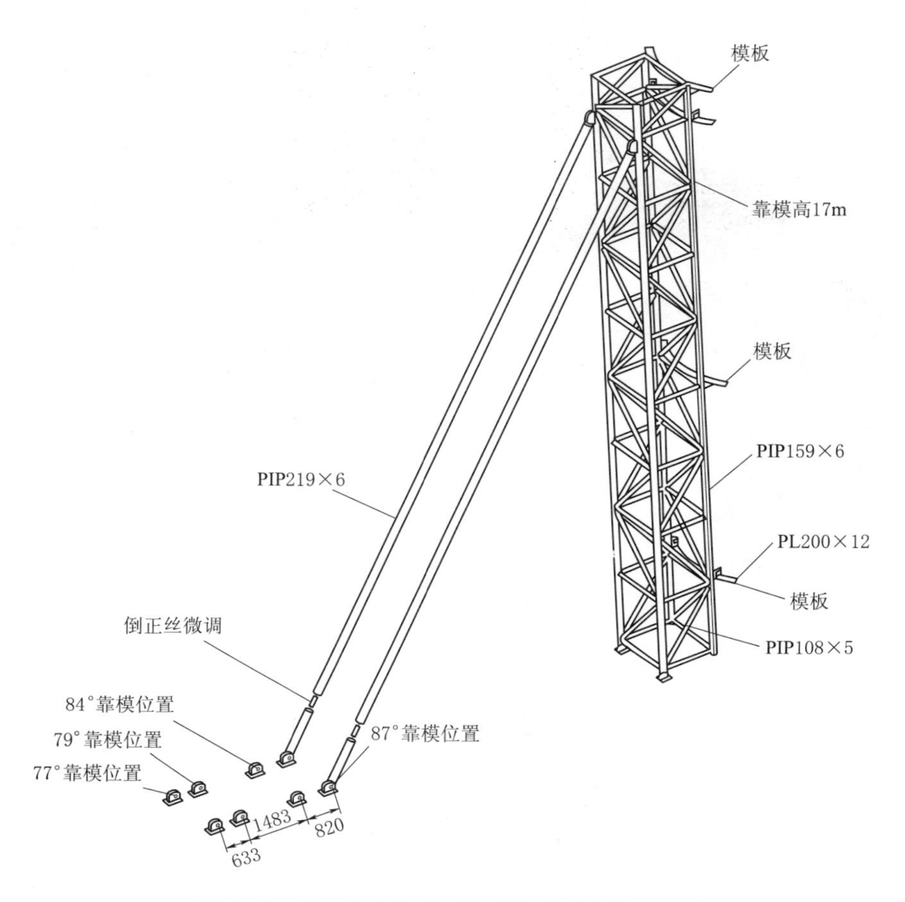

图 6-1-13　角度靠模工装示意图（单位：mm）

图 6-1-14　靠模工装实物图

图 6-1-15 “承插式”对口工装模型图

图 6-1-16 “承插式”工装实物图

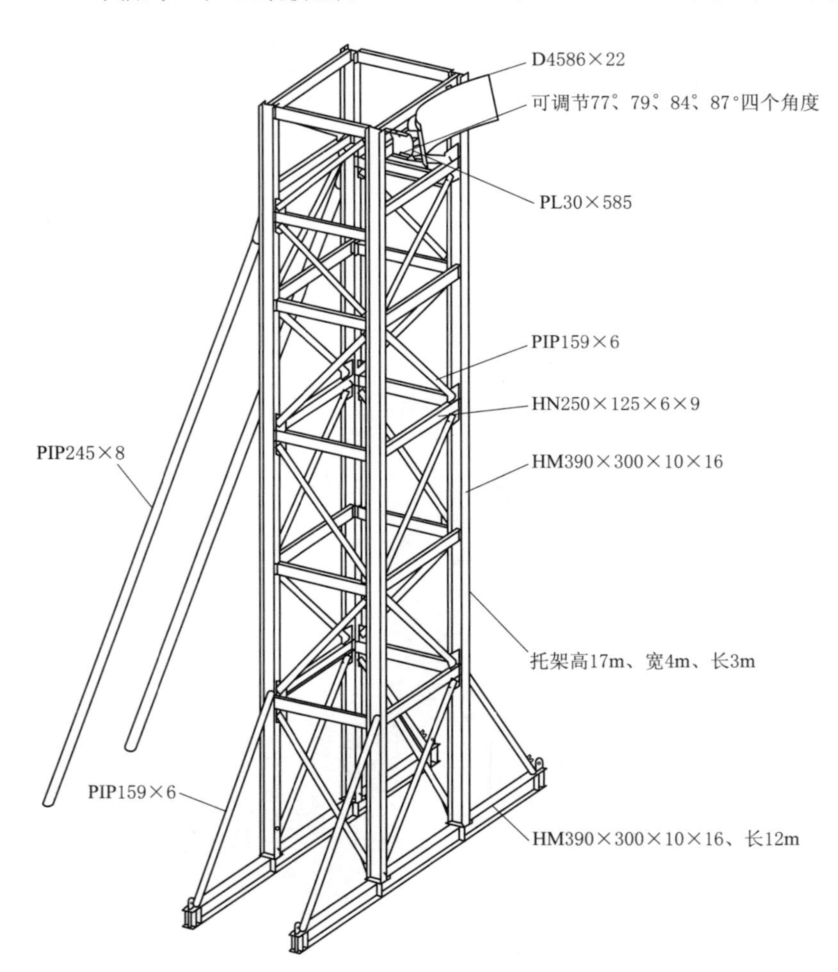

图 6-1-17 托架工装示意图（单位：mm）

部位，以便直观地发现模型中各杆件空间的逻辑关系有无错误。同时对现场模拟，使吊装机械合理布置，解决吊装作业的同时并解决场地受限、钢烟囱自身结构尺寸带来的障碍影响。根据构件分节尺寸、荷载、吊装半径、吊装范围内障碍物（是否抗杆），以及选用机械的数量及站位关系，实现吊装作业顺利进行。图 6-1-19 所示为钢烟囱模型图，图 6-1-20 所示为钢烟囱现场组合场地布置示意图。

图 6-1-18　托架工装实物图

图 6-1-19　钢烟囱模型图

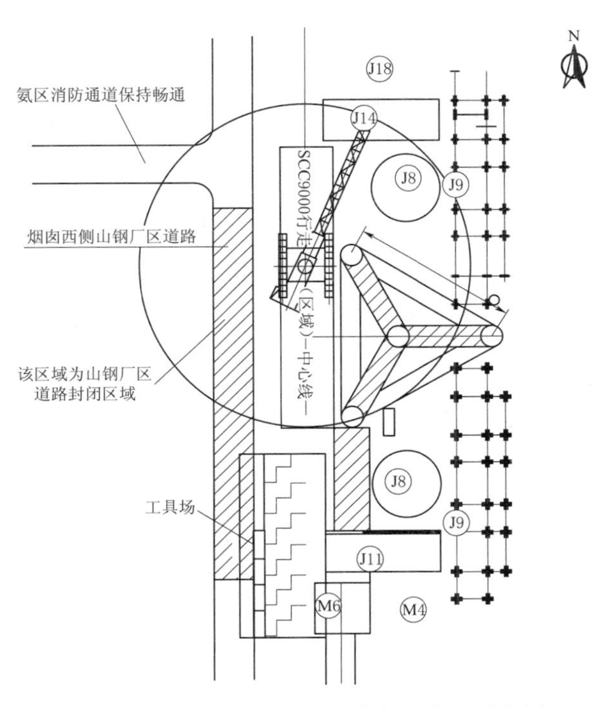

图 6-1-20　钢烟囱现场组合场地布置示意图

第二节 钢烟囱吊装方案

一、分段吊装

每段烟囱从水平状态起吊到竖直状态时，由 SCC9000/900t 履带吊和 CC1000/200t 履带吊抬吊完成，其中 SCC9000/900t 履带吊为主吊机械，吊点位于每段烟囱顶部；CC1000/200t 履带吊为溜尾机械，吊点位于每段烟囱底部。烟囱竖起后，通过钢丝绳调整烟囱倾斜角度后进行吊装。烟囱各分段吊装工况情况说明如图 6-2-1 所示，SCC9000/

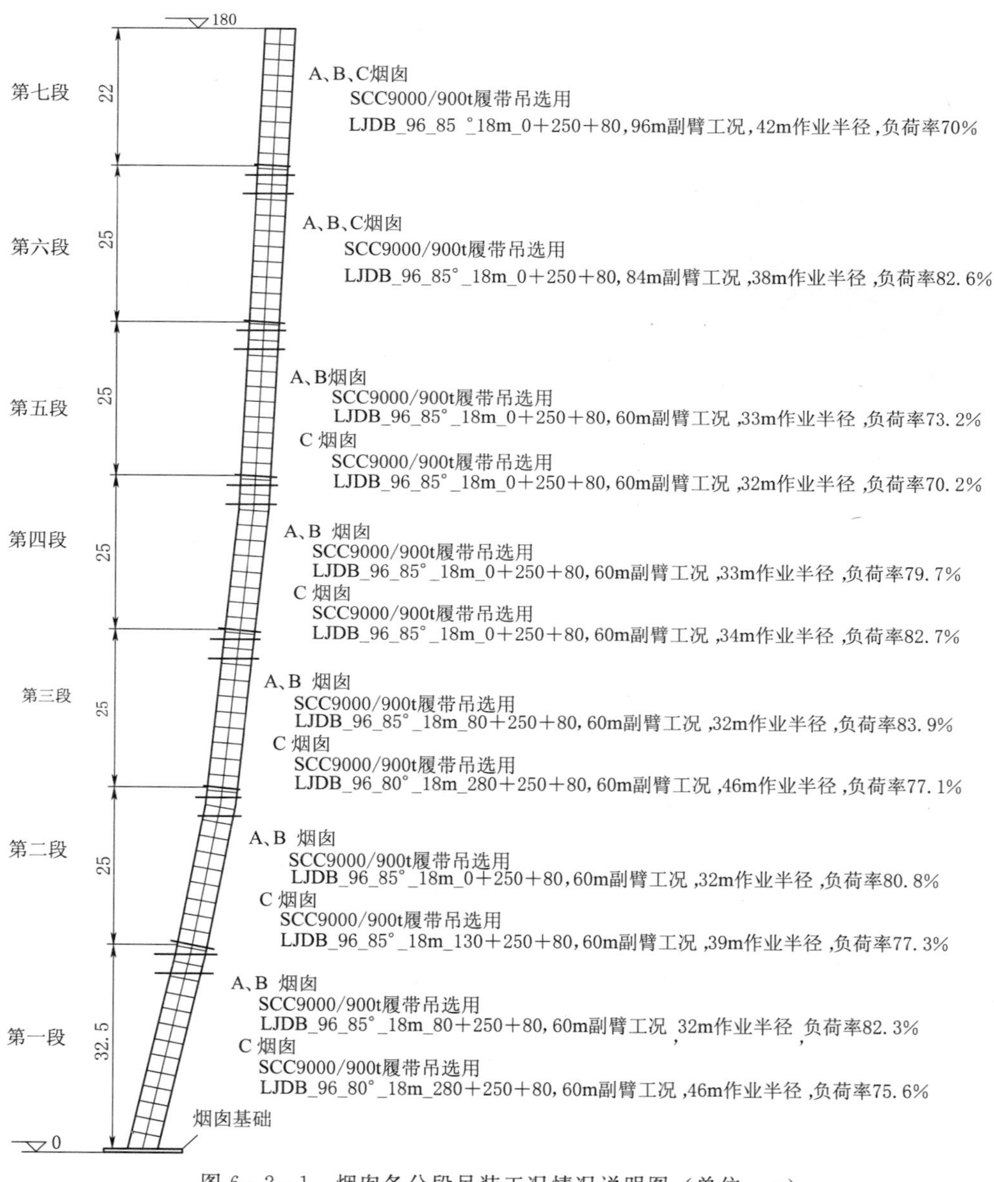

图 6-2-1 烟囱各分段吊装工况情况说明图（单位：m）

900t 履带吊行走路线如图 6-2-2 所示，钢烟囱起吊竖起如图 6-2-3 所示。

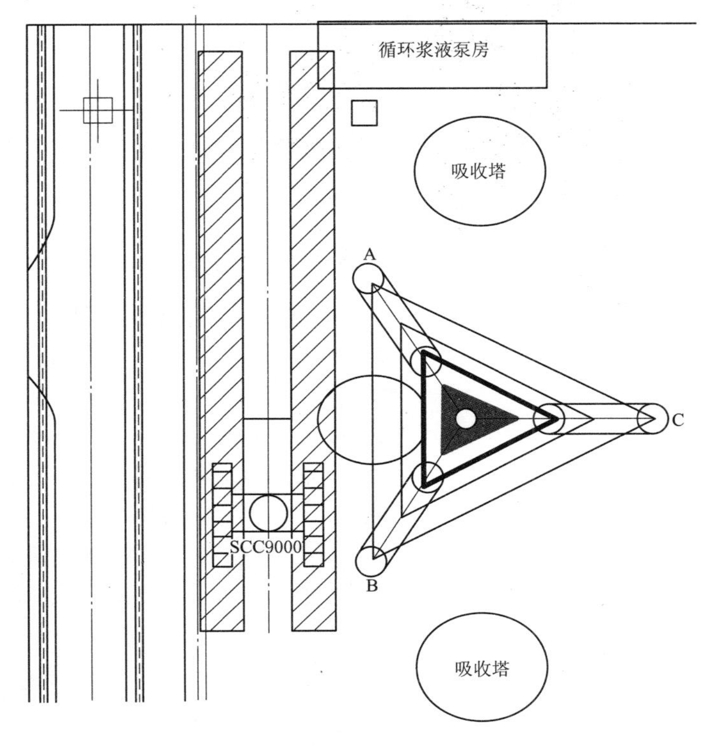

图 6-2-2 SCC9000/900t 履带吊布车位置及行走区域

图 6-2-3 钢烟囱起吊竖起

二、吊耳及吊装钢丝绳选择

1. 前六段烟囱筒体

（1）上部有两个管式吊耳，其底部选在距离顶部 1.3m 位置，两个吊耳呈 180°对称布置，与筒体法线垂直，如图 6-2-4 所示。钢烟囱竖起时，上下抱箍使用位置及方法，如图 6-2-5 所示。

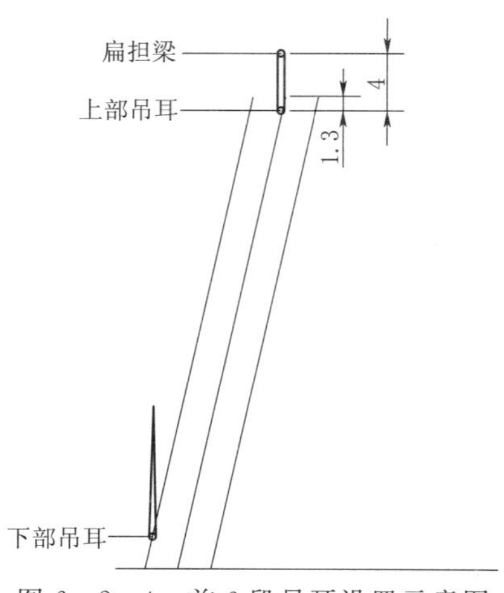

图 6-2-4　前 6 段吊耳设置示意图（单位：m）

（2）上部吊耳选用 ϕ351mm、δ16mm 的热轧无缝钢管，吊耳长度 40cm，管式吊耳在管轴内设置“#”字或“+”字支撑筋。钢管截面面积 $168cm^2$，抗弯截面模量 $W=1349cm^3$。筒体上、下端部吊点设置专用吊装加强箍，如图 6-2-6、图 6-2-7 所示。上部加强箍采用外紧内撑方式，下部吊点荷载值较小，加强箍只有外紧件吊装。内外圈加强箍与筒体之间均设置 2mm 厚橡胶垫。筒体最重一段吊装重量为 95t，计算吊装重量为 $Q=1.1\times1.15\times95=120$(t)，吊耳单点按受力 60t 设计计算。

图 6-2-5　钢烟囱竖起时上下抱箍使用位置及方法

（3）扁担梁（1～6 段）选用 ϕ530mm、δ16mm 的热轧无缝钢管，长度 12m，在管轴内设置“#”字或“+”字支撑筋，如图 6-2-8、图 6-2-9 所示。

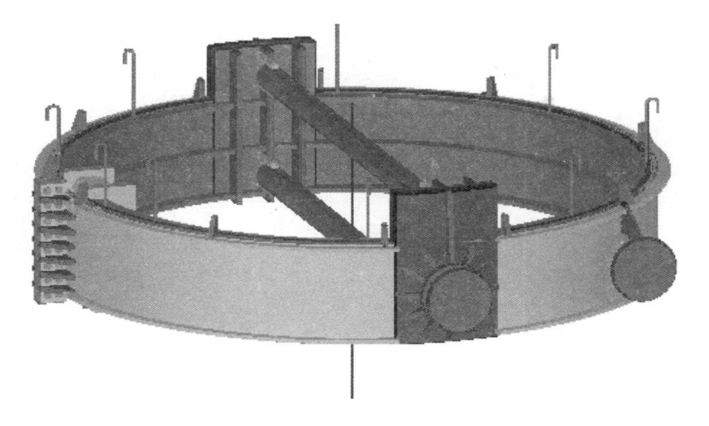

图 6-2-6　吊装用上部吊装加强箍

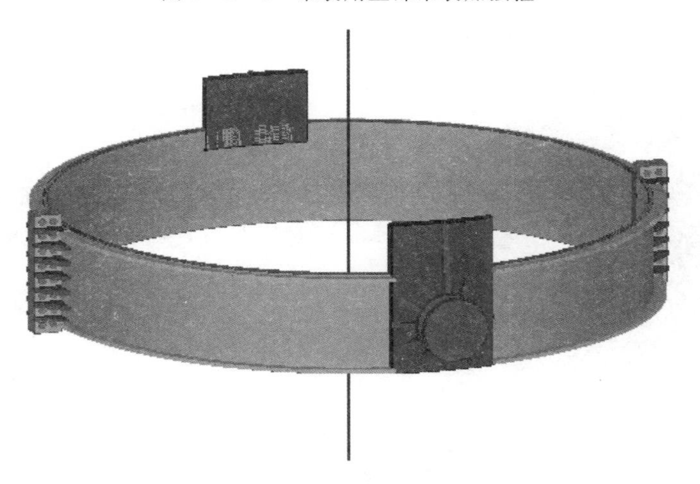

图 6-2-7　吊装用下部吊装加强箍

在第 1 段筒体到第 6 段筒体中，扁担梁上部钢丝绳的长度及吊点位置固定不变，故在进行第 3 段筒体吊装时，扁担梁受力较大，故以第 3 段筒体进行受力分析；在进行第 6 段筒体时，倾斜角度最小为 3°，故以第 6 段筒体进行钢丝绳与筒体间隙计算。

在进行第 3 段筒体吊装时，扁担上方单股钢丝绳承载 29.7t（按 30t 计算），与垂直面夹角 57°，对扁担梁产生的轴向压力为 $30\times 2\times \sin(57\div 2)^{\circ}=28.7(\mathrm{t})$。

扁担梁下方钢丝绳受力垂直于扁担梁，故对扁担梁不产生压力。

筒体角度调整钢丝绳受力 8.05t（按 10t 计算），与垂直面间的夹角为 5°，对扁担梁

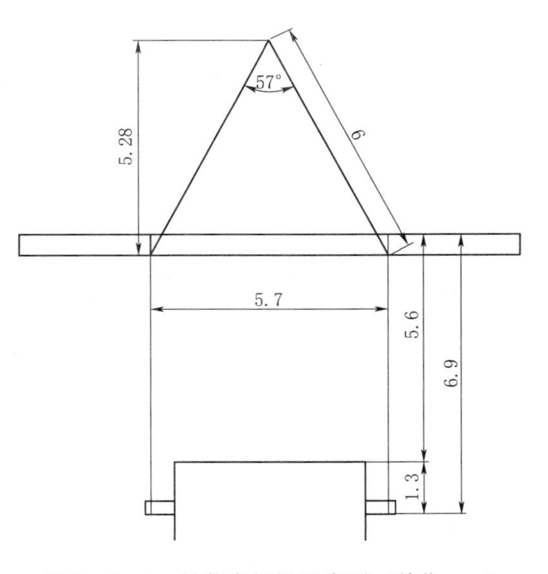

图 6-2-8　吊装扁担梁示意图（单位：m）

图 6-2-9 吊装扁担梁及钢丝绳使用情况

产生的轴向压力为 $10\times2\times\sin(5\div2)°=0.9$（t），扁担梁承受的最大轴向压力为 $28.7+0.9=29.6$(t)（按 30t 计算）。

扁担梁所受的压应力为

$$\delta=30t/258.23cm^2=116.17kg/cm^2$$

扁担梁所有的剪应力为

$$T=73.6t/4/258.23cm^2=71.25kg/cm^2$$

因 $\lambda=44.5$cm，查表得，ϕ 为 0.936，故

$$f_y=126.4kg/cm^2>124.2kg/cm^2$$

符合要求。

1）扁担梁上部吊耳底面选在距离顶部 1.3m 位置，两个吊耳呈 180°对称布置，与筒体法线垂直，长度为 1.3m。

2）下部吊耳设计位置偏离上部吊耳 30°，布置在筒体外侧面（倾斜面上表面）对称布置，两点与筒体中心呈 120°夹角，长度为 1.6m。

3）上、下部吊耳选用 ϕ351mm、δ16mm 的热轧无缝钢管，管式吊耳在管轴内设置“#”字或“+”字支撑筋；钢管截面面积 218cm²，抗弯截面模量 $W=2286cm^3$。

2. 第 7 段筒体

第 7 段筒体吊装重量为 32t，计算吊装重量为 $Q=1.1\times1.15\times32=40.5$(t)，吊耳单点按受力 21t 设计计算。上部吊耳受力点距离根部 115cm，如图 6-2-10 所示。

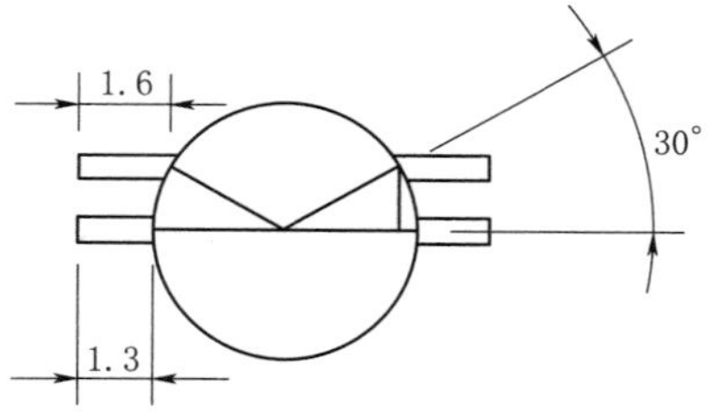

图 6-2-10 第 7 段轴式吊耳布置图（单位：m）

三、施工工艺流程

180m 三管曲线自立式钢烟囱制作安装施工工艺流程如图 6-2-11 所示，其中钢烟囱的安装施工以第一层为例。

（一）施工准备

（1）根据施工现场情况和图纸设计制定施工方案，并经专家论证审核通过。

（2）人员组织到位，并进行特殊工种考试和安全技术交底；施工前对所有施工人员进行安全、技术交底，确保所有人员了解施工步骤、施工技术、施工中存在的危险因素及其应对措施，并在施工前对使用的工器具进行联合检查，如图 6-2-12、图 6-2-13 所示。

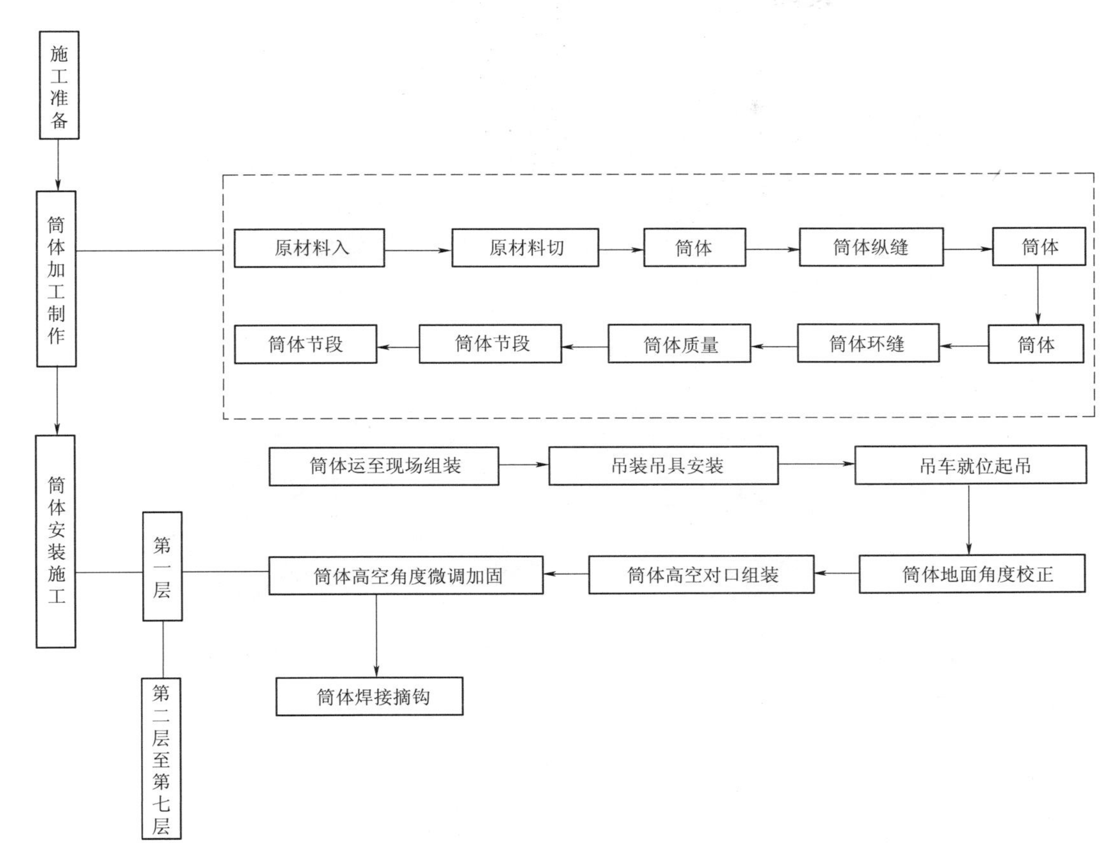

图 6-2-11　钢烟囱制作安装施工工艺流程图

图 6-2-12　班前会安全技术交底

图 6-2-13 起重工具检查

（3）所需材料、工器具准备齐全。

（4）确定吊装机械，采用 SCC9000/900t 履带吊为主吊机械，CC1000/200t 履带吊为辅助吊车，吊装顺序采用正装工序，自下而上，逐段逐层吊装完成。

（二）筒体的加工制作

1. 材料入场及卸车

对进场钢板进行逐张检查，仔细核对材质单和规格尺寸，确认无误后书面记录在册，采用龙门吊和汽车吊卸车，按照材质、规格分类码放整齐，下面垫设多道 C10 槽钢，以保证整张钢板放稳不弯曲。来料钢板核对无误后卸车，如图 6-2-14 所示。

2. 数控切割机床下料

对特殊的椭圆口筒节，在电脑上放样，做出平面下料图，利用石笔和粉线在钢板上弹出每条放样线，并用样冲打上关键点样冲眼，用记号笔标记明确。制作所用对接坡口，根据焊接工艺评定要求，14mm 以下的钢板对接采用 Ⅰ 形不开坡口的形式焊接，14mm 以上的钢板拼接焊缝采用 V 形坡口焊接，如图 6-2-15、图 6-2-16 所示。

3. 筒体卷制

钢板坡口预制完成后，利用四辊轴卷板机卷板，板料位置对中后，严格采用快速进给法和多次进给法滚弯，调整上辊轴的位置，使板料和所划的线来检验板料的位置正确与否。逐步压下上辊轴并来回滚动，使板料的曲率半径逐渐减小，直至达到要求为止。钢板卷制过半时，将弧形辅助卷板工装吊到卷圆钢板下方，托住钢板，防止继续卷圆钢板触地折弯变形。烟囱节段钢板卷圆完成后，在卷板机上对口闭合，卷制闭合时即可进行定位焊，如图 6-2-17 所示。

(a) 查验材料质量证明书

(b) 核对后卸车

(c) 核对材料规格尺寸

图 6-2-14 来料钢板核对无误后卸车

4. 筒体纵缝焊接

钢烟囱焊接主要采用手工焊和二保焊定位焊接，主体的板材采用埋弧焊焊接。对接焊

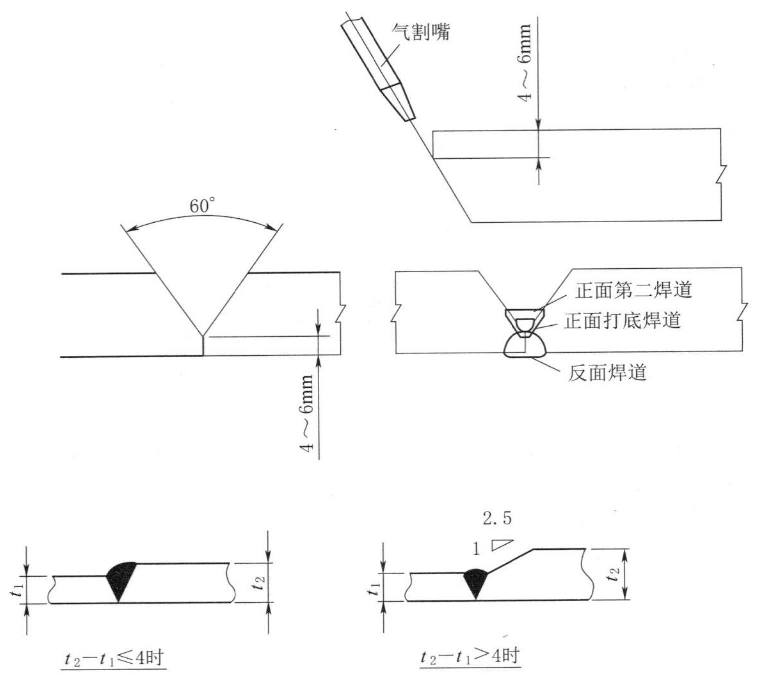

图 6－2－15　筒体钢板坡口形式

缝形式根据工艺评定内容确定，包括环缝和纵缝。节段纵缝及节段之间环缝采用埋弧自动焊配合滚轮架焊接，先内后外。

5. 筒节回卷

节纵缝焊接完成后，利用专用吊装卡具吊回卷板机进行回卷处理，在回卷过程中，要使用圆弧样板检查筒节弧度。回卷完成后在两端加设专用内支撑，防止筒节圆口变形。

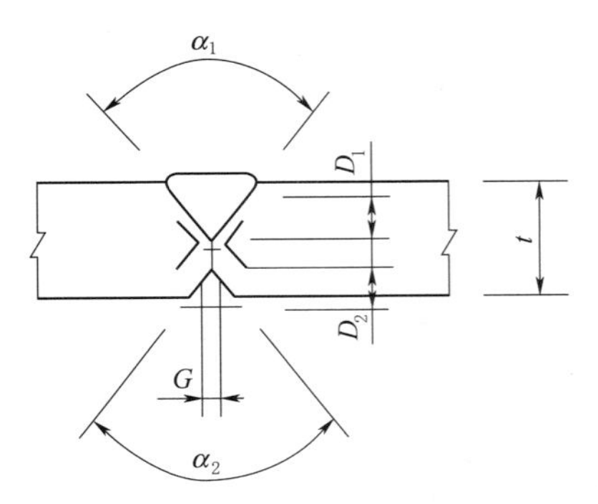

图 6－2－16　不同板厚对接坡口样式

6. 筒节组对

筒节在滚轮架上两两卧式组对，然后在滚轮架上组对成 13m 左右（5 个节段）的标准筒节。在组对过程中，对于变截面钢板组对，严格保证内壁板齐平，缝隙不大于 2mm，还需注意纵缝位置，节段纵缝（节段一条纵缝）在平台梁投影下方，直段每节节段焊缝需错开 450mm。

7. 筒体环缝焊接

烟囱节段组对焊接采用埋弧自动焊配合滚轮架施工，先内后外，焊缝要求为一级标准。检查烟囱上下节段组对后的直线度，确保内支撑牢固，防止环缝焊接时筒段圆口变形，保证整个烟囱组对节段中心线在同一条直线上。

8. 筒体质量检测

焊缝施工完成后进行外观检查和无损检查。

图 6-2-17 筒体现场卷制

9. 烟囱节段喷砂除锈

焊接结束后，对烟囱接口上下的定位码板、焊疤等切割，补焊、打磨，对焊缝检测的耦合剂清理干净，构件表面油污用 200 号溶剂汽油洗净，钢材表面露出金属光泽，然后采取干喷射除锈法按照先上后下，先内后外以及先难后易的原则喷砂除锈。

10. 烟囱节段涂漆

用透明胶带加纸张贴住吊装现场环缝焊接坡口两侧 75mm 范围不能刷漆的地方，按程序进行底漆和面漆的涂刷和测量。

第三节 筒体安装施工和吊装工艺

一、筒体安装施工

（一）筒体运至现场组装

1. 筒段装车发运

成品发运前在构件上清晰标出生产令号、图号、杆件号、对口处标识（对接零点位置、上口节段、下口节段）、页，在装车前应在每段烟囱明显处涂信息栏，标注重量、第几段、焊接材质等基本信息。筒体装车、封车示意图如图 6-3-1 和图 6-3-2 所示。

2. 筒体现场组装

根据制作场至现场的路况、桥涵状况、运输车辆装载性能，第一层每根筒体分三段运至现场，其余层均分为两段运输至现场。筒体根据分段图纸运至现场后，在现场准备六套圆弧托架，将筒段卸车至圆弧托架上，进行筒段焊接连接，焊接采用手工二保焊。图 6-3-3 所示为现场筒体卧式拼接示意图，图 6-3-4 所示为组装托架安装就位，图 6-3-5 所示为现场筒体卧式拼接图。

图 6-3-1 筒体吊运装车示意图

图 6-3-2 筒体装车、封车示意图

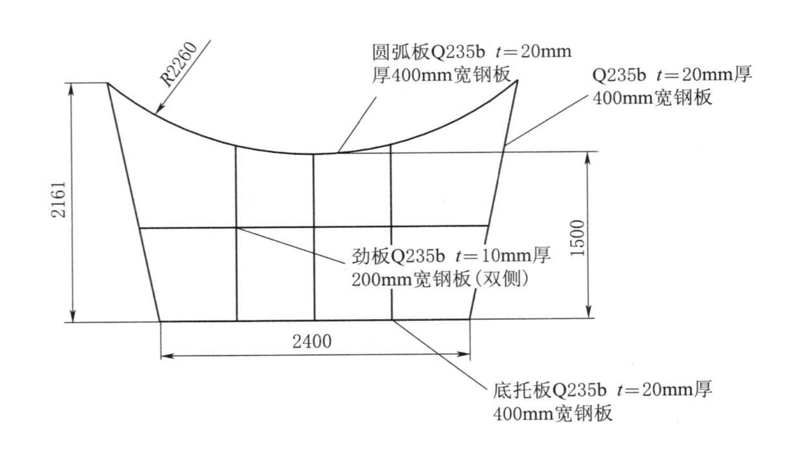

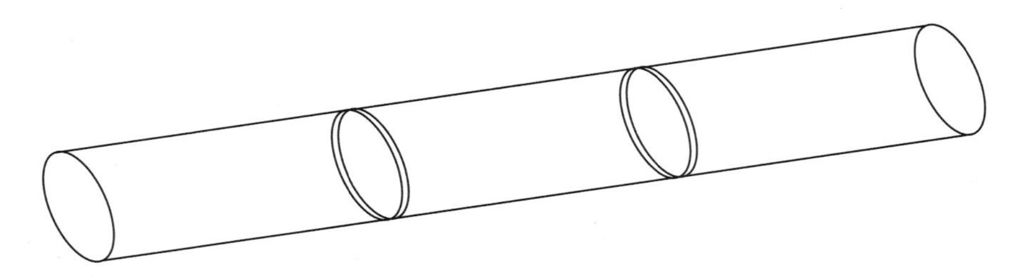

图 6-3-3 现场筒体卧式拼接示意图（单位：mm）

图 6-3-4 组装托架安装就位

图 6-3-5 现场筒体卧式拼接图

（二）吊装吊具的制作和安装

经荷载计算，采用 ϕ530mm、δ16mm 的热轧无缝钢管作为吊装扁担梁，ϕ350mm、δ16mm 的热轧无缝钢管作为吊装轴式吊耳。

1. 轴式吊耳

根据现场受力计算及人体工程学确定筒体上部两个管式吊耳选用 ϕ350mm、δ16mm 的热轧无缝钢管，吊耳长度 40cm，管轴内设置“#”字支撑筋，两端设置止挡板。上部吊耳距离筒体顶部 1.3m，为保证吊装时筒体不变形，轴式吊耳焊接在吊装加强箍上，两个吊耳呈 180°对称布置，与筒体法线垂直。筒体下部吊耳设计位置偏离上部吊耳 30°，在筒体外侧面（倾斜面上表面）对称布置，两点与筒体中心呈 120°夹角，长度为 1.6m，焊接在下部吊装加强箍上，吊点高度在筒体下端边缘向上 2m 处。图 6-3-6 所示为第一层筒体吊耳设置示意图，图 6-3-7 所示为轴式吊耳现场图。

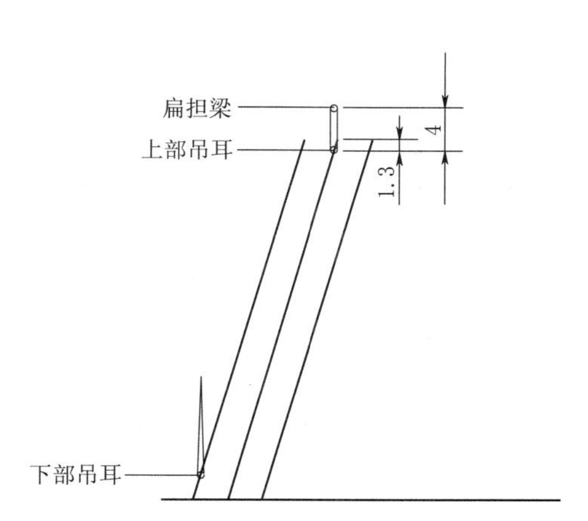

图 6-3-6 第一层筒体吊耳设置示意图（单位：m）

2. 吊装加强箍

筒体上、下部吊点设置专用吊装加强箍，如图 6-3-8～图 6-3-11 所示。上部加强箍采用外紧内撑方式，下部吊点只采用外紧加强箍，内外圈加强箍与筒体之间均设置 2mm 厚橡胶垫。

3. 轴式扁担梁

选用 ϕ530mm、δ16mm 的热轧无缝钢管，长度 12m，在管轴内设置“#”字支撑筋，

图 6-3-7 轴式吊耳现场图

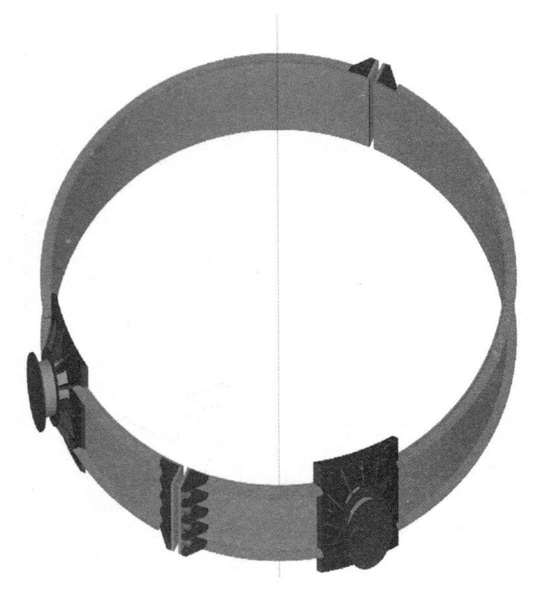

图 6-3-8 吊装用上部吊装加强箍

图 6-3-9 吊装用下部吊装加强箍

图 6-3-10 吊装加强箍整体示意图

如图 6-3-12 所示。

4. 安装吊具

筒体焊接拼装成一整段后在上下两端安装好吊装加强箍（箍上配双轴式吊耳），加强箍安装就位前确认加强箍与筒体中心线的相对位置关系，确保筒体吊装符合角度调整要求。确认无误后准备起吊。

（a）下部加强箍

（b）上部加强箍

图 6－3－11　吊装加强箍加工制作图

（三）钢烟囱安装施工工序

（1）筒体加工制作好运至现场组装完成后，为了避免筒体在空中角度调整时，构件状态改变带来的换钩、摘钩工作，并减少折弯、摩擦，安装双轴式吊具，吊具与钢丝绳之间为滑动摩擦，实现超长段筒体卧式及立式状态自由转换。

（2）吊具安装完成后，为了满足吊装要求，减少机械移位，运用计算机三维模拟筒体吊装过程，指导吊车就位。

（3）吊车就位后对筒体进行起吊，利用下部吊点设置的倒链进行筒体倾斜角度粗调整

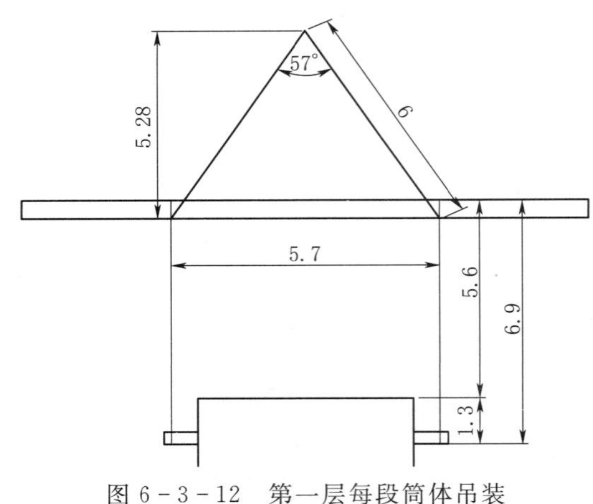

图 6-3-12 第一层每段筒体吊装扁担梁示意图（单位：m）

后，吊至地面角度校正工装进行角度校正。

（4）地面角度校正完成后，起吊进行筒体高空对口，采用四套上下承插板进行焊接缝隙调整，螺栓孔设计时考虑焊接缝隙，承插板采用高强螺栓穿插连接，利用承插连接板实现快速高效对口。

（5）筒体高空对口完成后，为了解决高空无支撑、无辅助对口就位措施的难题，将对口后的筒体放在高空托架上提供支撑，并利用托架上部托弧板通过千斤顶实现筒体角度的微调，使筒体保证在设计倾斜角度状态下进行环焊口焊接。

（6）焊接完成后，人员乘坐提前安装好的电动提升吊篮直接上升到上层筒体加强环平台的位置，进行摘钩作业；依次将本层剩余两根筒体吊装就位，然后进行平台大梁的吊装；平台大梁吊装完成后进行螺旋电梯井的吊装；最后安装螺旋爬梯。

（四）工况分析

1. 分层情况

具体分层情况见表 6-3-1。

表 6-3-1　　钢烟囱分层吊装说明表

层号	标高范围/m	单筒筒体重量/t	单筒加强环重量/t	单筒合计重量/t	筒体与地面夹角/(°)
第一层	0.5～33	79.5	12.9	92.4	77
第二层	33～58	62.3	14.6	76.9	79
第三层	58～83	80.0	14.6	94.6	84
第四层	83～108	57	14.3	71.3	84
第五层	108～133	51	12.7	63.7	87
第六层	133～158	42	10.6	52.6	87
第七层	158～180	32	0	32	87

（1）A、B 筒吊装情况。SCC9000/900t 履带式起重机采用 LJDB_96_85°_18m_X+250+80 工况（第一～第五层 60m 副臂，第六层 84m 副臂，第七层 96m 副臂），A、B 筒分层吊装说明见表 6-3-2。

表 6-3-2　　A、B 筒分层吊装说明表

层号	标高范围/m	单筒体重量/t	单筒加强环重量/t	单筒合计重量/t	筒体与地面夹角/(°)	吊车工作半径/m	吊车额定负荷/t	吊车负荷率/%
第一层	0.5～33	79.5	12.9	92.4	77	32	超起 80 139	82.3
第二层	33～58	62.3	14.6	76.9	79	32	122.4	80.8

续表

层号	标高范围/m	单筒体重量/t	单筒加强环重量/t	单筒合计重量/t	筒体与地面夹角/(°)	吊车工作半径/m	吊车额定负荷/t	吊车负荷率/%
第三层	58~83	80	14.6	94.6	84	32	超起 80 139	83.9
第四层	83~108	57	14.3	71.3	84	33	117	79.7
第五层	108~133	51	12.7	63.7	87	33	117	73.3
第六层	133~158	42	10.6	52.6	87	38	89.1	82.6
第七层	158~180	32	0	32	87	42	73.5	69.9

（2）C 筒吊装情况。第一层、第三层 SCC9000/900t 履带式起重机采用 LJDB _ 96 _ 80° _ 18m _ X+250+80 工况（60m 副臂），其余采用 LJDB _ 96 _ 85° _ 18m _ X+250+80 工况（第二层、第四层、第五层 60m 副臂，第六层 84m 副臂，第七层 96m 副臂），C 筒分层吊装说明表见表 6-3-3。

表 6-3-3　　C 筒分层吊装说明表

层号	标高范围/m	单筒体重量/t	单筒加强环重量/t	单筒合计重量/t	筒体与地面夹角/(°)	吊车工作半径/m	吊车额定负荷/t	吊车负荷率/%
第一层	0.5~33	79.5	12.9	92.4	77	46	超起 280 151.2	75.7
第二层	33~58	62.3	14.6	76.9	79	39	128	77.3
第三层	58~83	80	14.6	94.6	84	46	超起 280 151.2	77.1
第四层	83~108	57	14.3	71.3	84	34	112.8	82.7
第五层	108~133	51	12.7	63.7	87	32	122	70.2
第六层	133~158	42	10.6	52.6	87	38	89.1	82.6
第七层	158~180	32	0	32	87	42	73.5	69.9

2. 工况模拟

利用计算机 Tekla 三维模拟软件现场模拟、分析、确定，得出最优方案，用以指导施工。吊装前用红油漆对吊车站位及行走路线进行标识。

二、第一层钢烟囱（0.5~33m）吊装

（一）A、B 烟囱吊装

主吊机械：SCC9000/900t 履带吊 LJDB _ 96 _ 85° _ 18m _ 80+250+80、60m 副臂工况。

溜尾机械：CC1000/200t 履带吊 48m 主臂工况。

SCC9000/900t 履带吊挂 80t 超起配重，吊上部吊点，上部吊点底面距离顶部 1.3m 位置，溜尾吊车选择 CC1000/200t 履带吊，吊下部吊点，下部吊点距离筒体底部 2m。两车抬吊将筒体竖立，使用钢丝绳调整好筒体倾斜角度后，由 SCC9000/900t 履带吊将筒体吊

至就位位置。

SCC9000/900t 履带吊吊装半径 32m，额定负荷 139t，筒体重 92.4t，吊车负荷率 82.3%，吊装过程中，所需最大起升高度 45m，吊钩有效起升高度 150m，满足吊装要求。

CC1000/200t 履带吊作业半径 12m，额定负荷 80t，水平开始竖立时负荷最大为 46.2t，吊车负荷率 62.5%，满足要求。吊钩有效起升高度 45m，需要起升高度 10m，满足吊装要求。A、B 筒第一段吊装 900t 履带吊行走路线如图 6-3-13 所示，A-1 钢烟囱吊装就位，如图 6-3-14 所示。

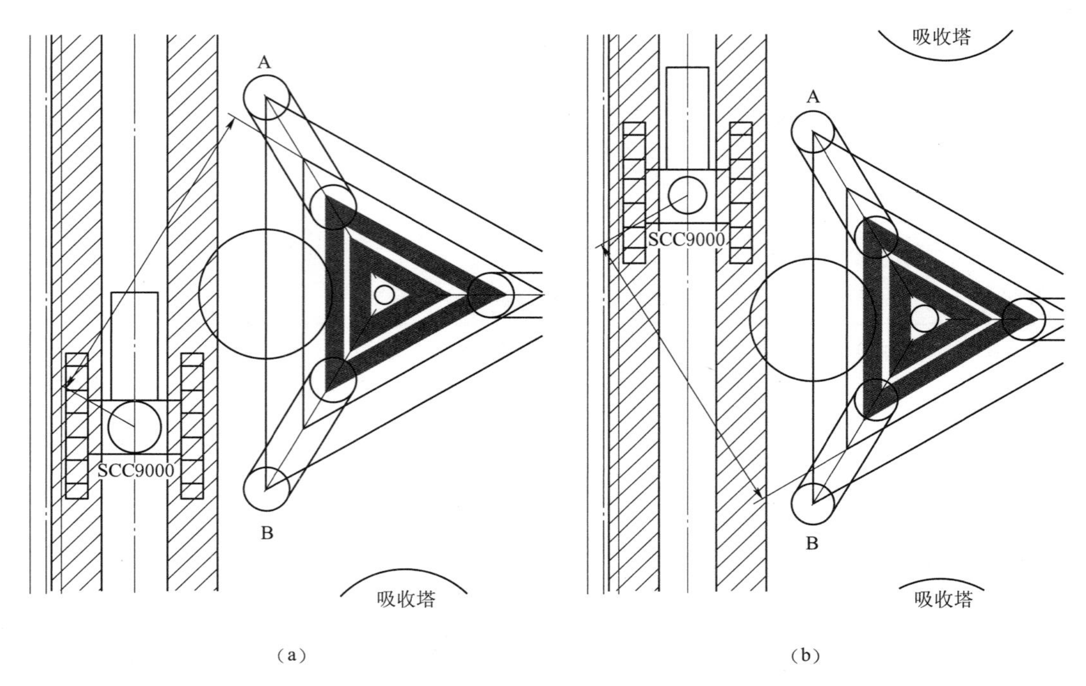

图 6-3-13　A、B 筒第一层吊装 900t 履带吊行走路线

(a) A 烟囱吊装 SCC9000/900t 履带吊布置位置；(b) B 烟囱吊装 SCC9000/900t 履带吊布置位置

(二) C 烟囱吊装

主吊机械：SCC9000/900t 履带吊 LJDB _ 96 _ 80° _ 18m _ 280+250+80、60m 副臂工况。

溜尾机械：CC1000/200t 履带吊 48m 主臂工况。

SCC9000/900t 履带吊挂 280t 超起配重，吊上部吊点，上部吊点底面距离顶部 1.3m 位置，溜尾吊车选择 CC1000/200t 履带吊，吊下部吊点，下部吊点距离筒体底部 2m。两车抬吊将筒体竖立，使用钢丝绳调整好筒体倾斜角度后，由 SCC9000/900t 履带吊将筒体吊至就位位置。

SCC9000/900t 履带吊吊装半径 46m，额定负荷 151.2t，筒体重 92.4t，吊车负荷率 75.7%，吊装过程中，所需最大起升高度 43m，吊钩有效起升高度 140m，满足吊装要求。

CC1000/200t 履带吊作业半径 12m，额定负荷 80t，水平开始竖立时负荷最大为 46.2t，吊车负荷率 62.5%，满足要求。吊钩有效起升高度 45m，需要起升高度 10m，满

图 6－3－14　A－1 钢烟囱吊装就位

足吊装要求。C 烟囱吊装 SCC9000/900t 履带吊布置位置如图 6－3－15 所示。

（三）钢丝绳

1. *扁担梁上方钢丝绳*

扁担梁上方钢丝绳如图 6－3－16 所示。CC9000/900t 履带吊吊钩扁担梁上方钢丝绳选用两根直径为 65mm、长为 12m 的钢丝绳，共 4 股兜挂扁担梁，绳扣夹角 57°，筒体重 92.4t，抱箍重量按 10t 计，单股绳受力为 $(92.4+10)\div 4\div \cos(57\div 2)^{\circ}\approx 29.1(t)$，钢丝绳破断拉力 218t,安全系数为 $218\div 29.1\approx 7.5$。

2. *扁担梁下方钢丝绳*

扁担梁下方钢丝绳如图 6－3－17 所示。SCC9000/900t 履带吊吊钩扁担梁下钢丝绳扣选用两根直径为 65mm、长为 14m 的钢丝绳扣，共 4 股从扁担梁上兜挂烟囱抱箍上的管式吊耳，筒体重 92.4t，抱箍重量按 10t 计，钢丝绳受力为 $(92.4+10)\times 4.76\div(3.4+4.76)\div\cos 29^{\circ}\approx 68.3(t)$，安全系数为 $218\times 4\div 68.3\approx 12.8$。

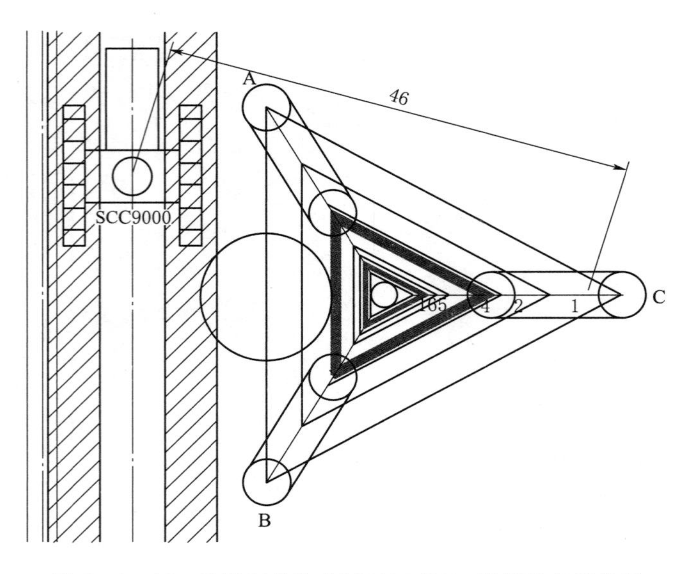

图 6-3-15　C 烟囱吊装 SCC9000/900t 履带吊布置位置

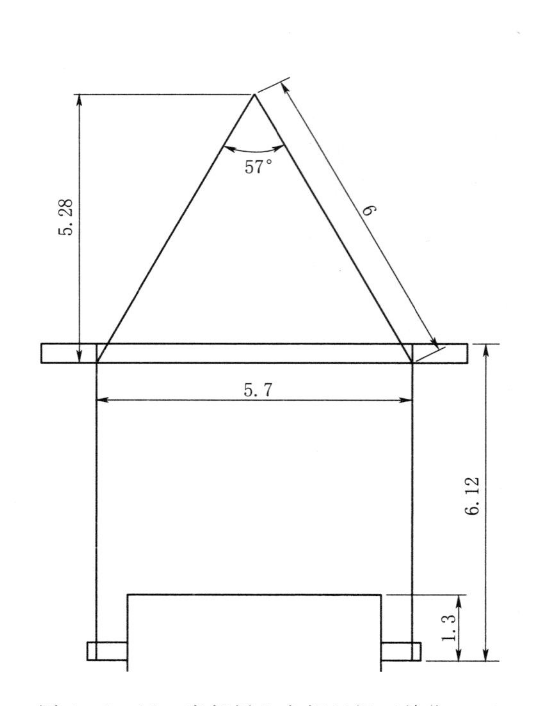

图 6-3-16　扁担梁上方钢丝绳（单位：m）

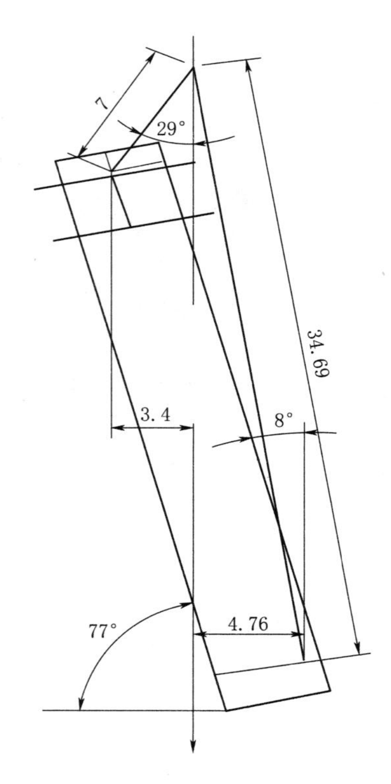

图 6-3-17　扁担梁下方钢丝绳（单位：m）

3. *溜尾吊车钢丝绳*

抬吊辅助吊车钢丝绳扣选用两根直径为 44mm、长为 10m 的钢丝绳扣，共 4 股挂钩，筒体重 92.4t，抱箍重量按 10t 计，辅助吊车最大载荷 51.2t，钢丝绳破断拉力 97t，钢丝绳安全系数为 97×4÷51.2≈7.6。

4. 角度调整钢丝绳

钢丝绳扣选用 2 根直径为 39mm、长为 80m 的钢丝绳扣，共 4 股挂钩，筒体重 92.4t，抱箍重量按 10t 计，钢丝绳受力为 (92.4+10)×3.4÷(3.4+4.76)÷cos8°≈43.1(t)，单股钢丝绳受力 43.1÷4≈10.8(t)，钢丝绳安全系数为 78.6÷10.8≈7.3。

三、第二层钢烟囱（33～58m）吊装

（一）A、B 烟囱吊装

主吊机械：SCC9000/900t 履带吊 LJDB _ 96 _ 85° _ 18m _ 0+250+80、60m 副臂工况。

溜尾机械：CC1000/200t 履带吊 48m 主臂工况。

SCC9000/900t 履带吊吊上部吊点，上部吊点底面距离顶部 1.3m 位置，溜尾吊车选择 CC1000/200t 履带吊，吊下部吊点，下部吊点距离筒体底部 2m。两车抬吊将筒体竖立，使用钢丝绳调整好筒体倾斜角度后，由 SCC9000/900t 履带吊将筒体吊至就位位置。

SCC9000/900t 履带吊吊装半径 32m，额定负荷 122.4t，筒体重 76.9t，吊车负荷率 80.8%，吊装过程中，所需最大起升高度 60m，吊钩有效起升高度 150m，满足吊装要求。

CC1000/200t 履带吊作业半径 11m，额定负荷 90t，水平开始竖立时负荷最大为 44t，吊车负荷率 52.2%，满足要求，吊钩有效起升高度 45m，需要起升高度 10m，满足吊装要求。第二层筒体吊装 900t 履带吊站位位置如图 6-3-18 所示，A-2 钢烟囱吊装就位如图 6-3-19 所示。

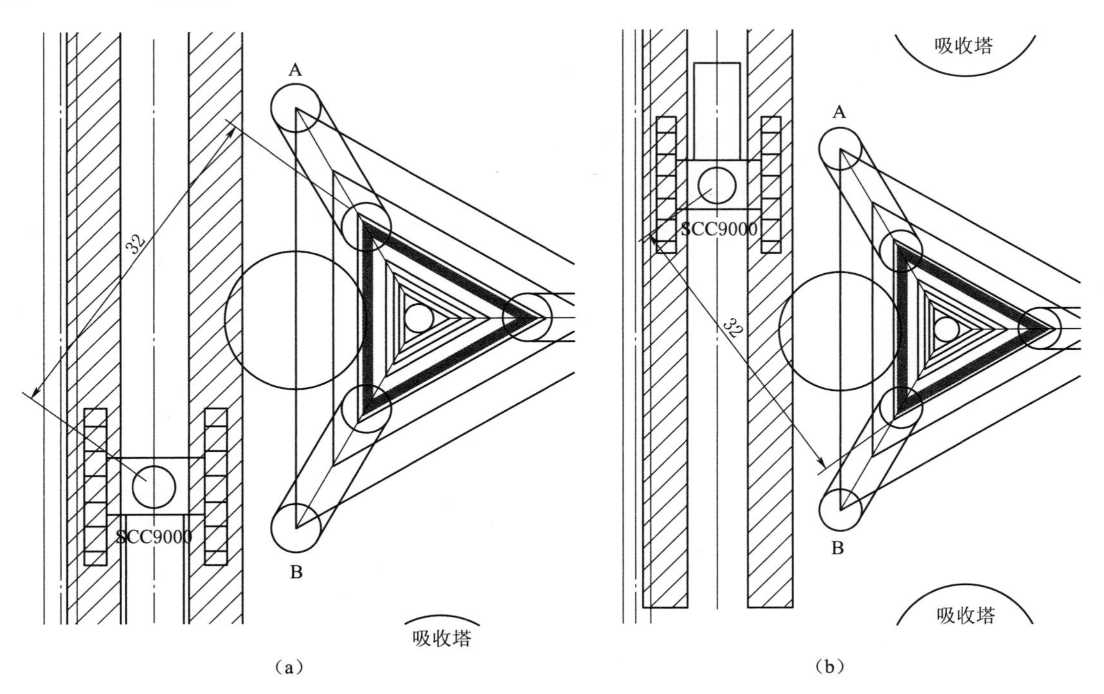

图 6-3-18 第二层筒体 A、B 烟囱 SCC9000/900t 履带吊布置图

(a) A 烟囱吊装 SCC9000/900t 履带吊布置图；(b) B 烟囱吊装 SCC9000/900t 履带吊布置图

图 6-3-19 A-2 钢烟囱吊装就位

(二) C 烟囱吊装

主吊机械：SCC9000/900t 履带吊 LJDB _ 96 _ 85° _ 18m _ 130+250+80、60m 副臂工况。

溜尾机械：CC1000/200t 履带吊 48m 主臂工况。

SCC9000/900t 履带吊挂 130t 超起配重，吊上部吊点，上部吊点底面距离顶部 1.3m 位置，溜尾吊车选择 CC1000/200t 履带吊，吊下部吊点，下部吊点距离筒体底部 2m。两车抬吊将筒体竖立，使用钢丝绳调整好筒体倾斜角度后，由 SCC9000/900t 履带吊将筒体吊至就位位置。

SCC9000/900t 履带吊吊装半径 39m，额定负荷 128t，筒体重 76.9t，吊车负荷率 77.2%，吊装过程中，所需最大起升高度 60m，吊钩有效起升高度 145m，满足吊装要求。

CC1000/200t 履带吊作业半径 11m，额定负荷 90t，水平开始竖立时负荷最大为 44t，吊车负荷率52.2%，满足要求，吊钩有效起升高度45m，需要起升高度10m，满足吊装要求。C烟囱吊装SCC9000/900t履带吊布置位置如图6-3-20所示，C-2钢烟囱吊装就位如图6-3-21所示。

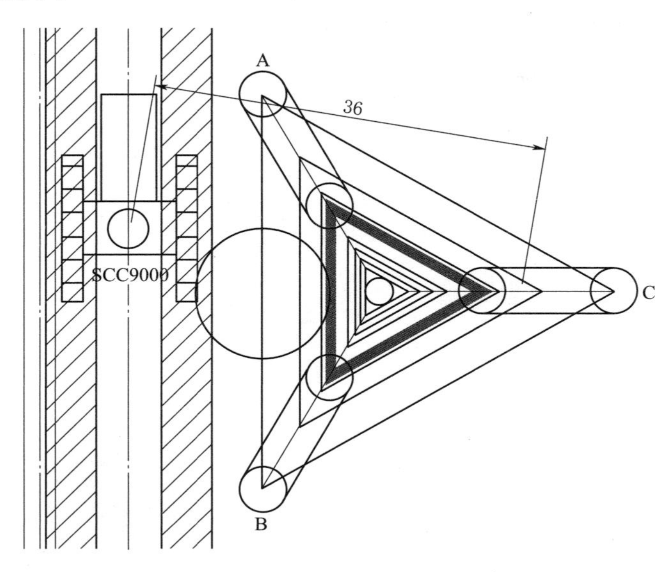

图6-3-20 C烟囱吊装SCC9000/900t履带吊布置位置

（三）钢丝绳

1. 扁担梁上方钢丝绳

扁担梁上方钢丝绳如图6-3-22所示。SCC9000/900t履带吊吊钩扁担梁上方钢丝绳选用两根直径为65mm、长为12m的钢丝绳，共4股兜挂扁担梁，绳扣夹角57°，筒体重76.9t，抱箍重量按10t计，单股绳受力为$(76.9+10)\div4\div\cos(57\div2)^\circ\approx24.7(t)$，钢丝绳破断拉力218t，安全系数为$218\div24.7\approx8.8$。

2. 扁担梁下方钢丝绳

扁担梁下方钢丝绳如图6-3-23所示。SCC9000/900t履带吊吊钩扁担梁下钢丝绳扣选用两根直径为65mm、长为14m的钢丝绳扣，共4股从扁担梁上兜挂烟囱抱箍上的管式吊耳，筒体重92.4t，抱箍重量按10t计，钢丝绳受力为$(76.9+10)\times3.57\div(2.17+3.57)\div\cos18^\circ\approx56.8(t)$，安全系数为$218\times4\div56.8\approx15.4$。

3. 溜尾吊车钢丝绳

抬吊辅助吊车钢丝绳扣选用两根直径为44mm、长为10m的钢丝绳扣，共4股挂钩，筒体重76.9t，抱箍重量按10t计，辅助吊车最大载荷43.5t，钢丝绳破断拉力97t，钢丝绳安全系数为$97\times4\div43.5\approx8.9$。

4. 角度调整钢丝绳

钢丝绳扣选用2根直径为39mm、长为80m的钢丝绳扣，共4股挂钩，筒体重76.9t，抱箍重量按10t计，钢丝绳受力为$(76.9+10)\times2.17\div(2.17+3.57)\div\cos7^\circ\approx33.1(t)$，钢丝绳安全系数为$78.6\div33.1\times4\approx9.5$。

图 6-3-21 C-2 钢烟囱吊装就位

四、第三层钢烟囱（58～83m）吊装

（一）A、B 烟囱吊装

主吊机械：SCC9000/900t 履带吊 LJDB _ 96 _ 85° _ 18m _ 80＋250＋80、60m 副臂工况。

溜尾机械：CC1000/200t 履带吊 48m 主臂工况。

SCC9000/900t 履带吊挂 80t 超起配重，吊上部吊点，上部吊点底面距离顶部 1.3m 位

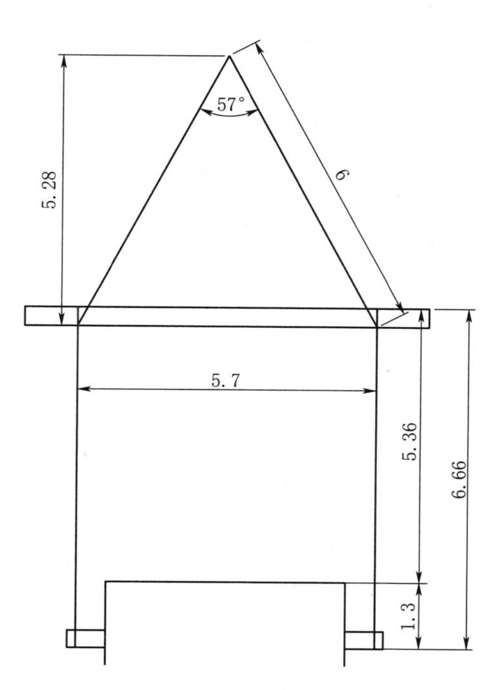

图 6-3-22 扁担梁上方钢丝绳（单位：m）

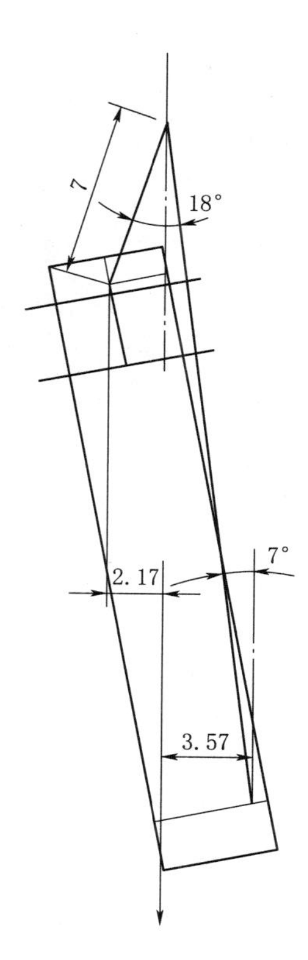

图 6-3-23 扁担梁下方钢丝绳（单位：m）

置，溜尾吊车选择 CC1000/200t 履带吊，吊下部吊点，下部吊点距离筒体底部 2m。两车抬吊将筒体竖立，使用钢丝绳调整好筒体倾斜角度后，由 SCC9000/900t 履带吊将筒体吊至就位位置。

SCC9000/900t 履带吊吊装半径 32m，额定负荷 139t，筒体重 94.6t，吊车负荷率 83.9%，吊装过程中，所需最大起升高度 96.2m，吊钩有效起升高度 150m，满足吊装要求。

CC1000/200t 履带吊作业半径 10m，额定负荷 107t，水平开始竖立时负荷最大为 52.3t，吊车负荷率 51.4%，满足要求，吊钩有效起升高度 45m，需要起升高度 10m，满足吊装要求。第三层筒体吊装 900t 履带吊站位位置如图 6-3-24 所示。

（二）C 烟囱吊装

主吊机械：SCC9000/900t 履带吊 LJDB _ 96 _ 80° _ 18m _ 280+250+80、60m 副臂工况。

溜尾机械：CC1000/200t 履带吊 48m 主臂工况。

SCC9000/900t 履带吊挂 280t 超起配重，吊上部吊点，上部吊点底面距离顶部 1.3m 位置，溜尾吊车选择 CC1000/200t 履带吊，吊下部吊点，下部吊点距离筒体底部 2m。两车抬吊将筒体竖立，使用钢丝绳调整好筒体倾斜角度后，由 SCC9000/900t 履带吊将筒体吊至就位位置。

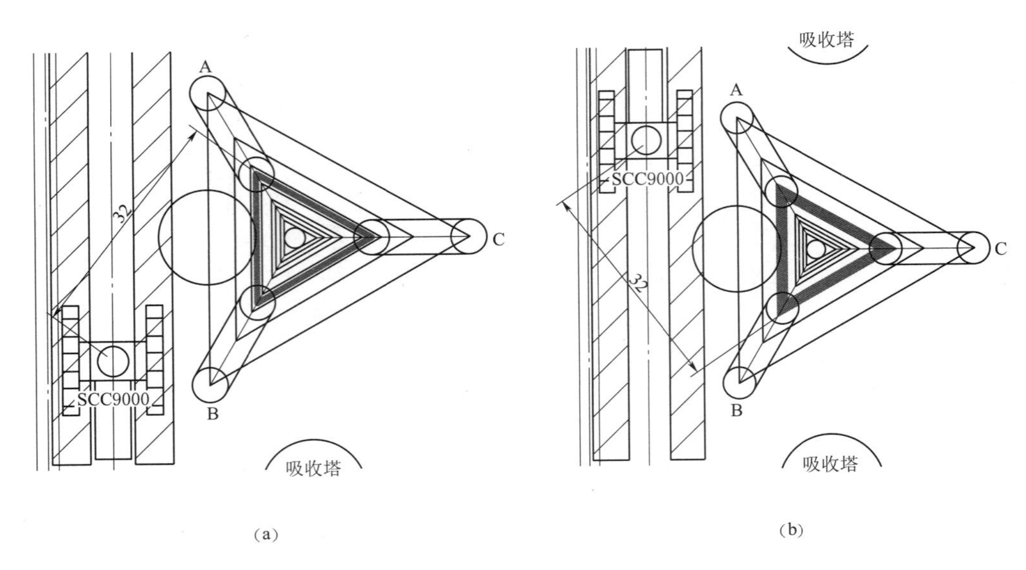

图 6-3-24 第三层筒体吊装 900t 履带吊站位位置图（单位：m）
(a) A 烟囱吊装 SCC9000/900t 履带吊布置图；(b) B 烟囱吊装 SCC9000/900t 履带吊布置图

SCC9000/900t 履带吊吊装半径 46m，额定负荷 151.2t，筒体重 94.6t，吊车负荷率 77.1%，吊装过程中，所需最大起升高度 96.2m，吊钩有效起升高度 140m，满足吊装要求。

CC1000/200t 履带吊作业半径 10m，额定负荷 107t，水平开始竖立时负荷最大为 52.3t，吊车负荷率 51.4%，满足要求，吊钩有效起升高度 45m，需要起升高度 10m，满足吊装要求。C 烟囱吊装 SCC9000/900t 履带吊布置位置如图 6-3-25 所示，C-3 钢烟囱吊装就位如图 6-3-26 所示。

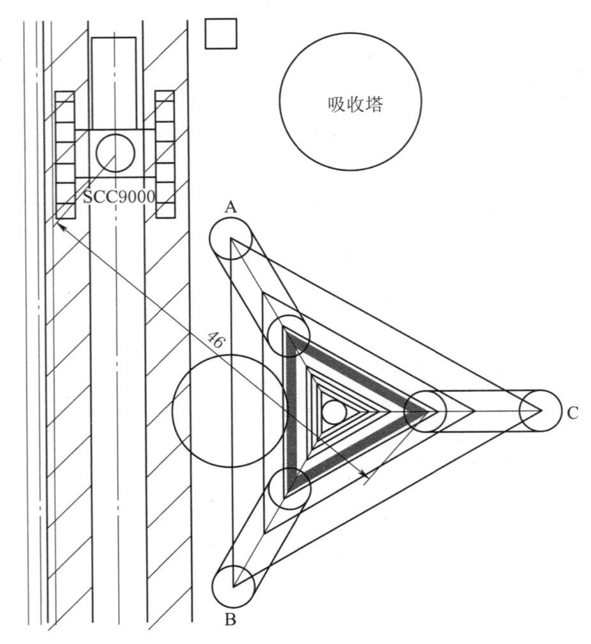

图 6-3-25 第三层筒体 C 烟囱吊装 SCC9000/900t 履带吊布置位置（单位：m）

图 6-3-26　C-3 钢烟囱吊装就位

(三) 钢丝绳

1. 扁担梁上方钢丝绳

扁担梁上方钢丝绳如图 6-3-27 所示。SCC9000/900t 履带吊吊钩扁担梁上方钢丝绳选用两根直径为 65mm、长为 12m 的钢丝绳，共 4 股兜挂扁担梁，绳扣夹角 57°，筒体重 94.6t，抱箍重量按 10t 计，单股绳受力为 $(94.6+10)\div4\div\cos(57\div2)°\approx29.7(t)$，钢丝绳破断拉力 218t，安全系数为 $218\div29.7\approx7.3$。

2. 扁担梁下方钢丝绳

扁担梁下方钢丝绳如图 6-3-28 所示。SCC9000/900t 履带吊吊钩扁担梁下钢丝绳扣选用两根直径为 65mm、长为 14m 的钢丝绳扣，共 4 股从扁担梁上兜挂烟囱抱箍上的管式吊耳，筒体重 94.6t，抱箍重量按 10t 计，钢丝绳受力为 $(94.6+10)\times2.69\div(2.69+1.19)\div\cos10^\circ\approx73.6$(t)，安全系数为 $218\times4\div73.6\approx11.8$。

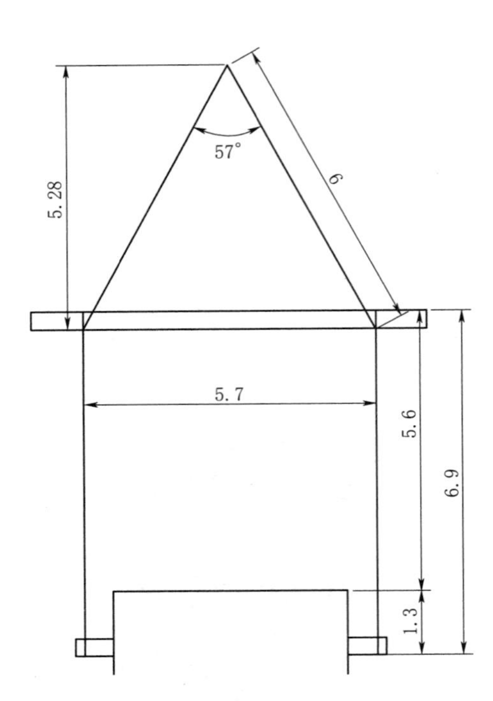

图 6-3-27 扁担梁上方钢丝绳（单位：m）

图 6-3-28 扁担梁下方钢丝绳（单位：m）

3. 溜尾吊车钢丝绳

抬吊辅助吊车钢丝绳扣选用两根直径为 44mm、长为 10m 的钢丝绳扣，共 4 股挂钩，筒体重 94.6t，箍重量按 10t 计，辅助吊车最大载荷 52.3t，钢丝绳破断拉力 97t，钢丝绳安全系数为 $97\times4\div52.3\approx7.4$。

4. 角度调整钢丝绳

钢丝绳扣选用 2 根直径为 39mm、长为 80m 的钢丝绳扣，共 4 股挂钩，筒体重 94.6t，抱箍重量按 10t 计，钢丝绳受力为 $(94.6+10)\times1.19\div(1.19+2.69)\div\cos5^\circ\approx32.2$(t)，钢丝绳安全系数为 $78.6\times4\div32.2\approx9.8$。

五、第四层钢烟囱（83～108m）吊装

（一）A、B 烟囱吊装

主吊机械：SCC9000/900t 履带吊 LJDB _ 96 _ 85° _ 18m _ 0+250+80、60m 副臂工况。

溜尾机械：CC1000/200t 履带吊 48m 主臂工况。

SCC9000/900t 履带吊吊上部吊点，上部吊点底面距离顶部 1.3m 位置，溜尾吊车选择 CC1000/200t 履带吊，吊下部吊点，下部吊点距离筒体底部 2m。两车抬吊将筒体竖立，

使用钢丝绳调整好筒体倾斜角度后，由 SCC9000/900t 履带吊将筒体吊至就位位置。

SCC9000/900t 履带吊吊装半径 33m，额定负荷 117t，筒体重 71.3t，吊车负荷率 79.7%，吊装过程中，所需最大起升高度 120m，吊钩有效起升高度 150m，满足吊装要求。

CC1000/200t 履带吊作业半径 12m，额定负荷 80t，水平开始竖立时负荷最大为 41t，吊车负荷率 56.3%，满足要求，吊钩有效起升高度 45m，需要起升高度 10m，满足吊装要求。第四层筒体吊装 900t 履带吊站位位置如图 6-3-29 所示。

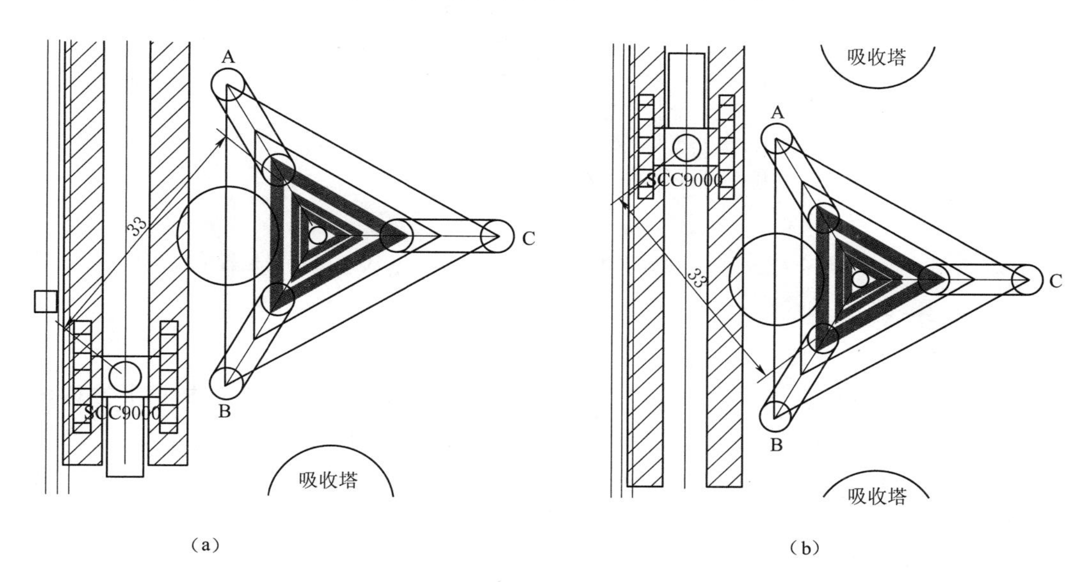

图 6-3-29 第四层筒体吊装 900t 履带吊站位位置图

(a) A 烟囱吊装 SCC9000/900t 履带吊布置图；(b) B 烟囱吊装 SCC9000/900t 履带吊布置图

(二) C 烟囱吊装

主吊机械：SCC9000/900t 履带吊 LJDB _ 96 _ 85° _ 18m _ 0+250+80、60m 副臂工况。

溜尾机械：CC1000/200t 履带吊 48m 主臂工况。

SCC9000/900t 履带吊吊上部吊点，上部吊点底面距离顶部 1.3m 位置，溜尾吊车选择 CC1000/200t 履带吊，吊下部吊点，下部吊点距离筒体底部 2m。两车抬吊将筒体竖立，使用钢丝绳调整好筒体倾斜角度后，由 SCC9000/900t 履带吊将筒体吊至就位位置。

SCC9000/900t 履带吊吊装半径 34m，额定负荷 112.8t，筒体重 71.3t，吊车负荷率 82.7%，吊装过程中，所需最大起升高度 120m，吊钩有效起升高度 150m，满足吊装要求。

CC1000/200t 履带吊作业半径 12m，额定负荷 80t，水平开始竖立时负荷最大为 44t，吊车负荷率 56.3%，满足要求，吊钩有效起升高度 45m，需要起升高度 10m，满足吊装要求。C 烟囱吊装 SCC9000/900t 履带吊布置位置如图 6-3-30 所示，C-4 钢烟囱吊装就位如图 6-3-31 所示。

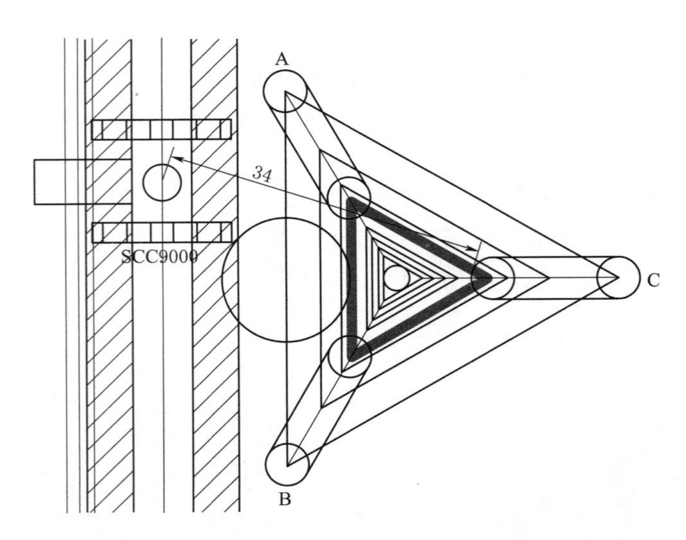

图 6-3-30 第四层 C 烟囱吊装 SCC9000/900t 履带吊布置位置

(三) 钢丝绳

1. 扁担梁上方钢丝绳

扁担梁上方钢丝绳如图 6-3-32 所示。SCC9000/900t 履带吊吊钩扁担梁上方钢丝绳选用两根直径为 65mm、长为 12m 的钢丝绳，共 4 股兜挂扁担梁，绳扣夹角 57°，筒体重 71.3t，抱箍重量按 10t 计，单股绳受力为 (71.3＋10)÷4÷cos(57÷2)°≈23.1(t)，钢丝绳破断拉力 218t，安全系数为 218÷23.1≈9.4。

2. 扁担梁下方钢丝绳

扁担梁下方钢丝绳如图 6-3-33 所示。SCC9000/900t 履带吊吊钩扁担梁下钢丝绳扣选用两根直径为 65mm、长为 14m 的钢丝绳扣，共 4 股从扁担梁上兜挂烟囱抱箍上的管式吊耳，筒体重 71.3t，抱箍重量按 10t 计，钢丝绳受力为 (71.3＋10)×2.69÷(2.69＋1.19)÷cos10°≈57.2(t)，安全系数为 218×4÷57.2≈15.2。

3. 溜尾吊车钢丝绳

抬吊辅助吊车钢丝绳扣选用两根直径为 44mm、长为 10m 的钢丝绳扣，共 4 股挂钩，筒体重 71.3t，箍重量按 10t 计，辅助吊车最大载荷 41t，钢丝绳破断拉力 97t，钢丝绳安全系数为 97×4÷41≈9.5。

六、第五层钢烟囱 (108～133m) 吊装

(一) 筒体吊装

主吊机械：SCC9000/900t 履带吊 LJDB _ 96 _ 85° _ 18m _ 0＋250＋80、60m 副臂工况。

溜尾机械：CC1000/200t 履带吊 48m 主臂工况。

在进行第五层筒体吊装时，考虑到 SCC9000/900t 履带吊抗杆问题，故在进行吊装时，必须先吊装 C 烟囱，再进行 A、B 烟囱的吊装。

SCC9000/900t 履带吊吊上部吊点，上部吊点底面距离顶部 1.3m 位置，溜尾吊车选

图 6-3-31 C-4 钢烟囱吊装就位

择 CC1000/200t 履带吊，吊下部吊点，下部吊点距离筒体底部 2m。两车抬吊将筒体竖立，使用钢丝绳调整好筒体倾斜角度后，由 SCC9000/900t 履带吊将筒体吊至就位位置。

SCC9000/900t 履带吊吊装半径 33m，额定负荷 117t，筒体重 63.7t，吊车负荷率 73.2%，吊装过程中，所需最大起升高度 142m，吊钩有效起升高度 150m，满足吊装要求。

CC1000/200t 履带吊作业半径 14m，额定负荷 63t，水平开始竖立时负荷最大为 37t，吊车负荷率 63.5%，满足要求，吊钩有效起升高度 44m，需要起升高度 10m，满足吊装

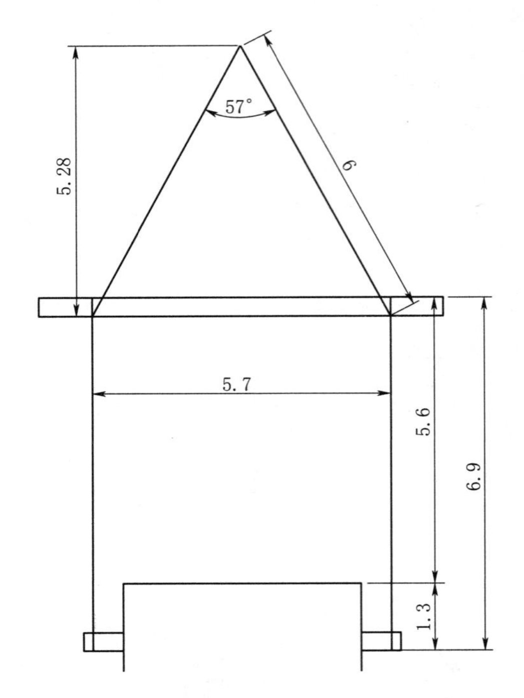

图 6-3-32 扁担梁上方钢丝绳（单位：m）

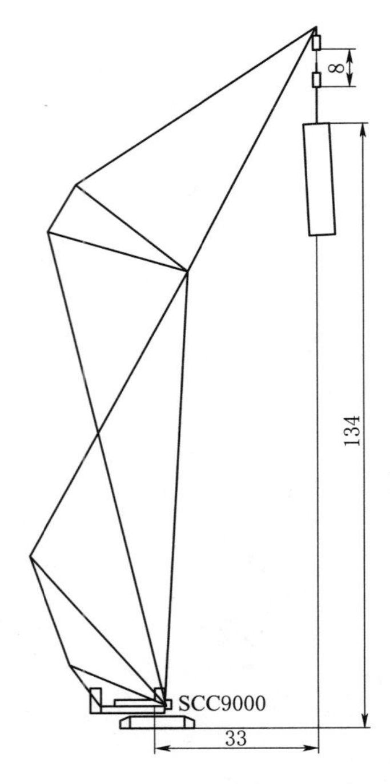

图 6-3-33 扁担梁下方钢丝绳（单位：m）

要求。第五层筒体吊装 900t 履带吊站位位置如图 6-3-34 所示，C-5 钢烟囱吊装就位如图 6-3-35 所示。

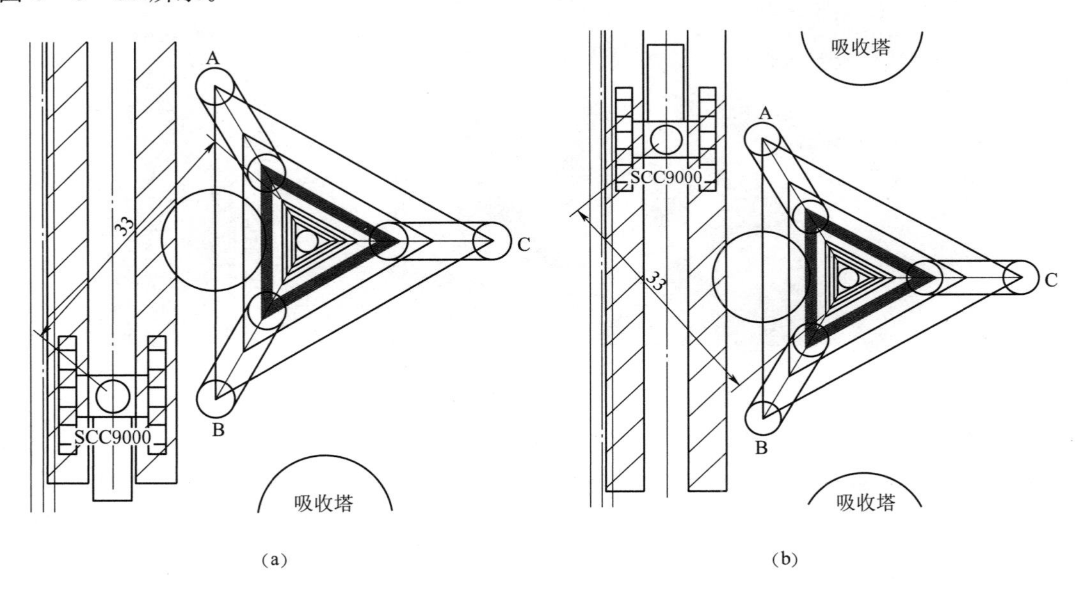

图 6-3-34（一） 第五层筒体吊装 SCC9000/900t 履带吊站位位置图（单位：m）

(a) A 烟囱吊装 SCC9000/900t 履带吊布置位置；(b) B 烟囱吊装 SCC9000/900t 履带吊布置位置

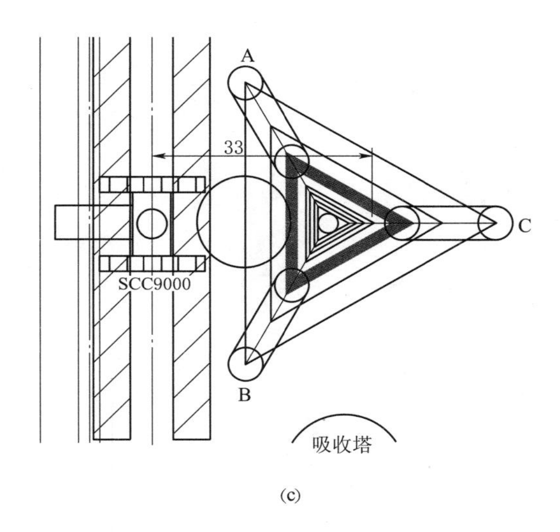

图 6-3-34（二） 第五层筒体吊装 SCC9000/900t 履带吊站位位置图（单位：m）
（c）C 烟囱吊装 SCC9000/900t 履带吊布置位置

（二）钢丝绳

1. *扁担梁上方钢丝绳*

扁担梁上方钢丝绳如图 6-3-36 所示。SCC9000/900t 履带吊吊钩扁担梁上方钢丝绳选用两根直径为 65mm、长为 12m 的钢丝绳，共 4 股兜挂扁担梁，绳扣夹角 57°，筒体重 63.7t，抱箍重量按 10t 计，单股绳受力为 $(63.7+10)\div4\div\cos(57\div2)^{\circ}\approx21.0(t)$，钢丝绳破断拉力 218t，安全系数为 $218\div21.0=10.4$。

2. *扁担梁下方钢丝绳*

扁担梁下方钢丝绳如图 6-3-37 所示。SCC9000/900t 履带吊吊钩扁担梁下钢丝绳扣选用两根直径为 65mm、长为 8m 的钢丝绳扣，共 4 股从扁担梁上兜挂烟囱抱箍上的管式吊耳，筒体重 63.7t，抱箍重量按 10t 计，钢丝绳受力为 $(63.7+10)\times2.15\div(2.15+0.59)\div\cos9^{\circ}\approx58.5(t)$，安全系数为 $218\times4\div58.5=14.9$。

3. *溜尾吊车钢丝绳*

抬吊辅助吊车钢丝绳扣选用两根直径为 44mm、长为 10m 的钢丝绳扣，共 4 股挂钩，筒体重 63.7t，抱箍重量按 10t 计，辅助吊车最大载荷 37t，钢丝绳破断拉力 97t，钢丝绳安全系数为 $97\times4\div37\approx10.5$。

七、第六层钢烟囱（133～158m）吊装

（一）筒体吊装

主吊机械：SCC9000/900t 履带吊 LJDB _ 96 _ 85° _ 18m _ 0+250+80、84m 副臂工况。

溜尾机械：CC1000/200t 履带吊 48m 主臂工况。

在进行第六层筒体吊装时，考虑到 SCC9000/900t 履带吊抗杆问题，故在进行吊装时，必须先吊装 C 烟囱，再进行 A、B 烟囱的吊装。

图 6-3-35 C-5 钢烟囱吊装就位

SCC9000/900t 履带吊吊上部吊点，上部吊点底面距离顶部 1.3m 位置，溜尾吊车选择 CC1000/200t 履带吊，吊下部吊点，下部吊点距离筒体底部 2m。两车抬吊将筒体竖立，使用钢丝绳调整好筒体倾斜角度后，由 SCC9000/900t 履带吊将筒体吊至就位位置。

SCC9000/900t 履带吊吊装半径 38m，额定负荷 89.1t，筒体重 52.6t，吊车负荷率 82.6%，吊装过程中，所需最大起升高度 168m，吊钩有效起升高度 173m，满足吊装要求。

CC1000/200t 履带吊作业半径 14m，额定负荷 63t，水平开始竖立时负荷最大为 32t，

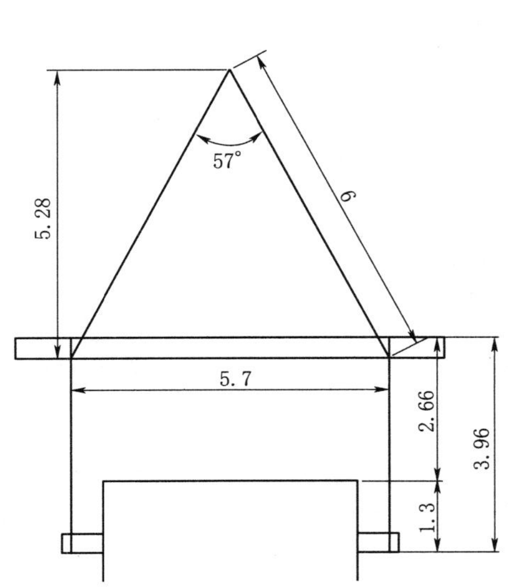
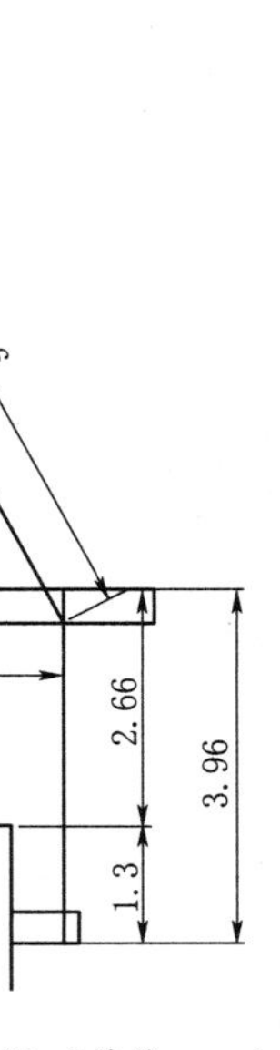

图 6-3-36　扁担梁上方钢丝绳（单位：m）

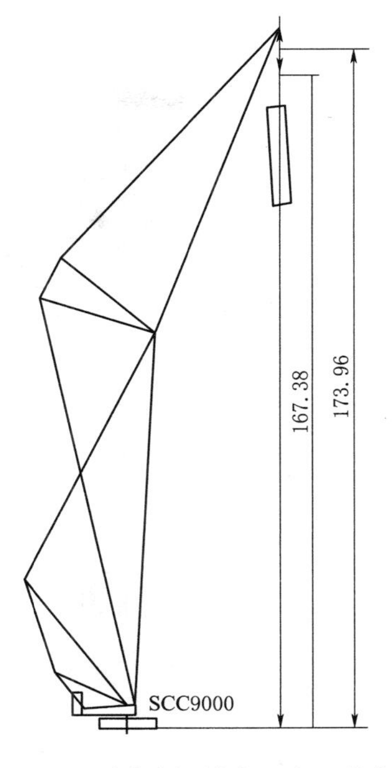

图 6-3-37　扁担梁下方钢丝绳（单位：m）

吊车负荷率 55.6%，满足要求，吊钩有效起升高度 44m，需要起升高度 10m，满足吊装要求。第六层筒体吊装 900t 履带吊站位位置如图 6-3-38 所示，C-6 钢烟囱吊装就位如图 6-3-39 所示。

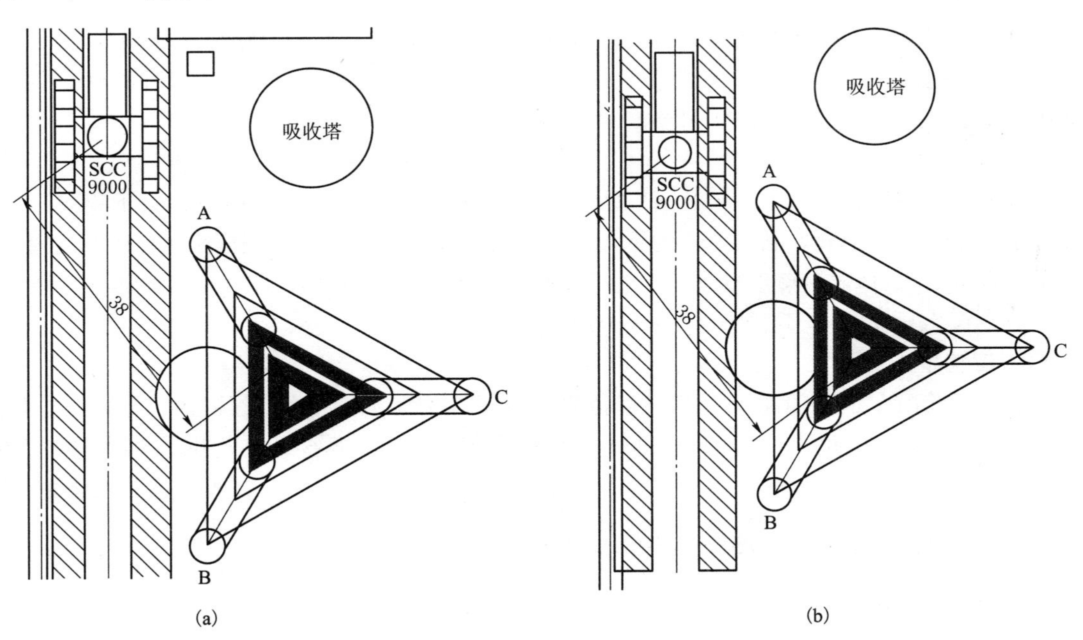

图 6-3-38（一）　第六层筒体吊装 SCC9000/900t 履带吊站位位置图（单位：m）

(a) A 烟囱吊装 SCC9000/900t 履带吊布置位置；(b) B 烟囱吊装 SCC9000/900t 履带吊布置位置

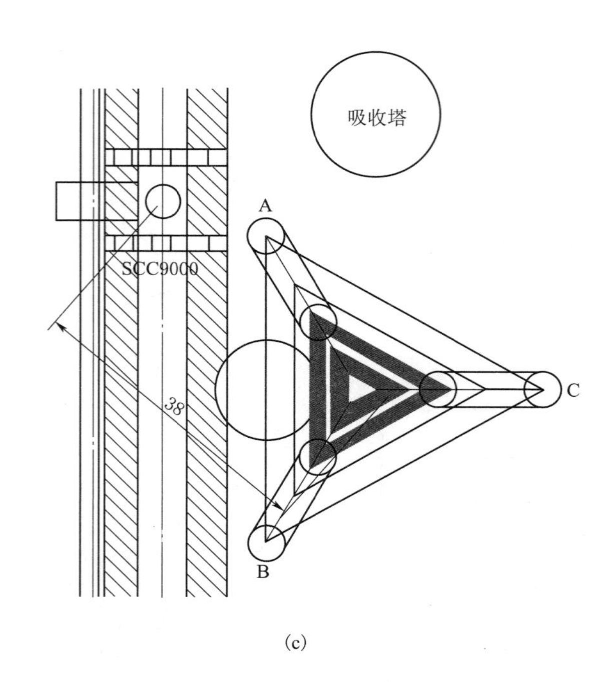

(c)

图 6-3-38（二） 第六层筒体吊装 SCC9000/900t 履带吊站位位置图（单位：m）
(c) C 烟囱吊装 SCC9000/900t 履带吊布置位置

（二）钢丝绳

1. *扁担梁上方钢丝绳*

扁担梁上方钢丝绳如图 6-3-40 所示。SCC9000/900t 履带吊吊钩扁担梁上方钢丝绳选用两根直径为 65mm、长为 12m 的钢丝绳，共 4 股兜挂扁担梁，绳扣夹角 57°，筒体重 52.6t，抱箍重量按 10t 计，单股绳受力为 $(52.6+10)\div 4\div \cos(57\div 2)^{\circ}\approx 17.8(\text{t})$，钢丝绳破断拉力 218t，安全系数为 $218\div 17.8\approx 12.2$。

2. *扁担梁下方钢丝绳*

扁担梁下方钢丝绳如图 6-3-41 所示。SCC9000/900t 履带吊吊钩扁担梁下钢丝绳扣选用两根直径为 65mm，长为 8m 的钢丝绳扣，共 4 股从扁担梁上兜挂烟囱抱箍上的管式吊耳，筒体重 52.6t，抱箍重量按 10t 计，钢丝绳受力为 $(52.6+10)\times 2.15\div(2.15+0.59)\div \cos 9^{\circ}\approx 49.7(\text{t})$，安全系数为 $218\times 4\div 49.7\approx 17.5$。

3. *溜尾吊车钢丝绳*

抬吊辅助吊车钢丝绳扣选用两根直径为 44mm，长为 10m 的钢丝绳扣，共 4 股挂钩，筒体重 52.6t，抱箍重量按 10t 计，辅助吊车最大载荷 27t，钢丝绳破断拉力 97t，钢丝绳安全系数为 $97\times 4\div 27\approx 14.4$。

八、第七层钢烟囱（158～180m）吊装

（一）筒体吊装

主吊机械：SCC9000/900t 履带吊 LJDB _ 96 _ 85° _ 18m _ 0＋250＋80、96m 副臂工况。

图 6-3-39 C-6 钢烟囱吊装就位

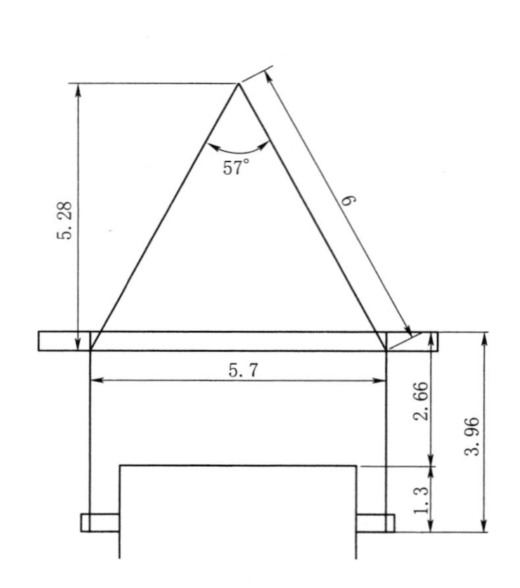

图 6-3-40 扁担梁上方钢丝绳（单位：m）

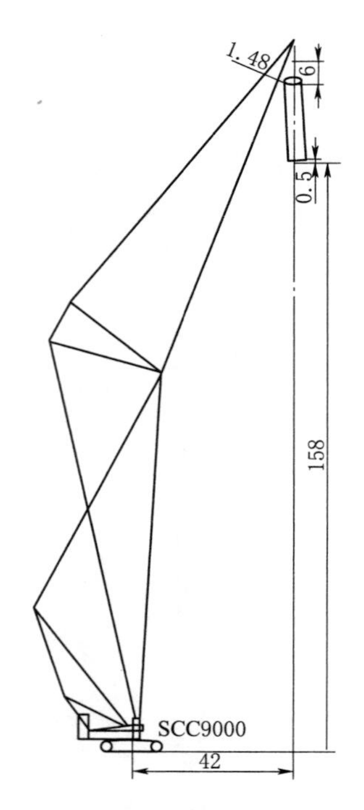

图 6-3-41 扁担梁下方钢丝绳（单位：m）

溜尾机械：CC1000/200t 履带吊 48m 主臂工况。

在进行第七层筒体吊装时，考虑到 SCC9000/900t 履带吊抗杆问题，故在进行吊装时，必须先吊装 C 烟囱，再进行 A、B 烟囱的吊装。

CC1000/200t 履带吊吊上部吊点，上部吊点底面距离顶部 1.3m 位置，溜尾吊车选择 SCC9000/900t 履带吊，吊下部吊点，下部吊点距离筒体底部 2m。

两车抬吊将筒体竖立时，CC1000/200t 履带吊将筒体上部吊点位置，SCC9000/900t 履带吊吊下部吊点（随行到筒体竖立后摘钩），再将 SCC9000/900t 履带吊的吊点更改到烟囱顶部位置进行挂钩，并通过钢丝绳调整烟囱偏斜角度。

CC1000/200t 履带吊选用 48m 主臂工况，吊装半径 12m，额定负荷 80t，水平开始竖立时负荷最大为 32t，负荷率 47.8%，满足竖起要求。

SCC9000/900t 履带吊进行吊装时吊装半径为 42m，额定负荷 73t，最大负荷 32t，负荷率 70.0%，吊钩有效起升高度 184m，需要吊钩有效起升高度 182m，满足吊装要求。

筒体直径 4500mm，调整烟囱倾斜角度前，按所吊部分烟囱比已经就位烟囱高 500mm 进行计算，SCC9000/900t 履带吊在进行烟囱就位时，烟囱与吊车臂杆间的距离为 1.4m，索具长度 4m，满足吊装要求。第七层筒体吊装 SCC9000/900t 履带吊站位位置如图 6-3-42 所示，A-7 钢烟囱吊装就位如图 6-3-43 所示。

SCC9000/900t 履带吊，上部吊点底面距离顶部 1.3m 位置，钢丝绳长度缩减到 2.5m，不再校核。

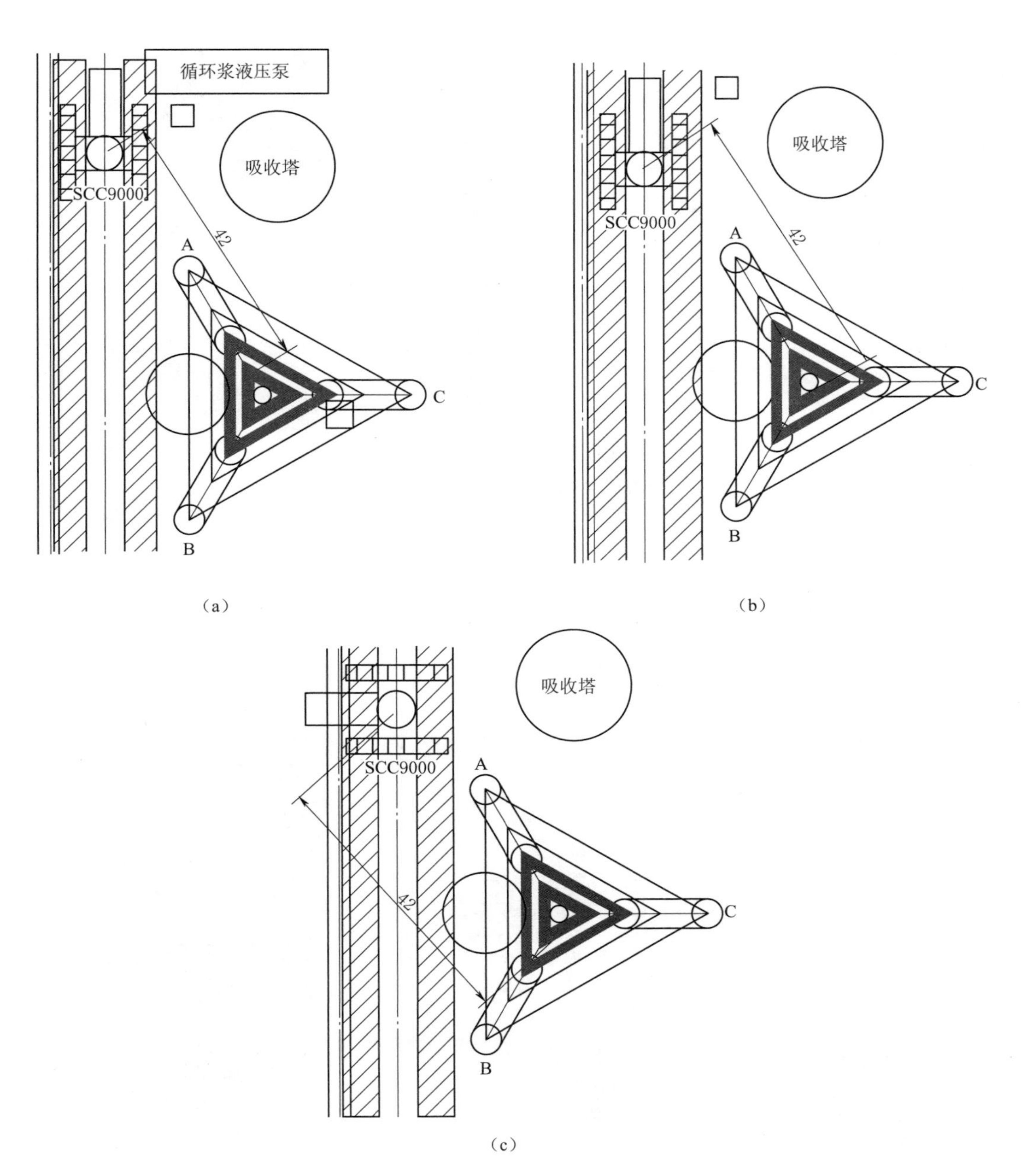

图 6-3-42　第七层筒体吊装 SCC9000/900t 履带吊站位位置图（单位：m）

(a) A 烟囱吊装 SCC9000/900t 履带吊布置位置；(b) B 烟囱吊装 SCC9000/900t 履带吊布置位置；

(c) C 烟囱吊装 SCC9000/900t 履带吊布置位置

(二) 钢丝绳

1. 扁担梁上方钢丝绳

扁担梁上方钢丝绳如图 6-3-44 所示。SCC9000/900t 履带吊吊钩扁担梁上方钢丝绳选用两根直径为 56mm、长为 8m 的钢丝绳，共 4 股兜挂扁担梁，绳扣夹角 118°，筒体重 32t，抱箍重量按 10t 计，单股绳受力为 $(32+10)\div 4\div \cos(118\div 2)^{\circ}\approx 20.39(t)$，钢丝绳

图 6-3-43 A-7钢烟囱吊装就位

破断拉力 164t，安全系数为 164÷20.39≈8.0。

2. 扁担梁下方钢丝绳

扁担梁下方钢丝绳如图 6-3-45 所示。SCC9000/900t 履带吊吊钩扁担梁下钢丝绳扣选用两根直径为 39mm、长为 5m 的钢丝绳扣，共 4 股从扁担梁上兜挂烟囱抱箍上的管式吊耳，筒体重 32t，抱箍重量按 10t 计，钢丝绳受力为 $(32+10)\times 2.07\div(2.07+0.52)\div\cos 12^{\circ}\approx 34.6(\mathrm{t})$，安全系数为 78.6×4÷34.6≈9.1。

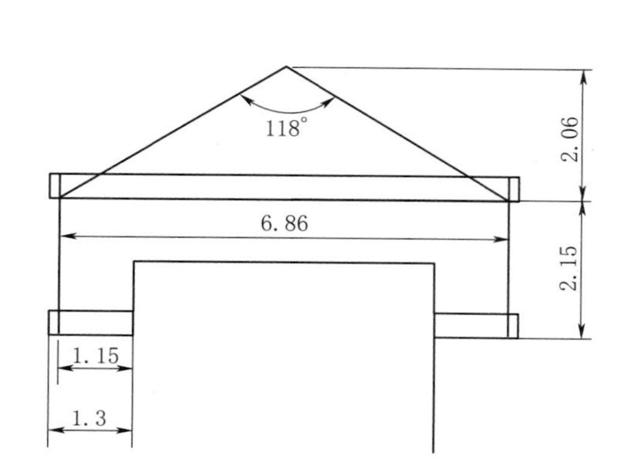

图 6-3-44 扁担梁上方钢丝绳（单位：m）

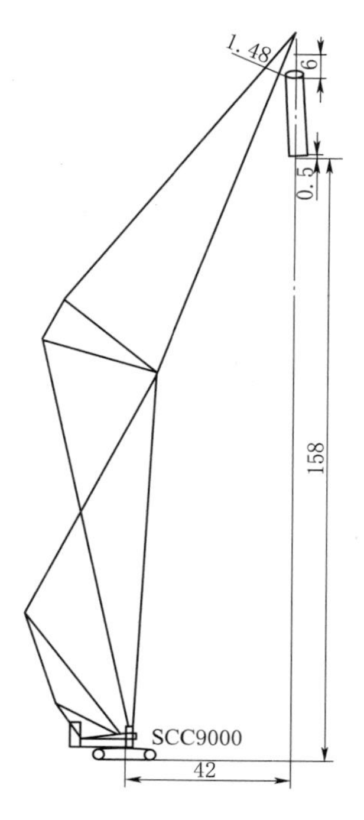

图 6-3-45 扁担梁下方钢丝绳（单位：m）

3. 溜尾吊车钢丝绳

抬吊辅助吊车钢丝绳扣选用两根直径为 44mm、长为 10m 的钢丝绳扣，共 4 股挂钩，筒体重 32t，抱箍重量按 10t 计，辅助吊车最大载荷 21t，钢丝绳破断拉力 97t，钢丝绳安全系数为 97×4÷21≈18.5。

第七章

钢烟囱吊装实践与成果

第一节　钢烟囱吊装实践

一、第一层 C 筒体吊装（2018－8－12）

吊装准备不足，角度调整方法不对，应该依靠松倒链的方法将筒体调整到位，拉倒链拉不动。筒体内加固环无法安装进去，改为单根撑杆。筒外吊装抱箍无法贴紧筒体，吊装受力后螺栓松动，需在抱箍上口焊接止挡块，承受吊耳吊装力。下吊耳抱箍设计强度不足，受弯矩后吊点位置抱箍下端翘起，如图 7－1－1 所示。

二、第一层 B 筒体吊装（2018－8－20）

2018 年 8 月 17 日已具备吊装条件，因风、雨推迟。支撑托架圆弧弧度过小，无法贴上筒体，需塞实。后把圆弧后加固筋板割豁，用火焰调整弧度，使筒体靠上托架，如图 7－1－2～图 7－1－4 所示。

图 7－1－1　第一层 C 筒体吊装

图 7－1－2　第一层 B 筒体吊装（一）

三、第一层 A 筒体吊装（2018－8－25）

2018 年 8 月 25 日 12:40 起吊，用 900t 垂直吊，1h 到位，但胎架上的托弧板角度有问题使筒体角度不到位，后调整胎架，问题解决，如图 7－1－5 所示。

图 7-1-3 第一层 B 筒体吊装（二）

图 7-1-4 第一层 B 筒体吊装（三）

图 7-1-5 第一层 A 筒体吊装

四、第一层 BC 大梁吊装（2018－8－31）

原计划从边上摆到位，实际不能摆到位，后把大梁平台加强圈割豁，从下往上提，顺利到位，如图 7－1－6 所示。

图 7－1－6　第一层 BC 大梁吊装

五、第一层 AC 大梁吊装（2018－9－1）

第一层 AC 大梁吊装顺利定位，如图 7－1－7 所示。

图 7－1－7　第一层 AC 大梁吊装

六、第一层 AB 大梁吊装（2018－9－2）

第一层 AB 大梁吊装顺利定位，如图 7－1－8 所示。

图 7－1－8　第一层 AB 大梁吊装

七、第二层 C 筒体吊装（2018－9－10）

使用垂直吊并使筒体没有靠上胎架，做了不用胎架的试验，试验成功并顺利就位，如图 7－1－9 所示。

图 7－1－9　第二层 C 筒体吊装

八、第二层 B 筒体吊装（2018－9－16）

使用垂直吊，没有使用胎架，顺利吊装，如图 7－1－10 所示。

图 7－1－10　第二层 B 筒体吊装

九、第二层 A 筒体吊装（2018－9－20）

使用垂直吊，没有使用胎架，顺利吊装，如图 7－1－11 所示。

图 7－1－11　第二层 A 筒体吊装

十、第二层 AC 大梁吊装（2018-9-22）

第二层 AC 大梁吊装顺利定位，如图 7-1-12 所示。

十一、第二层 AB 大梁吊装（2018-9-24）

第二层 AB 大梁吊装顺利定位，如图 7-1-13 所示。

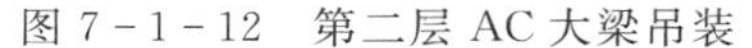

图 7-1-12　第二层 AC 大梁吊装

图 7-1-13　第二层 AB 大梁吊装

十二、第二层 BC 大梁吊装（2018-9-25）

第二层 BC 大梁吊装顺利定位，如图 7-1-14 所示。

十三、电梯井第一层筒体吊装（2018-9-27）

因吊耳出现问题，2018 年 9 月 26 日没能起吊，当晚更改吊耳，顺利吊装就位，如图 7-1-15 所示。

十四、第三层 C 筒体吊装（2018-10-1）

第三层 C 筒体吊装顺利定位，如图 7-1-16 所示。

十五、第三层 A 筒体吊装（2018-10-6）

第三层 A 筒体吊装顺利定位，如图 7-1-17 所示。

图 7-1-14　第二层 BC 大梁吊装

图 7-1-15　电梯井第一层筒体吊装

图 7-1-16　第三层 C 筒体吊装

图 7-1-17　第三层 A 筒体吊装

十六、第三层 AC 大梁吊装（2018－10－10）

第三层 AC 大梁吊装顺利定位，如图 7－1－18 所示。

十七、第三层 B 筒体吊装（2018－10－16）

第三层 B 筒体吊装顺利定位，如图 7－1－19 所示。

图 7－1－18　第三层 AC 大梁吊装

图 7－1－19　第三层 B 筒体吊装

十八、第三层 BC 大梁吊装（2018－10－13）

第三层 BC 大梁吊装顺利定位。

十九、第三层 AB 大梁吊装（2018－10－14）

第三层 AB 大梁吊装顺利定位，如图 7－1－20 所示。

二十、第二层电梯井吊装（2018－10－16）

第二层电梯井吊装顺利定位，如图 7－1－21 所示。

二十一、第四层 A 筒体吊装（2018－10－21）

第四层 A 筒体吊装顺利定位，如图 7－1－22 所示。

二十二、第四层 C 筒体吊装（2018－10－24）

第四层 C 筒体吊装顺利定位，如图 7－1－23 所示。

图 7-1-20　第三层 AB 大梁吊装

图 7-1-21　第二层电梯井吊装

图 7-1-22　第四层 A 筒体吊装

图 7-1-23　第四层 C 筒体吊装

二十三、第四层 AC 大梁吊装（2018－10－26）

第四层 AC 大梁吊装顺利定位，如图 7－1－24 所示。

二十四、第三层电梯井吊装（2018－10－28）

第三层电梯井吊装顺利定位。

二十五、第四层 B 筒体吊装（2018－10－30）

第四层 B 筒体吊装顺利定位，如图 7－1－25 所示。

图 7－1－24 第四层 AC 大梁吊装

图 7－1－25 第四层 B 筒体吊装

二十六、第四层 AB 大梁吊装（2018－10－31）

第四层 AB 大梁吊装顺利定位，如图 7－1－26 所示。

二十七、第四层 BC 大梁吊装（2018－11－1）

第四层 BC 大梁吊装顺利定位，如图 7－1－27 所示。

二十八、第四层电梯井吊装（2018－11－2）

第四层电梯井吊装顺利定位，如图 7－1－28 所示。

二十九、第五层C筒体吊装（2018－11－7）

第五层C筒体吊装顺利定位，如图7－1－29所示。

图7－1－26　第四层AB大梁吊装

图7－1－27　第四层BC大梁吊装

图7－1－28　第四层电梯井吊装

图7－1－29　第五层C筒体吊装

三十、第五层 A 筒体吊装（2018－11－9）

第五层 A 筒体吊装顺利定位，如图 7－1－30 所示。

三十一、第五层 AC 大梁吊装（2018－11－11）

第五层 AC 大梁吊装顺利定位，如图 7－1－31 所示。

图 7－1－30　第五层 A 筒体吊装

图 7－1－31　第五层 AC 大梁吊装

三十二、第五层电梯井吊装（2018－11－12）

第五层电梯井吊装顺利定位，如图 7－1－32 所示。

三十三、第五层 B 筒体吊装（2018－11－14）

第五层 B 筒体吊装顺利定位，如图 7－1－33 所示。

三十四、第五层 AB 大梁吊装（2018－11－15）

第五层 AB 大梁吊装顺利定位，如图 7－1－34 所示。

三十五、第五层 BC 大梁吊装（2018－11－16）

第五层 BC 大梁吊装顺利定位。

三十六、第五层 C 烟道口吊装（2018－11－19）

第五层 C 烟道口吊装顺利定位，如图 7－1－35 所示。

图 7-1-32　第五层电梯井吊装

图 7-1-33　第五层 B 筒体吊装

图 7-1-34　第五层 AB 大梁吊装

图 7-1-35　第五层 C 烟道口吊装

三十七、第五层 A 烟道口吊装（2018-11-21）

第五层 A 烟道口吊装顺利定位，如图 7-1-36 所示。

三十八、第六层 C 筒体吊装（2018-12-2）

第六层 C 筒体吊装顺利定位，如图 7-1-37 所示。

图 7-1-36　第五层 A 烟道口吊装

图 7-1-37　第六层 C 筒体吊装

三十九、第六层电梯井吊装（2018-12-5）

第六层电梯井吊装顺利定位，如图 7-1-38 所示。

四十、第六层 B 筒体吊装（2018-12-7）

第六层 B 筒体吊装顺利定位，如图 7-1-39 所示。

四十一、第六层 A 筒体吊装（2018-12-9）

第六层 A 筒体吊装顺利定位，如图 7-1-40 所示。

四十二、第七层 C 筒体吊装（2018-12-21）

第七层 C 筒体吊装顺利定位，如图 7-1-41 所示。

图 7-1-38 第六层电梯井吊装

图 7-1-39 第六层 B 筒体吊装

图 7-1-40 第六层 A 筒体吊装

图 7-1-41 第七层 C 筒体吊装

四十三、第七层 B 筒体吊装（2018－12－23）

第七层 B 筒体吊装顺利定位，如图 7－1－42 所示。

四十四、第七层 A 筒体吊装（2018－12－25）

第七层 A 筒体吊装顺利定位，如图 7－1－43 所示。

图 7－1－42　第七层 B 筒体吊装

图 7－1－43　第七层 A 筒体吊装

第二节　关键技术总结

一、概述

随着国家宏观经济调控政策的不断加强，“青山绿水”的环保治理导向已非常明确，对于如何更好更有效地节约混凝土等地材、钢材、木材等建筑材料提出了较高的要求，同时也对加快改善电力及化工企业废气排放、酸雨控制提出了更高的要求。

以山钢日照精品钢铁基地 2×350MW 自备电厂工程为例，烟囱设计为 180m 三管曲线自立式钢烟囱，钢烟囱根部为 3 根钢筒鼎立式布置，延伸至上部后 3 筒聚拢紧靠的结构形式。相对于以往混凝土外筒加钢内筒的设计形式，取消了混凝土烟囱外筒，可以有效实现施工工期的缩短及混凝土、钢筋、模板等相关传统建筑材料的节省，其社会意义及经济效益显著，更为未来烟囱设计的可行性发展指明了方向。

该钢烟囱结构形式尚属国内首次采用，超高、超重、无外支撑，国内尚无施工先例，无施工经验借鉴。因此在制作加工、机具站位布置、高空吊装、角度控制、高空焊接组装等方面存在施工难点。本成果针对以上难点着手研究，通过运用电脑 Tekla 三维模拟软件、异形构件数控切割下料、钢板四辊数控卷制、埋弧自动焊接、自制轴式扁担梁+吊装加强箍（箍上配轴式吊耳）、自制靠模工装、自制“承插式”对口工装、自制托架工装等技术，圆满完成了山钢日照精品钢铁基地 2×350MW 自备电厂工程 180m 三管曲线自立式钢烟囱工程的安装施工。以上技术的创新应用，显著提高了施工效率和安全系数，节约了施工工期，节省了施工成本，应用效果良好。

二、主要用途

本成果适用于工业厂区选用钢烟囱的施工，同时也适用于大型多脚曲线式筒体及其他异形结构形式的建构筑物的建造施工。

三、技术难点

以山钢日照精品基地 2×350MW 自备电厂工程为例，烟囱设计为 180m 三管曲线自立式钢烟囱，取消了混凝土烟囱外筒，仅有三根曲线式钢筒体呈三足鼎立式布置，三根筒体通过钢梁相互支撑连接。筒体均为等内径设计，直径为 4.5m。烟囱底部筒心两两相距 40m，上部三筒紧靠，筒心两两相距 4.75m。三根筒体圆心截面呈等边三角形布置，独特的结构形式也决定了钢烟囱具有三维空间的唯一性。烟囱总高 180m，分 7 层，每层筒体与地面夹角自下而上分别为 77°、79°、84°、84°、87°、87°、87°。筒体（含加强环）总重 2100t，最大单筒吊装重量约 94.6t，最小单筒吊装重量约 32t，其中 C 筒体安装螺旋爬梯，同时三筒体正中心设计电梯井。

本烟囱结构形式独特，超高、超重、无外附着，在钢烟囱的加工制作、高空位置控制、整体水平度控制、角度控制、整体几何尺寸控制、对口组装、焊接变形控制等方面存在较大难度。

（1）钢烟囱加工制作。为了保证筒体的尺寸、圆度等制作精度，节省时间和原材，首先利用计算机模拟软件对筒体整体建模，详细拆分构件，将筒体按照吊装需求分段，各部套单独出图。然后原材进场后采用数控切割机下料，切割完成的钢板采用四辊数控卷板机进行卷制，焊接采用埋弧自动焊接。

（2）筒体加工制作完成运至现场组装完成后，为了避免筒体在空中角度调整时，构件状态改变带来的换钩、摘钩工作，并减少折弯、摩擦，安装双轴式吊具，吊具与钢丝绳之间为滑动摩擦，实现超长段筒体卧式及立式状态自由转换。

（3）吊具安装完成后，为了满足吊装要求，减少机械移位，运用计算机三维模拟筒体吊装过程，指导吊车就位。

（4）吊车就位后对筒体进行起吊，利用下部吊点设置的倒链进行筒体倾斜角度粗调整后，吊至地面角度校正工装进行角度校正。

（5）地面角度校正完成后，起吊进行筒体高空对口，采用四套上下承插板进行焊接缝隙调整，螺栓孔设计时考虑焊接缝隙，承插板采用高强螺栓穿插连接，利用承插连接板实现快速高效对口。

(6) 筒体高空对口完成后，为了解决高空无支撑、无辅助对口就位措施的难题，将对口后的筒体放在高空托架上提供支撑，并利用托架上部托弧板通过千斤顶实现筒体角度的微调，使筒体保证在设计倾斜角度状态下进行环焊口焊接。

(7) 焊接完成后，人员乘坐提前安装好的电动提升吊篮直接上升到上层筒体加强环平台的位置，进行摘钩作业。依次将本层剩余两根筒体吊装就位，然后进行平台大梁的吊装。平台大梁吊装完成后进行电梯井的吊装，最后安装螺旋爬梯。

四、关键技术和创新点

(一) 关键技术

1. Tekla模拟布置技术

针对钢烟囱采用Tekla软件对图纸进行深化分解，在一个虚拟的空间中搭建一个完整的钢结构模型，模型中不仅包括结零部件的几何尺寸也包括了材料规格、横截面、节点类型、材质、用户批注语等在内的所有信息。可以从不同方向连续旋转的观看模型中任意零部位，以便直观地发现模型中各杆件空间的逻辑关系有无错误；同时对现场模拟，使吊装机械合理布置，解决吊装作业的同时并解决场地受限、钢烟囱自身结构尺寸带来的障碍影响。根据构件分节尺寸、荷载、吊装半径、吊装范围内障碍物（是否抗杆），以及选用机械的数量及站位关系，实现吊装作业顺利进行。

2. 异性构件数控下料技术

本工程筒体为倾斜的，加强环平台是水平的，这样平台加固圈就为一个外圆内椭圆的形状，人工下料无法保证内部椭圆的尺寸，应用CAD精准放样后，利用数控切割机下出内部椭圆的圆弧，极大地方便了现场安装。图7-2-1所示为筒体板材放样示意图，图7-2-2所示为筒体板材放样现场图。

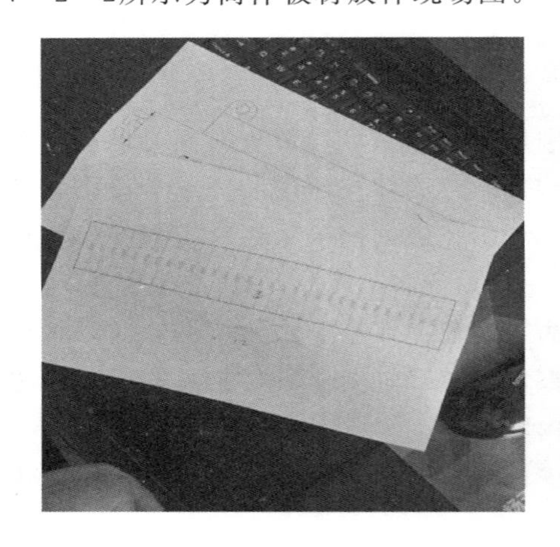

图7-2-1 筒体板材放样示意图

图7-2-2 筒体板材放样现场图

3. 大口径圆管卷制焊接技术

圆管中径展开后，采购定宽定长钢板，打好坡口后利用数控四辊卷板机卷制，因筒体是整体卷制，展开后钢板较长，需在卷板机上方设置固定托架，以防止筒体自重下垂。

本工程筒体钢材的纵缝按二级焊缝标准检验，横缝按一级焊缝检验，为保证检验合格率，采用埋弧自动焊配合滚轮架焊接，12mm 以上钢板制作时采用埋弧焊接的坡口夹角为60°，钝边 5mm，现场组合的环缝采用上坡口 45°下坡口 15° 2mm 钝边的方案，上下两层拼接后也是 60°。12mm 钢板焊缝周围清理后Ⅰ型坡口焊接，经检验合格率在 90%以上。筒体焊接完成后，需运输至现场组合，每段筒体都在内部采取米字钢管支撑，外部专用马鞍座，避免运输中的变形，保证了运输的稳定性。图 7-2-3 所示为筒体卷制加工现场图，图 7-2-4 所示为筒体现场运输图。

图 7-2-3　筒体卷制加工现场图

图 7-2-4　筒体现场运输图

4. 自制轴式扁担梁及轴式吊耳技术

180m 三管曲线自立式钢烟囱，在吊装施工过程中，筒体卧式组装、竖向吊装，吊装机械与吊具、筒体构件需经过多次状态转变，采用轴式扁担梁及轴式吊耳组合工装，可一次性实现筒体从卧式改变为立式、筒体自空中角度调整等工作，避免构件状态改变带来的换钩、摘钩工作。扁担梁在吊点外侧焊接限位板避免吊装或者筒体调整过程钢丝绳脱落。图 7-2-5 所示为轴式扁担梁及轴式吊耳吊具模型图，图 7-2-6 所示为轴式扁担梁及轴式吊耳吊具实物图。

5. 自制角度靠模工装进行筒体角度调整技术

地面角度找正靠模工装采用托弧板、支撑钢结构框架、可调角度轴承销组成。筒体由卧式改为立式后，利用靠模工装在地面将筒体倾斜角度调整，保证筒体达到设计的安装倾斜角度。图 7-2-7 所示为角度靠模工装实物图。

6. 自制“承插式”对口工装技术

“承插式”对口及焊缝预留工装，采用高强螺栓连接副及连接板设计而成。由于上下两段筒体间的焊口为椭圆形斜焊口，超高空钢烟囱筒体的组对及焊缝预留极具施工难度，本成果采用四套上下承插板进行焊接缝隙调整，螺栓孔设计时考虑焊接缝隙，承插板采用高强螺栓穿插连接，利用承插连接板对口时同步实现焊接缝隙的预留。图 7-2-8 所示为

图 7-2-5 轴式扁担梁及轴式吊耳吊具模型图

图 7-2-6 轴式扁担梁及轴式吊耳吊具模型图实物图

图 7-2-7 角度靠模工装实物图

图 7-2-8 “承插式”对口工装模型图

“承插式”对口工装模型图，图 7-2-9 所示为“承插式”工装实物图。

7. 自制筒体对口调整、支撑托架技术

对口托架采用支撑钢结构构架、顶部托弧板、千斤顶组装而成。超高超长且超重筒体起吊就位后，由于筒体与地面夹角非 90°，需采用对口托架进行角度调整，并提供水平支撑力防止筒体自重发生倾斜，对口托架上部托弧板可利用千斤顶实现筒体角度的微调，使筒体保证在设计倾斜角度状态下进行环焊缝焊接。图 7－2－10 所示为托架工装实物图。

图 7－2－9 “承插式”工装实物图

图 7－2－10 托架工装实物图

（二）创新点

（1）Tekla 模拟布置技术，对图纸进行直观分解并设计吊装方案。利用 Tekla 软件整体建模，将钢烟囱各部件进行详细分解。对周边建构筑物、施工机具进行三维模拟，计算出机具的合理布置位置和工况选用，比以往现场测量更直观、全面，避免了实测实量考虑不全的因素，设计出可行的吊装方案。

（2）采用新型数控切割技术，保证异性构件尺寸，节约时间和材料。针对不规则构件，全部采用数控下料，并且预组装焊后再次试组对，构件尺寸更加精准，节约了时间与材料，也极大地方便了现场安装。

（3）采用数控四辊卷板技术，更好的保证筒体圆度。卷制采用四辊数控卷板机，并设置托架，筒体整体卷制时能很好地保证钢管圆度，焊接采用埋弧焊焊接，焊缝一次合格率得到极大提升。运输时，每段筒体都在内部采取米字钢管支撑，外部专用马鞍座，保证了筒体运输的稳定性。

（4）自制轴式扁担梁及轴式吊耳，减少起吊钢丝绳折弯、摩擦。轴式扁担与轴式吊耳与吊装钢丝绳连接受力时，由于涉及筒体构件的姿态改变，该套组合工装实现了钢丝绳与扁担梁、筒体轴式吊耳全部为圆弧形接触，可实现滑动绕转并减少筒体角度改变过程中的吊点与钢丝绳间的折弯、硬摩擦、钢丝绳咬合摩擦等不利因素。

（5）自制角度靠模工装进行筒体角度调整技术，实现筒体地面角度精准校正。角度找正工装安置在地面，使用前提前设置好对应筒体倾斜角度，构件起钩后与工装倚靠，贴合无缝隙后便可确认角度。该工装可以实现多角度调整、重复利用，极为方便高效。

(6) 自制"承插式"对口工装技术，实现焊缝的预留且高空快速对口。该对口及焊缝预留工装，由四套承插板构成，承插板上面设置好螺栓孔，螺栓孔考虑焊接缝隙的预留。安装在已施工完成筒体上部与待吊装筒体下部。该套工装可以快速准确地一次性实现上下筒体的对口组对及缝隙的预留，较常规的限位板、焊接缝隙垫块更为精准、简洁、高效。

(7) 自制筒体对口调整、支撑托架定位技术，实现筒体高空准确对口、安全支撑。托架工装解决了高空无支撑、无辅助对口就位措施的难题，对口托架安放在平台大梁上，在提供水平支撑力防筒体因自重而变形的同时可以实现筒体角度微调，快速高效地完成倾斜筒体高空对口找正工作。

五、施工工艺流程

180m 三管曲线自立式钢烟囱制作安装施工工艺流程图如图 7-2-11 所示，其中钢烟囱的安装施工以第一层为例。

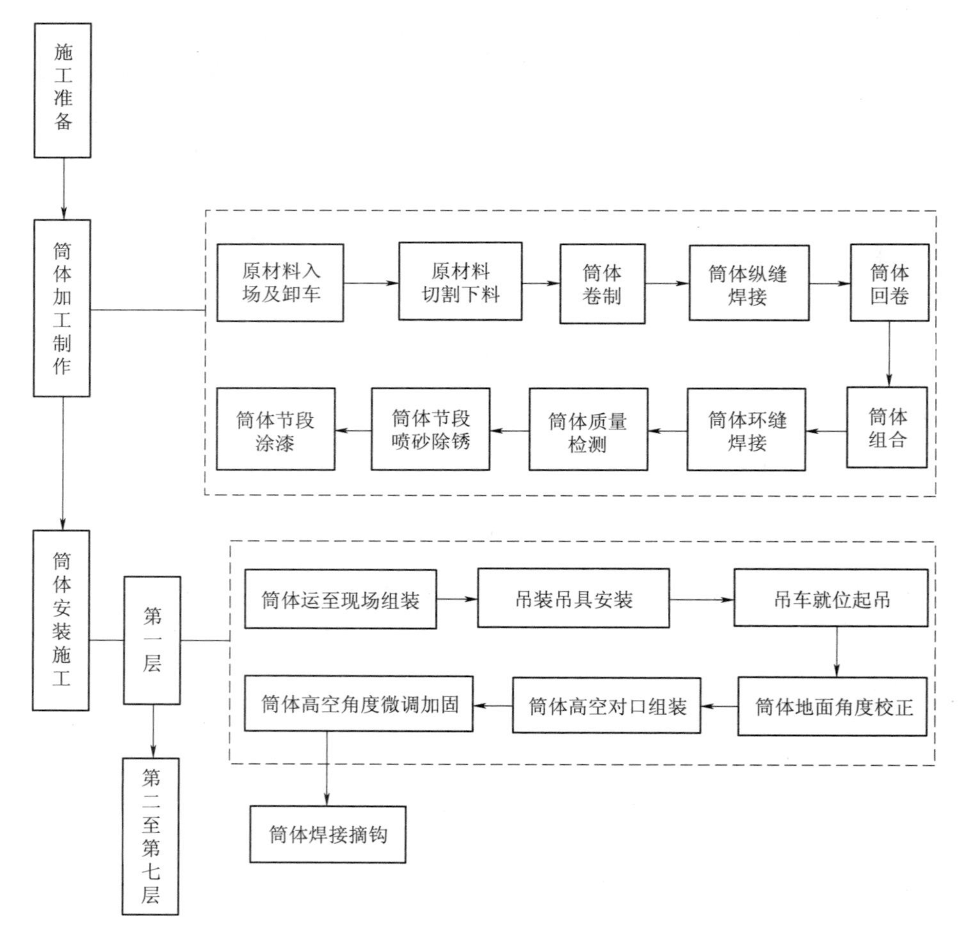

图 7-2-11 钢烟囱制作安装施工工艺流程图

（一）施工准备

（1）编制施工方案，并经专家论证审核批准。

（2）人员组织到位，并进行特殊工种考试和安全技术交底。

（3）所需材料、工器具准备齐全。

（4）确定吊装机械，采用 SCC9000/900t 履带吊为主吊机械、CC1000/200t 履带吊为辅助吊车，吊装顺序采用正装工序，自下而上，逐段逐层吊装完成。

（二）筒体加工制作

1. 原材料入场及卸车

对进场钢板进行检查，采用龙门吊和汽车吊卸车，按照材质、规格分类码放整齐，下面垫设多道 C10 槽钢，以保证整张钢板放稳不弯曲，如图 7-2-12 所示。

图 7-2-12 来料钢板核对无误后卸车

2. 原材料切割下料

对特殊的椭圆口筒节，在电脑上放样，做出平面下料图，利用石笔和粉线在钢板上弹出每条放样线，并用样冲打上关键点样冲眼，用记号笔标记明确。制作所用对接坡口，根据焊接工艺评定要求，14mm 以下的钢板对接采用Ⅰ型不开坡口的形式焊接，14mm 以上的钢板拼接焊缝采用 V 形坡口焊接。

3. 筒体卷制

钢板坡口预制完成后，利用四辊轴卷板机卷板，板料位置对中后，严格采用快速进给法和多次进给法滚弯，调整上辊轴的位置，使板料和所划的线来检验板料的位置正确与否。逐步压下上辊轴并来回滚动，使板料的曲率半径逐渐减小，直至达到要求为止。钢板卷制过半时，将弧形辅助卷板工装吊到卷圆钢板下方，托住钢板，防止继续卷圆钢板触地折弯变形。烟囱节段钢板卷圆完成后，在卷板机上对口闭合，卷制闭合时即可进行定位焊，如图 7-2-13 所示。

4. 筒体纵缝焊接

钢烟囱焊接主要采用手工焊和二保焊定位焊接，主体的板材采用埋弧焊焊接。对接焊缝形式根据工艺评定内容确定，包括环缝和纵缝。节段纵缝及节段之间环缝采用埋弧自动

图 7-2-13 筒体现场卷制

焊配合滚轮架焊接，先内后外。

5. 筒节回卷

节纵缝焊接完成后，利用专用吊装卡具吊回卷板机进行回卷处理，在回卷过程中，要使用圆弧样板检查筒节弧度。回卷完成后在两端加设专用内支撑，防止筒节圆口变形。

6. 筒节组合

筒节在滚轮架上两两卧式组对，然后在滚轮架上组对成13m左右（5个节段）的标准筒节。在组对过程中，对于变截面钢板组对，严格保证内壁板齐平，缝隙不大于2mm，还需注意纵缝位置，节段纵缝（节段一条纵缝）在平台梁投影下方，直段每节节段焊缝需错开450mm。

7. 筒体环缝焊接

烟囱节段组对焊接采用埋弧自动焊配合滚轮架施工，先内后外，焊缝要求为一级标准。检查烟囱上下节段组对后的直线度，确保内支撑牢固，防止环缝焊接时筒段圆口变形，保证整个烟囱组对节段中心线在同一条直线上。

8. 筒体质量检测

焊缝施工完成后进行外观检查和无损检查。

9. 烟囱节段喷砂除锈

焊接结束后，对烟囱接口上下的定位码板、焊疤等切割、补焊、打磨，对焊缝检测的耦合剂清理干净，构件表面油污用200号溶剂汽油洗净，钢材表面露出金属光泽，然后采取干喷射除锈法按照先上后下，先内后外以及先难后易的原则喷砂除锈。

10. 烟囱节段涂漆

用透明胶带加纸张贴住吊装现场环缝焊接坡口两侧75mm范围不能刷漆的地方，按程序进行底漆和面漆的涂刷和测量。

（三）第一层筒体安装施工

1. 筒体运至现场组装

（1）筒段装车发运。成品发运前在构件上清晰标出图号（筒）、杆件号、对口处标识（对接零点位置、上口节段、下口节段）等，在装车前应在每段烟囱明显处涂信息栏，标注重量、第几段、焊接材质等基本信息，如图 7-2-14、图 7-2-15 所示。

图 7-2-14　筒体吊运装车

图 7-2-15　筒体装车、封车

（2）筒体现场组装。根据制作场至现场的路况、桥涵状况、运输车辆装载性能，第一层每根筒体分三段运至现场，其余层均分为两段运输至现场。筒体根据分段图纸运至现场后卸车至圆弧托架上，进行筒段焊接连接，焊接采用手工二保焊，如图 7-2-16～图 7-2-18 所示。

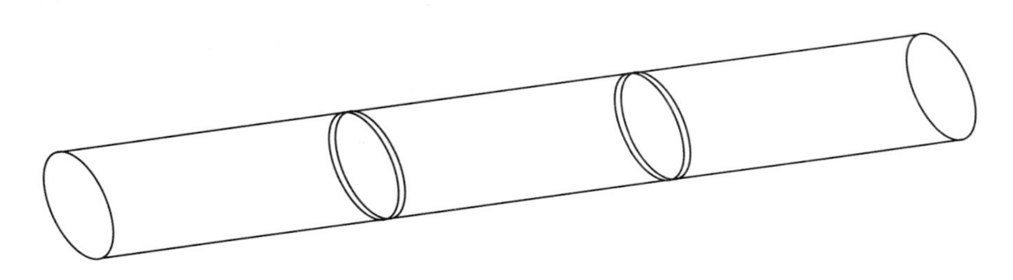

图 7-2-16　现场筒体卧式拼接示意图

2. 吊装吊具的安装

（1）吊具的制作。经荷载计算，采用 ϕ530mm、δ16mm 的热轧无缝钢管作为吊装扁担梁，ϕ350mm、δ16mm 的热轧无缝钢管作为吊装轴式吊耳。

1）轴式吊耳。根据现场受力计算及人体工程学确定筒体上部两个管式吊耳选用 ϕ350mm、δ16mm 的热轧无缝钢管，吊耳长度 40cm，管轴内设置“#”形支撑筋，两端设置止挡板。上部吊耳距离筒体顶部 1.3m，为保证吊装时筒体不变形，轴式吊耳焊接在吊装加强箍上，两个吊耳呈 180°对称布置，与筒体法线垂直。筒体下部吊耳设计位置偏离上部吊耳 30°，在筒体外侧面（倾斜面上表面）对称布置，两点与筒体中心呈 120°夹角，长度为 1.6m，焊接在下部吊装加强箍上，吊点高度在筒体下端边缘向上 2m 处，如图 7-2-19、图 7-2-20 所示。

图 7-2-17 组装托架安装就位

图 7-2-18 现场筒体卧式拼接图

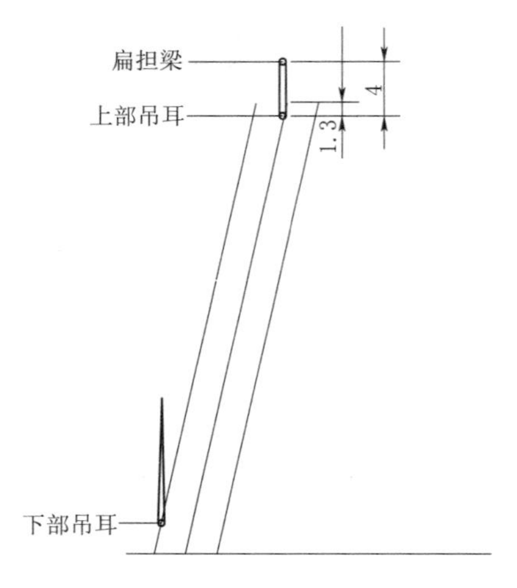

图 7-2-19 第一层筒体吊耳设置示意图（单位：m）

图 7-2-20 轴式吊耳现场图

2）吊装加强箍。筒体上、下部吊点设置专用吊装加强箍，上部加强箍采用外紧内撑方式，下部吊点只采用外紧加强箍，内外圈加强箍与筒体之间均设置 2mm 厚橡胶垫，如图 7-2-21～图 7-2-24 所示。

3）轴式扁担梁。选用 ϕ530mm、δ16mm 的热轧无缝钢管，长度 12m，在管轴内设置“#”形支撑筋。

（2）安装吊具。筒体焊接拼装成一整段后在上下两端安装好吊装加强箍（箍上配双轴式吊耳），加强箍安装就位前确认加强箍与筒体中心线的相对位置关系，确保筒体吊装符合角度调整要求。确认无误后准备起吊。

图 7-2-21 吊装用上部吊装加强箍

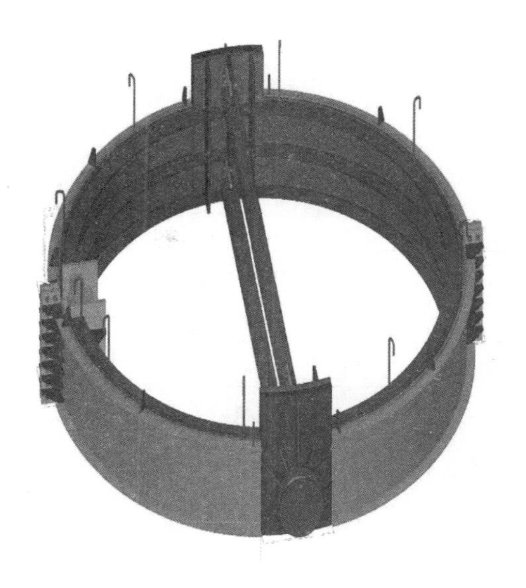

图 7-2-22 吊装用下部吊装加强箍

3. 吊车就位起吊

（1）安装顺序。钢烟囱三根筒体由最西边筒体逆时针依次编号 A、B、C，吊装顺序采用正装工序，即按照 0～33m 层、33～58m 层、58～83m 层、83～108m 层、108～133m 层、133～158m 层、158～180m 层自下而上的吊装顺序完成。

为减少高空摘钩和对口焊接作业，每层吊装顺序为：首先将三根烟囱分别吊装就位，然后吊装三根烟囱间的连接梁，再吊装中间电梯的电梯井架和连接梁。每段吊装前，在没有环形爬梯的烟囱上焊接临时爬梯，以便解钩。

（2）工况分析。具体分层情况见表 7-2-1。

图 7-2-23 吊装加强箍整体

图 7-2-24 吊装加强箍加工制作

表 7-2-1 钢烟囱分层吊装说明表

层号	标高范围/m	单筒筒体重量/t	单筒加强环重量/t	单筒合计重量/t	筒体与地面夹角/(°)
第一层	0.5～33	79.5	12.9	92.4	77
第二层	33～58	62.3	14.6	76.9	79
第三层	58～83	80.0	14.6	94.6	84
第四层	83～108	57	14.3	71.3	84
第五层	108～133	51	12.7	63.7	87
第六层	133～158	42	10.6	52.6	87
第七层	158～180	32	0	32	87

1）AB 筒吊装情况。SCC9000/900t 履带式起重机采用 LJDB _ 96 _ 85° _ 18m _ X+250+80 工况，第一至第五层 60m 副臂，第六层 84m 副臂，第七层 96m 副臂，A、B 筒分层吊装说明表见表 7-2-2。

表 7-2-2 A、B 筒分层吊装说明表

层号	标高范围/m	单筒体重量/t	单筒加强环重量/t	单筒合计重量/t	筒体与地面夹角/(°)	吊车工作半径/m	吊车额定负荷/t	吊车负荷率/%
第一层	0.5～33	79.5	12.9	92.4	77	32	超起 80 139	82.3
第二层	33～58	62.3	14.6	76.9	79	32	122.4	80.8
第三层	58～83	80	14.6	94.6	84	32	超起 80 139	83.9
第四层	83～108	57	14.3	71.3	84	33	117	79.7
第五层	108～133	51	12.7	63.7	87	33	117	73.3
第六层	133～158	42	10.6	52.6	87	38	89.1	82.6
第七层	158～180	32	0	32	87	42	73.5	69.9

2）C 筒吊装情况。第一段、第三段 SCC9000/900t 履带式起重机采用 LJDB _ 96 _ 80° _ 18m _ X+250+80 工况，60m 副臂。其余采用 LJDB _ 96 _ 85° _ 18m _ X+250+80 工况，第二层、第四层、第五层 60m 副臂，第六层 84m 副臂，第七层 96m 副臂，C 筒分层吊装说明表见表 7-2-3。

表 7-2-3 C 筒分层吊装说明表

层号	标高范围/m	单筒体重量/t	单筒加强环重量/t	单筒合计重量/t	筒体与地面夹角/(°)	吊车工作半径/m	吊车额定负荷/t	吊车负荷率/%
第一层	0.5～33	79.5	12.9	92.4	77	46	超起 280 151.2	75.7
第二层	33～58	62.3	14.6	76.9	79	39	128	77.3
第三层	58～83	80	14.6	94.6	84	46	超起 280 151.2	77.1
第四层	83～108	57	14.3	71.3	84	34	112.8	82.7
第五层	108～133	51	12.7	63.7	87	32	122	70.2
第六层	133～158	42	10.6	52.6	87	38	89.1	82.6
第七层	158～180	32	0	32	87	42	73.5	69.9

（3）工况模拟。利用计算机 Tekla 三维模拟软件现场模拟，分析、确定，得出最优方案，用以指导施工。吊装前用红油漆对吊车站位及行走路线进行标识。如图 7－2－25、图 7－2－26 所示。

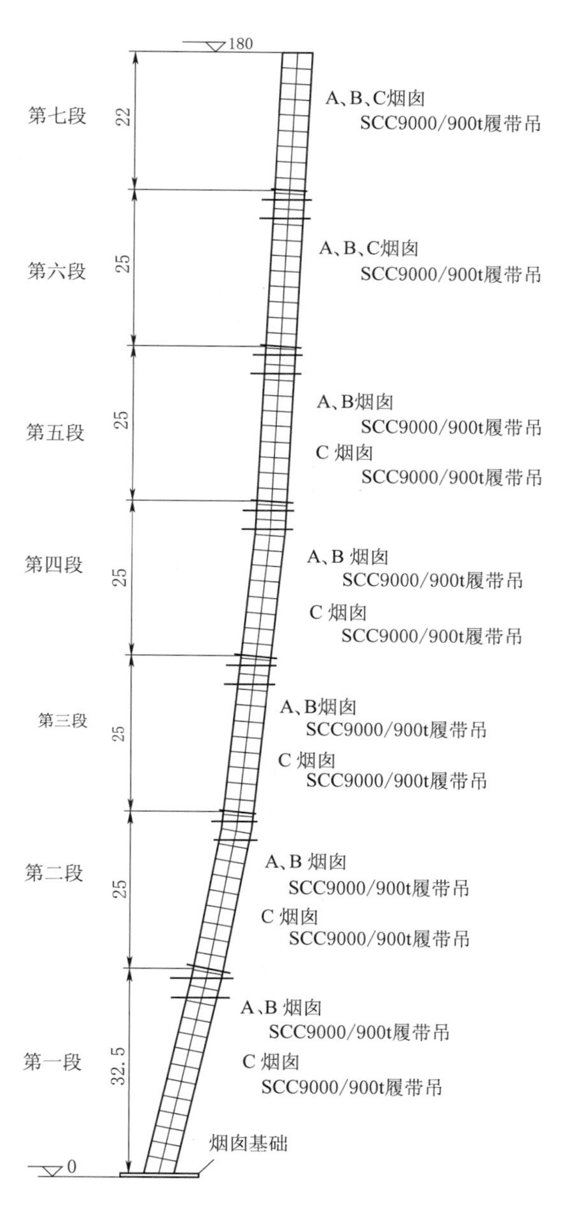

图 7－2－25 烟囱各分段吊装工况总情况说明图（单位：m）

1）第一层筒体（即 0.5～33m）吊装。

a. A 烟囱、B 烟囱吊装。

主吊机械：SCC9000/900t 履带吊 LJDB _ 96 _ 85° _ 18m _ 80＋250＋80，60m 副臂。

抬吊机械：CC1000/200t 履带吊 48m 主臂工况。

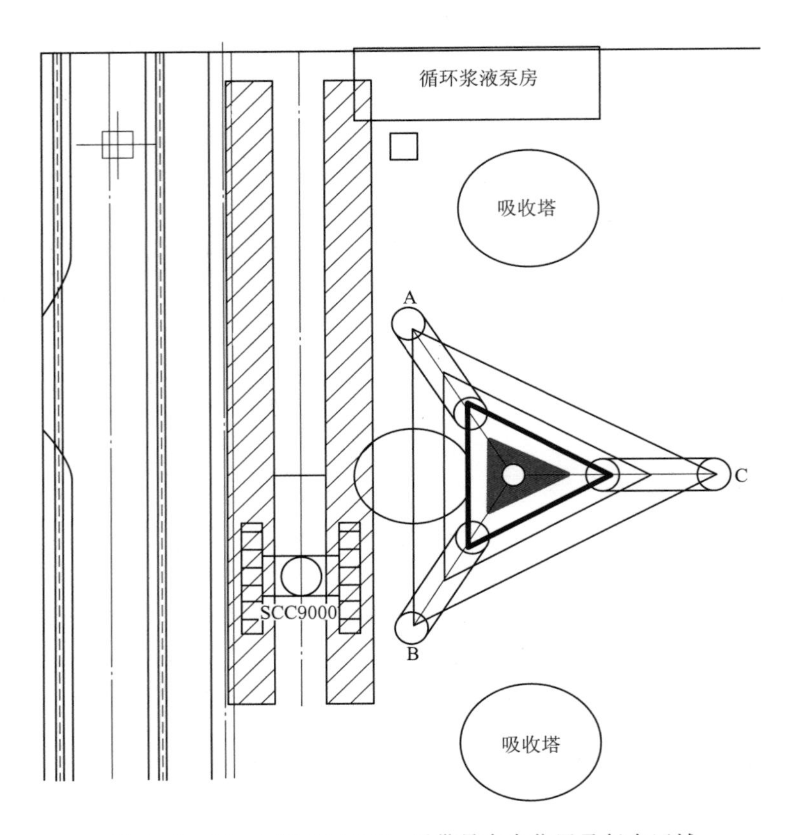

图 7-2-26 SCC9000/900t 履带吊布车位置及行走区域

SCC9000/900t 履带吊挂 80t 超起配重，吊上部吊点，上部吊点底面距离顶部 1.3m 位置，溜尾吊车选择 CC1000/200t 履带吊，吊下部吊点，下部吊点距离筒体底部 2m。两车抬吊将筒体竖立，使用钢丝绳调整好筒体倾斜角度后，由 SCC9000/900t 履带吊将筒体吊至就位位置。

SCC9000/900t 履带吊吊装半径 32m，额定负荷 139t，筒体重 92.4t，吊车负荷率 82.3%，吊装过程中，所需最大起升高度 45m，吊钩有效起升高度 150m，满足吊装要求。

CC1000/200t 履带吊作业半径 12m，额定负荷 80t，水平开始竖立时负荷最大为 46.2t，吊车负荷率 62.5%，满足要求，吊钩有效起升高度 45m，需要起升高度 10m，满足吊装要求。

b. C 烟囱吊装。

主吊机械：SCC9000/900t 履带吊 LJDB _ 96 _ 80° _ 18m _ 280+250+80，60m 副臂。

溜尾机械：CC1000/200t 履带吊 48m 主臂工况。

SCC9000/900t 履带吊挂 280t 超起配重，吊上部吊点，上部吊点底面距离顶部 1.3m 位置，溜尾吊车选择 CC1000/200t 履带吊，吊下部吊点，下部吊点距离筒体底部 2m。两车抬吊将筒体竖立，使用钢丝绳调整好筒体倾斜角度后，由 SCC9000/900t 履带吊将筒体吊至就位位置。

SCC9000/900t 履带吊吊装半径 46m，额定负荷 151.2t，筒体重 92.4t，吊车负荷率

75.7%，吊装过程中，所需最大起升高度43m，吊钩有效起升高度140m，满足吊装要求。

CC1000/200t履带吊作业半径12m，额定负荷80t，水平开始竖立时负荷最大为46.2t，吊车负荷率62.5%，满足要求，吊钩有效起升高度45m，需要起升高度10m，满足吊装要求。C烟囱吊装SCC9000/900t履带吊布置位置。

c. 吊装钢丝绳选取。

a）扁担梁上方钢丝绳。SCC9000/900t履带吊吊钩扁担梁上方钢丝绳选用两根直径65mm、长12m的钢丝绳，共4股兜挂扁担梁，绳扣夹角57°，筒体重92.4t，抱箍重量按10t计，单股绳受力$(92.4+10)\div 4\div \cos(57\div 2)^\circ \approx 29.1$(t)，钢丝绳破断拉力218t，安全系数$218\div 29.1=7.5$。

b）扁担梁下方钢丝绳。SCC9000/900t履带吊吊钩扁担梁下钢丝绳扣选用两根直径65mm、长14m的钢丝绳扣，共4股从扁担梁上兜挂烟囱抱箍上的管式吊耳，筒体重92.4t，抱箍重量按10t计，钢丝绳受力为$(92.4+10)\times 4.76\div(3.4+4.76)\div\cos 29^\circ\approx$ 68.3(t)，安全系数为$218\times 4\div 68.3\approx 12.8$。

c）抬吊吊车钢丝绳。抬吊辅助吊车钢丝绳扣选用两根直径44mm、长10m的钢丝绳扣，共4股挂钩，筒体重76.9t，抱箍重量按10t计，辅助吊车最大载荷43.5t，钢丝绳破断拉力97t，钢丝绳安全系数为$97\times 4\div 43.5\approx 8.9$。

d）角度调整钢丝绳。钢丝绳扣选用2根直径39mm、长80m的钢丝绳扣，共4股挂钩，筒体重92.4t，抱箍重量按10t计，钢丝绳受力为$(92.4+10)\times 3.4\div(3.4+4.76)\div\cos 8^\circ\approx$ 43.1(t)，单股钢丝绳受力为$43.1\div 4\approx 10.8$(t)，钢丝绳安全系数为$78.6\div 10.8\approx 7.3$。

2）筒体现场起吊。指挥SCC9000/900t履带吊及CC1000/200t履带吊吊车起钩，起钩后利用下部吊点设置的倒链进行筒体倾斜角度调整。

4. 筒体地面角度校正

7层筒体与地角度分别为77°、79°、84°、84°、87°、87°、87°。为了降低高空角度调整的风险，烟囱安装运用自制地面角度靠模工装，实现在地面对筒体设计的倾斜角度进行调整。指挥SCC9000/900t履带吊及CC1000/200t履带吊吊车起钩，起钩后利用下部吊点设置的倒链进行筒体倾斜角度调整后，吊至角度校正靠模一侧，进行角度校正。

地面角度校正靠模工装采用两根筒体自身倾斜角度与靠模角度存在偏差时，利用倒链进行调整，直至角度合适恰好靠进靠模的圆弧板圆弧内，如图7-2-27所示。

图7-2-27 靠模工装现场施工图

5. 筒体对接组装

第一层筒体经过靠模角度校正后，开始起吊，第一段（0.5～33m）将筒体底部法兰盘提前焊接完成，下法兰整体穿装在烟囱基础地脚螺栓上，为便于穿装筒体，上法兰预留 1/2 圈暂缓安装，如图 7-2-28、图 7-2-29 所示。

图 7-2-28 钢烟囱第一层 C 筒体就位瞬间

图 7-2-29 工人对筒体进行焊接作业

6. 筒体高空角度微调加固

筒体组装初步就位完成后，由于筒体高耸倾斜悬臂状态定位难，容易发生自重变形的问题，需采用筒体可调角度托架定位工装。

托架工装有两个作用，一是对口到位后，在筒体焊接前进行筒体辅助倚靠性就位及倾斜度调整，同时实现焊接加固后，由于各筒体未通过钢梁连接成整体，为筒体提供水平托力，避免单个筒体处于悬臂状态，易发生过大挠度、产生自重变形的情况。二是托架工装顶部装有微调丝杠，可以实现单个筒体倾斜度的微调整，确保后续钢梁与筒体的顺利安装焊接。支撑托架可以进行四个角度的调节，吻合筒体的 77°、79°、84°、87°四个角度。该套支撑托架可以用在 0m 层、30m 层、55m 层、80m 层、105m 层、130m 层。因各筒体之间间距缩小，支撑托架原有尺寸过大，无法同时三套各自支撑单个筒体，需要对支撑托架进行改装，将原有三个托架改装为一套托架，在托架顶部安装一块 20mm 厚钢板作为平台板，提前根据托架高度即与筒体的位置关系，在钢板平台上设置三个独立的圆弧形托板，让三个筒体与圆弧托板的圆弧进行支撑倚靠，如图 7-2-30、图 7-2-31 所示。

7. 筒体焊接摘钩

（1）筒体焊接。

1）筒体角度、位置均准确无误后进行焊接作业。

2）焊接方法。烟囱钢结构材质有 Q345B 跟 Q235B 两种，采取二氧化碳气体保护焊 GMAW 和手工焊 SMAW 两种，为加快焊接速度及焊接质量，高空采用带药芯二保焊焊丝。地面组装、焊接准备可配合手工电弧焊进行。

3）焊接顺序。

a. 烟囱筒段结构安装焊接顺序由中间向四周对称焊接。

图 7-2-30　托架工装加工制作图

图 7-2-31　托架工装现场效果图

b. 钢结构拼装焊接顺序：先焊短缝后焊长缝，从中间向两边焊对称分布，第二层、第三层的盖面焊接采用分段退焊或跳焊法，避免集中焊接产生热变形。

c. 焊接过程加热量均匀平衡。

(2) 摘钩。筒体完成焊接作业后进行摘钩，因上部吊点距离下层平台较高，螺旋爬梯仅设计在C筒体上，且螺栓爬梯无法同步筒体吊装速度安装到相应吊装高度，所以人员上下地面与筒体间存在一定困难。根据人机工程学，将吊耳位置设计在了距离筒体加强环（平台走道）上方，等到上下节焊接加固完成具备摘钩条件后，人员乘坐提前安装好的电动提升吊篮直接上升到筒体加强环平台的位置，直接可以进行摘钩作业。

电动提升吊篮在筒体吊装前就已经将提升悬臂、提升钢绞线安装就位，筒体就位后将电动吊篮穿装就位，验收后即可使用，如图 7-2-32、图 7-2-33 所示。

直爬梯主要用于人员攀爬至顶层平台实现吊具摘钩，筒体下部吊点可以直接站在平台大梁或加强环平台上直接摘钩。待到正式螺旋爬梯安装就位后，方可考虑护笼爬梯的拆除作业，拆除方式为自顶部向下渐退式火焰割除，每次割除高度不大于 2m，爬梯割除前在每段爬梯上部，使用 SCC9000/900t 履带吊或 CC1000/200t 履带吊栓钩在爬梯踏步杆位置，缓缓放置地面。

(四) 第二层至第七层筒体吊装

(1) 筒体运至现场组装（与第一层施工工序相同）。

(2) 吊装吊具安装（参照第一层施工工序，按方案更改扁担梁上钢丝绳的工况）。

(3) 吊车就位吊装（参照第一层施工工序，按方案更改吊车、吊装钢丝绳的工况）。

(4) 筒体地面角度校正（参照第一层施工工序，满足筒体设计角度）。

图 7-2-32 吊篮钢绞线

图 7-2-33 电动提升吊篮现场施工图

（5）筒体高空对接组装。由于筒体底部法兰盘仅第一层筒体有，因此第一层筒体的对接组装工艺完全不能指导第二～第七层筒体的施工。由于钢烟囱呈曲线倾斜状，导致高空环焊缝间隙难以对口及焊接间隙的均匀预留，针对该情况，我单位自制“承插式”对口工装（图 7-2-34）一次性完成超高空曲线段筒体环焊缝对口及间隙均匀预留，确保上下段筒体对口准确率、焊缝间隙均匀预留。“承插式”对口工装为上下槽钢承插式，上、下段筒体各焊接四套。当两段筒体对口时上槽钢侧翼钢板提前与下槽钢相碰，低于坡口的3mm，作为环焊口的焊接间隙，便于焊接施工。

图 7-2-34 “承插式”对口工装现场施工图

(6) 筒体高空角度微调、加固（参照第一层施工工序满足筒体设计角度）。

(7) 筒体焊接摘钩（参照第一层施工工序）。

六、与同类型先进成果主要技术指标比对情况

180m 三管曲线自立式钢烟囱安装在国内尚属首次，国内无可借鉴的施工技术，难以有效对比技术先进程度。国际上现知日本等国家有过类似超高耸钢烟囱，吊装机械较为常规，但是施工案例有限，无法形成有效对比。本成果较其他施工工艺主要革新点如下：

（一）筒体分段情况不同

(1) 其他施工工艺。传统混凝土烟囱无分段，其从底部逐步混凝土浇筑到顶，传统直线竖立钢烟囱分段没有很多的考虑因素。

(2) 本方案。曲线钢烟囱共分七层制作安装完成，各分段均为整段，无中间拆分，主要考虑高空椭圆口对接精准、焊接方便、吊具摘除简单等因素，同时避免筒体加强环平台对筒体竖立及吊装过程中的不利影响。

（二）筒体的周长偏差、椭圆度偏差不同

(1) 其他施工工艺。筒体周长偏差不大于 6mm，椭圆度偏差不大于 12mm，偏差较大严重影响了筒体的美观并且增加了对口难度，影响施工进度。

(2) 本方案。本方案运用 Tekla 模拟软件技术对钢烟囱进行分解建模，比以往现场测量更直观、全面。运用新型数控切割机技术以及数控四辊卷板机进行筒体卷制技术保证了筒体的尺寸和圆度，运用自制轴式扁担梁及轴式吊耳吊装技术基本消除吊具与筒体产生挤压变形，对筒体的周长及椭圆度影响很小。以上技术的应用使得钢烟囱的筒体周长偏差不大于 4mm，椭圆度偏差不大于 6mm，效果明显。

（三）筒体的对口错边量不同

(1) 其他施工工艺。无任何辅助方法进行对口，仅凭现场实测实量不断调整对口错边量不大于 5mm，且无焊缝的预留，耗费大量的时间与机械人工费用。

(2) 本方案。采用自制“承插式”对口工装，可以快速准确地一次性实现上下筒体的对口组对及焊机缝隙的预留，对口错边量不大于 1mm。

（四）筒体的标高偏差与每层旋转度不同

(1) 其他施工工艺。无任何辅助方法仅凭现场实测实量不断调整，对超高超重构件高空容易发生自重变形影响筒体标高且筒体且筒体更易发生旋转。筒体标高偏差不大于 12mm、三根筒体每层旋转度不大于 3°。

(2) 本方案。采用自制靠模工装技术使筒体在地面达到设计倾斜角度，高空仅需微调减少了高空角度调整时长，减少了高空调整风险，同时运用自制托架工装技术防止筒体高空发生自重变形并且能够快速高效的对筒体进行高空角度的微调加固。通过运用以上技术更好地控制了筒体的标高偏差与旋转度偏差，最终实现筒体标高偏差不大于 8mm、3 根筒体每层旋转度不大于 1°。

七、重要照片及检测报告

重要的照片及检测报告如图 7-2-35～图 7-2-71 所示。

图 7-2-35 烟囱整体模型

图 7-2-36 筒体板材进场

图 7-2-37 烟囱板材放样整体模型

图 7-2-38 筒体卷制加工

图 7-2-39 筒体现场卷制

图 7-2-40 筒体装车、封车运至现场

图 7-2-41 现场组装托架安装就位

图 7-2-42 现场筒体卧式拼接图

图 7-2-43 现场加工吊装加强箍

图 7-2-44 吊装加强箍内侧橡胶垫防护准备

图 7-2-45 吊轴式扁担梁（配轴式吊耳）+吊装加强箍细部

图 7-2-46 双轴式吊耳栓钩完成

图 7-2-47 钢烟囱筒体第一层第一段溜尾起吊

图 7-2-48 钢丝绳、倒链调整筒体角度细部

图 7-2-49 靠模工装制作完成

图 7-2-50 采用靠模工装在地面进行角度控制

图 7-2-51 钢烟囱第一层 C 筒体就位瞬间

图 7-2-52 高空筒体角度微调加固托架工装加工完成

图 7-2-53　托架工装在高空中对筒体进行角度微调加固

图 7-2-54　工人对筒体进行焊接作业

图 7-2-55　用于摘钩作业的电动提升吊篮

图 7-2-56 筒体摘钩完成

图 7-2-57 大梁连接螺栓安装后检查验收

图 7-2-58 大梁吊装就位

图 7-2-59 第一层大梁安装完成效果图

图 7-2-60 现场吊装电梯井效果图

图 7-2-61 筒体螺旋爬梯效果图

图 7-2-62 “承插式”对口工装现场效果图

图 7-2-63 钢烟囱第一层吊装完成

图 7-2-64 钢烟囱第二层吊装完成

图 7-2-65 钢烟囱第三层吊装完成

图 7-2-66 钢烟囱第四层吊装完成

图 7-2-67 钢烟囱第五层吊装完成

图 7-2-68 钢烟囱第六层吊装完成全景图

图 7-2-69 钢烟囱第七层吊装完成全景图

中国电建 POWERCHINA 山东鲁能光大钢结构有限公司焊缝超声波检验报告

shandong Luneng GuangDa Structural Steelworks Co.,ltd Ultrasonic Examination Report of welds

报告号 RPT. NO.
SGYTUT-06 1/3

产品令号 Job No.	工程名称 ProjeAt	部件名称 Description	材质 Material	制造规范 Apply Code	委托单位 Task given by
/	山钢日照精品基地2×350MW自备电厂烟囱钢结构	筒体	Q235B / Q345B	GB50078-2008	青岛怡佳合工程机械有限公司
检验部位 Exam area	检验比例 Exam Extent	检验时机 Stage	检验规程/级别 Specification/QL		焊接方法 Welding type
钢板对接焊缝	100% 20%	焊后	GB/T11345-2013 Ⅱ级		埋弧自动焊
表面状态 Surface	坡口形式 Groove type	仪器型号/编号 Model/No.ofequipment		试块型号/编号 Type /No. of block	耦合剂 Couple
修磨	V	HS600 633181		CSK-ⅠA RB-3	糨糊

基准反射体 Ref. reflectors	灵敏度 Sensitivity	扫查方向 Scanning dir.	探头参数/编号 Parameters and No. of-prode
Φ3	Φ3×40-14dB	单面双侧	K2.0 2.5P 13×13

检验部位示意图：
Sketch of examination area:

A-1　A-2

说 明： 焊缝编号A为纵缝、B为环缝，纵缝检验比例为20%，环缝检验比例为100%

审核/日期 Reviewed by/Date	郭[illegible] Ⅱ级 2018.09.15	检测人员/日期 Examined by/Date	王[illegible] Ⅱ级 2018.09.15

山东鲁能光大钢结构有限公司 检测中心 试验专用章

图 7-2-70 第三方出具的焊缝检测报告

TNJC/QP10-19

山东拓能核电检测有限公司

超声波检测报告（焊接接头）

报告编号：TN-UTBG-RZ-GYC-2018-002　　　　编制日期：2018年08月10日

工程名称		山钢日照精品基地2×350MW自备电厂工程		
委托单位		中国电建集团核电工程有限公司建筑工程公司	记录编号	TN-UTJL-RZ-GYC-2018-002
部件参数	部件名称	钢烟囱	部件编号	见续页
	规格/材质	Φ4505×22/Q235B	坡口型式	V型
	焊接方法	手工焊/手工二保焊	检测部位	焊接接头
	热处理状态	/	表面状况	机械打磨
	承压设备类别	/	检测时机	外观验收合格后
设备器材	仪器型号/编号	HS610e/61e4815	耦合剂	化学浆糊
	探头型号/编号	2.5P9×9K2.5 /RED231	标准试块	CSK-ⅠA
	探头实测K值/前沿(mm)	2.48/10	对比试块	RB-3
技术要求及工艺参数	工艺标准	GB/T11345-2013;GB/T29712-2013	验收标准	GB50205-2001
	技术等级	B	合格级别	验收等级2
	扫描比例	深度1:1	扫查方式	L扫查+T扫查
	检测面（侧）	单面双侧	扫查速度	不超过150mm/s
	纵向缺陷检测灵敏度	Φ3×40-14dB	灵敏度补偿	4dB
	横向缺陷检测灵敏度	Φ3×40-14dB	检测比例	100%

检测位置示意图：　　　　扫查示意图：

缺陷位置标识方法：

环焊缝：由上往下看，顺时针方向，正对锅炉为0点，上方为A侧，下方为B侧

检测结果说明：

1、本次委托共1道焊口，超声检测焊口1道，超声检测比例100%，1道焊口一次检测合格，超声检测一次合格率100%。

2、本报告只对来样负责。

检测单位（盖章）　批准：　　审核（级别）：　/Ⅱ　　编制（级别）：　/Ⅱ

检测专用章（6）

第1页共2页

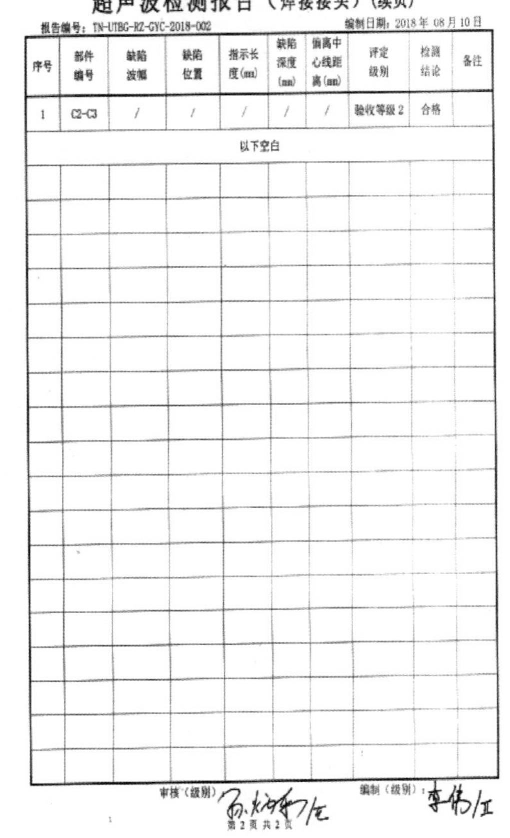

TNJC/QP10-19

山东拓能核电检测有限公司

超声波检测报告（焊接接头）（续页）

报告编号：TN-UTBG-RZ-GYC-2018-002　　　　编制日期：2018年08月10日

序号	部件编号	缺陷波幅	缺陷位置	指示长度(mm)	缺陷深度(mm)	偏离中心线距离(mm)	评定级别	检测结论	备注
1	C2-C3	/	/	/	/	/	验收等级2	合格	
以下空白									

审核（级别）：　/Ⅱ　　编制（级别）：　/Ⅱ

第2页共2页

图7-2-71　第三方出具的焊接接头检测报告

八、授权专利

（1）《承插式管道对口安装工具》获得实用新型专利（专利号：ZL201720844576.5）。

（2）《大、中型口径管道坡口加工辅助工具》获得实用新型专利（专利号：ZL201720844576.5）。

第三节　质量管理和科技进步成果

180m三管曲线自立式钢烟囱安装项目立项、策划之初，项目部便着手策划、汇总科技成果，平时资料的收集与现场施工同步完成，在优质高效完成烟囱安装任务的同时，科技进步也取得了优异的成绩。

一、QC小组活动成果

（一）获奖情况

（1）山钢日照项目部建筑工程公司仰望蓝天QC小组，研究课题《180m三管曲线自立式钢烟囱安装方案研究》荣获2018年度中国电建集团核电工程有限公司质量管理小组活动成果二等奖。

（2）山钢日照项目部建筑工程公司仰望蓝天QC小组，研究课题《180m三管曲线自立式钢烟囱安装方案研究》荣获2019年度全国工程建设质量管理小组活动成果交流会Ⅱ类成果。

（3）山钢日照项目部建筑工程公司仰望蓝天QC小组，研究课题《180m三管曲线自立式钢烟囱安装方案研究》荣获2019年度电力建设质量管理小组活动成果一等奖。

获奖现场和证书如图7-3-1～图7-3-3所示。

图7-3-1　获奖现场

（二）申报材料要点

1．概述

随着国家宏观经济调控政策的不断加强，“青山绿水”的环保治理导向已非常明确，对于如何更好、更有效地节约混凝土等地才、钢材、木材等建筑材料提出了很高的要求，同时也对加快改善电力及化工企业废气排放、酸雨控制提出了更高的要求。

山钢日照精品基地2×350MW自备电厂工程（以下简称“本工程”），场址位于山东省日照市岚山工业园区，是为山钢集团日照有限公司年产850万t钢配套项目，该电厂定位为企业自备电厂，自发自用，满足日照钢铁基地电力需要。

钢烟囱设计为180m三管自立式钢烟囱，取消了混凝土烟囱外筒，烟囱由3根筒体、6层连接钢梁、筒体加强环、电梯井梁组成，烟囱筒体高180m，筒体（含加强环）总重1470t，最大单筒重约94.6t，最小单筒重32t。3根钢筒根部三足鼎立式布置，上部三筒紧靠，三筒筒体圆心截面呈等边三角形布置，底部筒心两两相距40m，顶部筒心两两相距

图 7-3-2 Ⅱ类成果证书

4.752m，3 根烟囱等径设计，直径为 4.502m。烟囱各部分垂直高度（计算至大梁中心标高）为：基部节 0.5m，第一段 29.5m，第二段 25m，第三段 25m，第四段 25m，第五段 25m，第六段 25m，第七段 23m，顶部平台以上筒段高 2m。

烟囱自上而下设置 6 层平台，平台中心标高依次为：30m、55m、80m、105m、130m、155m、178m，平台大梁高度 3m，将 3 根烟囱连接固定在一起。烟囱的折形弯曲在每层平台位置的上下两节筒体连接时体现。3 根烟囱仅 C 筒体上设计有螺旋爬梯，另外两根没有。3 根烟囱中间设置有一部直达 140m 平台的电梯，电梯在 140m 及以下各层均设置有进/出门。在烟囱 55m 平台上方设置有烟道，55m 以下无烟气通行，只作支撑构件使用。

小组成员概况略。

图 7-3-3 二等奖证书

2. 选择课题

（1）理由一：设计概况。山钢日照精品基地 2×350MW 自备电厂工程烟囱设计为 180m 三管曲线自立式钢烟囱结构形式，相对于以往混凝土外筒加钢内筒的设计形式，完全取消混凝土烟囱外筒，全部为钢结构。本次烟囱由 3 根筒体、6 层连接钢梁、筒体加强环、电梯井梁组成，烟囱筒体高 180m，筒体（含加强环）总重 1470t，最大单筒重约 94.6t，最小单筒重 32t，且 3 根钢筒根部三足鼎立式布置，上部三筒紧靠，三筒筒体圆心截面呈等边三角形布置三维空间位置具有唯一性。各层筒体与地面呈现非 90°夹角，7 段筒体与地面夹角分别为 77°、79°、84°、84°、87°、87°、87°。筒体高耸通过钢大梁相互连接支撑，再无其他支撑或附着性的塔架。

（2）理由二：无技术施工经验可借鉴。180m 三管曲线自立式钢烟囱经山东省科学技术情报研究所查新（查新编号：201815311446）显示，此结构形式尚属国内首次采用，目前国内针对该类型超高耸钢烟囱的安装施工技术尚属空白，急需进行填补，国内无可借鉴施工技术。国际上目前已知在日本等国家有该类型超高耸钢烟囱，但是施工技术搜集有限且无成熟的安装工艺可供参考，无相应的施工经验可供借鉴，因此研究新的安装方案势在必行。

（3）理由三：相关技术。对 180m 三管曲线自立式钢烟囱安装施工技术的查新报告（查新编号：201815311446）显示，密切相关文献 0 篇，相关文献 9 篇。其中烟囱类型有内外筒自立式钢烟囱、内外双筒自立式自适应性抗振钢烟囱，相关技术包括钢烟囱的抱杆吊装、滑轮组吊装、多管集束式钛钢内筒液压钢绞线提升倒装、顶升装置。由于本工程钢烟囱为三管曲线式、筒段倾斜状、无外支撑结构，以上的相关技术决不能指导施工，因此研究新的安装方案势在必行。

（4）课题确定。180m 三管曲线自立式钢烟囱吊装方案研究。

3. 设定目标

本项目安装施工尚属全国首例，可借鉴经验不足，技术及精度要求很高，加之现场施工情况的特殊性（烟囱周围建、构筑物已基本成型，作业面严重受限），需综合研究创新型安装思路，确保完成施工任务。

（1）目标。确保 180m 三管曲线自立式钢烟囱顺利安装。

（2）指标。

1）研究制定相应的技术，实现投入的减少，避免资源、经济的浪费。

2）研究制定相应的技术，实现施工周期的缩短，成本的降低。

3）研究制定相应的技术，实现超高、超长、超重筒体高空组对质量及效率，保证筒体错边不大于 5mm，筒体周长偏差不大于 6mm，筒体椭圆度偏差不大于12mm。

4）研究制定相应的技术保证筒体标高偏差不大于 12mm，三筒体每层旋转度不大于 3°。

（3）目标可行性分析。

1）人员。公司现有从事起重吊装、焊接作业的技术人员共计 72 人，见表 7－3－1，完全能够保证吊装、焊接的质量与效率，满足本课题的需求。

表 7-3-1 起重吊装、焊接作业技术人员

序　号	工　种	人　数	备　注
1	铆工	7	
2	电焊工	8	
3	气焊工	12	
4	起重工	2	
5	电工	1	
6	普工	15	
7	测量工	1	
8	机械工	8	
9	后勤	2	
10	管理人员	16	
合计		72	

2）机械。公司机械装备先进，实力雄厚，自有额定起重量 900t 履带起重机、额定起重量 200t 履带起重机、50t 汽车（轮胎）起重机等各种机具设备，见表 7-3-2，可满足烟囱的吊装要求，且公司自有专业人员，对于履带吊等设备的保养、维修、使用服务更为专业，可节约成本。

表 7-3-2 机　具　设　备

序号	机具设备名称	型号规格	单位	数量	备注
1	汽车吊	50t	台	1	
2	履带吊 CC1000	200t	台	1	
3	履带吊 SCC9000	900t	台	1	
4	板车	10m	辆	1	
5	直流电焊机	500A	台	15	
6	焊条烘烤箱	HR-150	台	2	
7	电动砂轮机	ϕ100	台	20	
8	砂轮切割机		台	1	

3）测量。本工程拥有水准仪、经纬仪、全站仪、GPS 等各种测量用具，见表 7-3-3，能够保证烟囱吊装过程中的角度、精度控制。

表 7-3-3 测　量　用　具

序号	计量器具名称	型号规格	精度	单位	数量	备注
1	电子全站仪	NTS-662		台	1	
2	水准仪	DZS3-1		台	2	
3	电子经纬仪	EDJ3-CL		台	2	
4	激光垂准仪	DZJ2		台	2	
5	激光垂准仪	DZJ3-L1		台	2	
6	钢卷尺	0～100m		盘	2	

4）技术。近几年我公司积极参与、组织开展科技进步活动，多项关键技术、实用新型专利等已通过审批授权，其中烟囱钢内筒施工专用转向液压提升装置的专利号为 ZL 201420195811.7，大型烟囱施工平台装置专利号为 ZL 201420091878.6，均可借鉴并指导钢烟囱加工场及高空组对焊接。

综上所述，我单位完全有能力优质、高效的实现设定的目标。

4. 提出方案、确定最佳方案

（1）提出大方案。围绕课题需完成的目标，小组成员广开思路，从减少高空作业、提高精准性、增加效率性和降低成本出发，结合实际，提出大方案。

烟囱筒体加工完成运至现场卸车后，烟囱的吊装工序如下：

1）确定吊装机械站位布置、预判超高超重吊装作业是否抗杆及负载率过大。

2）制作安装能够实现超长段筒体卧式及立式状态自由转换的吊装吊具。

3）通过地面倾斜角度找正工装使得每层分别筒体达到77°、79°、84°、84°、87°、87°、87°的图纸设计角度。

4）运用对口工装进行高空筒体对口，运用高空托架工装对筒体进行角度微调、加固。

目前国内主流的大型吊装机械主要包括大型塔机及大型履带吊两种，经计算我公司自有的 SCC9000/900t 履带吊与公司外 250t 塔机可满足烟囱的吊装荷载。针对塔机与履带吊如何选择与使用，在烟囱施工前我单位先后实地考察作业场地十余次，计算机模型模拟百余次以及在对施工场地地耐力、大型机械基础及地基、大型机械安拆及使用等方面做了综合对比，从综合安全性、经济性及可行性等方面出发，甄选出了最优方案，经专家论证后再次优中选优，决定采用 SCC9000/900t 履带吊为主吊工具，CC1000/200t 履带吊作为辅助溜尾吊车，吊装顺序采用正装工序，自下而上，逐段逐层吊装完成。

选择采用 SCC9000/900t 履带吊为主吊工具，CC1000/200t 履带吊作为辅助吊车的吊装组合理由如下：

1）采用 SCC9000/900t 履带吊、CC1000/200t 履带吊协同作业相比传统塔机吊装作业，可节省机械及人工费用约 230 万元。

2）SCC9000/900t 履带吊可在较为狭长的场地上进行自由行走、回转，现场能给吊车提供的行走半径为 80m，回转半径为 30m，该履带吊完全适合场地，解决了场地略小的问题。

3）SCC9000/900t 履带吊可自由行走实现固定吊装半径（33～46m）内的吊装能力。

4）SCC9000/900t 履带吊地基处理较为简单，采用大块毛石即可，吊车撤场后毛石可以挖除用作别用，大大节约费用。

5）SCC9000/900t 履带吊为公司自有机械，只考虑折旧及燃油费用即可，可节约成本。

6）CC1000/200t 履带吊作为辅助吊车经过核算满足现场施工要求，能够有效防止筒体吊装时尾部与地面接触发生折损，操作灵活便于施工。

7）吊装机械、专业人员公司自有，对于履带吊的保养、维修、使用服务更为专业，可节约成本。

小组成员集思广益，将大方案的施工步骤利用系统图进行了整理，如图 7－3－4 所示，提出了对比方案。

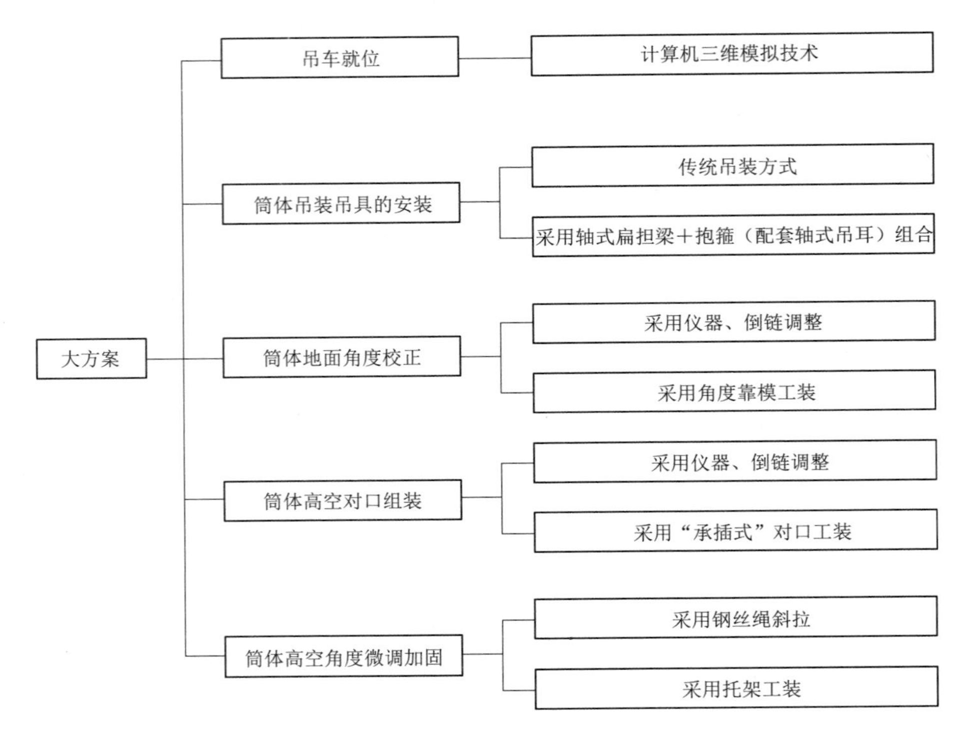

图 7-3-4 大方案系统图

(2) 方案的论证。确定采用 SCC9000/900t 履带吊为主吊工具、CC1000/200t 履带吊作为辅助吊车的吊装方案后，小组成员进一步探讨，对以下施工方案进行了细化的分析和选择。

1) 吊车就位。

方案：大型吊装机械协同作业站位置计算机三维模拟布置技术。

运用 Tekla 三维模拟软件，将钢烟囱及周边建构筑物、施工机具进行三维模拟，计算出机械的工况及合理布置位置，比以往现场测量更直观、全面，避免了实测实量考虑不全的方面，规避因考虑不周造成的机械周转移位的成本浪费。

详细论证过程略。

2) 吊装吊具的安装。

方案一：采用烟囱筒体焊接轴式吊耳直接栓挂钢丝绳起吊，如图 7-3-5 所示。

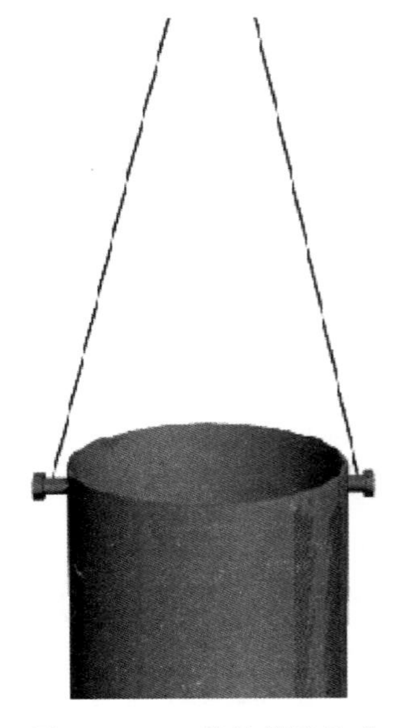

图 7-3-5 筒体焊接轴式吊耳栓挂钢丝绳起吊

方案二：采用轴式扁担梁配合吊装加强箍（箍上配套布置轴式吊耳）组合装置吊装，如图 7-3-6 所示。

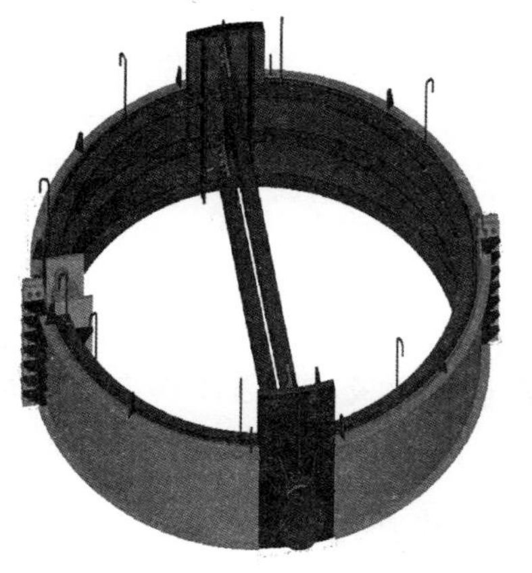

(a) 上部吊装加强箍

(b) 下部吊装加强箍

(c) 吊装加强箍整体

图 7-3-6 轴式扁担梁配合吊装加强箍组合装置吊装

两种吊装方案的比较见表 7-3-4。

表 7-3-4 两种吊装方案比较

项　目	方　案　一	方　案　二
工、器具	筒体焊接轴式吊耳直接栓挂钢丝绳起吊	(1) 轴式扁担梁。 (2) 吊装加强箍(箍上配套布置轴式吊耳)
施工效率	需进行焊接作业，工作量增大，施工缓慢	直接组合抱箍，螺栓连接，操作快捷，施工快捷高效
承载力	满足最重段筒体(94.6t)的吊装承载需要，但容易出现吊装过程中的挤压变形	满足最重段筒体(94.6t)的吊装承载需要，但基本消除吊装过程中的挤压变形
加工周期	每次筒体吊装都需对吊耳进行焊接加工及高空割除，总共需要 30 个工作日	一套吊具循环使用，加工周期为 21 个工作日
对其他工序的影响	吊装结束后吊耳须割除并对筒体进行修复，对筒体产生损伤，耽误下道工序的进行	吊装结束后仅需拆卸螺栓拆卸，对其他工序无影响
安全性	焊接吊耳需高空割除，增加动火作业、高空坠落、高空坠物等高危项目	仅需拆卸螺栓，操作便捷且不动火作业
经济性	吊耳焊接和割除工作量大，需投入材料、机械、人工费用 6 万元	两套抱箍可循环利用，符合可持续发展方针，需投入材料、机械、人工费用 3 万元
方案对比	工艺较为简单，但耗时耗力，花费大	采用两个轴式组合，既优化了受力结构，同时又便于操作，花费小
结论	不采用	采用

详细论证过程略。

3）筒体地面角度校正。

方案一：采用三角函数。筒体溜尾起吊后采用筒体的斜长与筒体投影所成的夹角，运用三角函数进行筒体地面角度校正，如图 7－3－7 所示。

方案二：采用靠模工装。靠模工装采用托弧板、支撑钢结构框架、可调角度轴承销可以实现筒体倾斜角度矫正，以保证筒体的设计倾斜角度。

两种角度校正方案的比较见表 7－3－5。

4）高空就位安装精度控制。

方案一：采用常规限位板对口工装。筒体均布四块常规限位板，让通体快速对口即可，如图 7－3－8 所示。

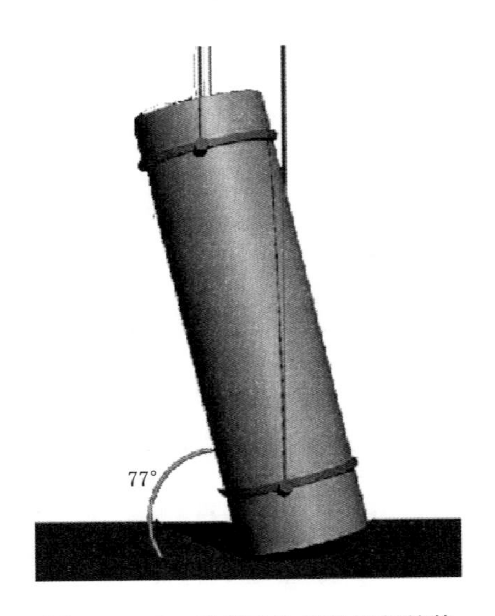

图 7－3－7 采用三角函数进行筒体地面角度校正示意图

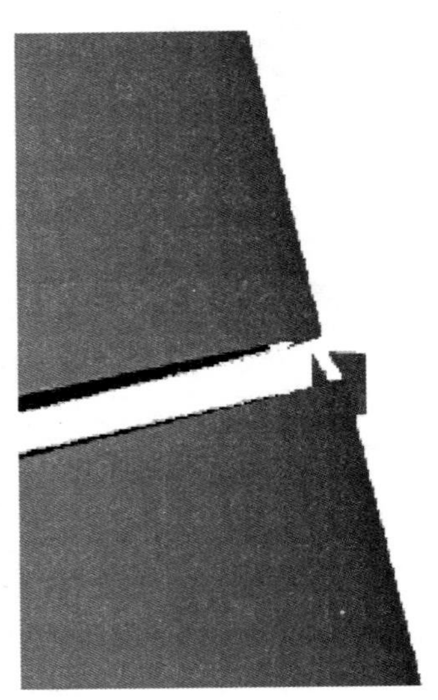

图 7－3－8 常规限位板对口工装示意图

表 7－3－5　　两种角度校正方案的比较

项 目	方 案 一	方 案 二
工、器具	三角函数	靠模工装
施工效率	就位困难，操作时长，角度误差大，天气影响较大	就位简单，操作时短，角度更加精准，操作便捷
承载力	履带吊直接起吊，满足最重段筒体（94.6t）的吊装承载需要	需进行受力计算没选择合适的材料来满足最重段筒体（94.6t）的吊装承载需要
加工周期	无需加工	一套靠模工装可循环使用，加工周期为 12 个工作日
对其他工序的影响	地面吊装角度确定由于误差较大以及受天气影响，高空仍需对筒体角度进行长时间调整，对下道工序的进行存在较大影响	地面对角度进行调整误差极小，高空对筒体仅需微调，基本消除对下道工序的影响
安全性	高空调整量大，受海风天气影响大，操作时间长，危险性大	高空仅需微调，极大减少海风的影响，操作便捷，危险性相对较小

续表

项　目	方　案　一	方　案　二
经济性	无需材料费但是耗时长，机械、人工费用较大	需花费材料费用，可重复利用，角度调整便捷，操作简单
方案对比	操作烦琐，误差大，效率不高	便于操作，角度校正精准，效率高
结　论	不采用	采用

方案二：采用“承插式”对口工装。采用四套上下承插板进行焊接缝隙调整，螺栓孔设计时考虑焊接缝隙，承插板采用高强螺栓穿插连接，在利用承插连接板对口时同步实现焊接缝隙的预留，如图 7－3－9 所示。

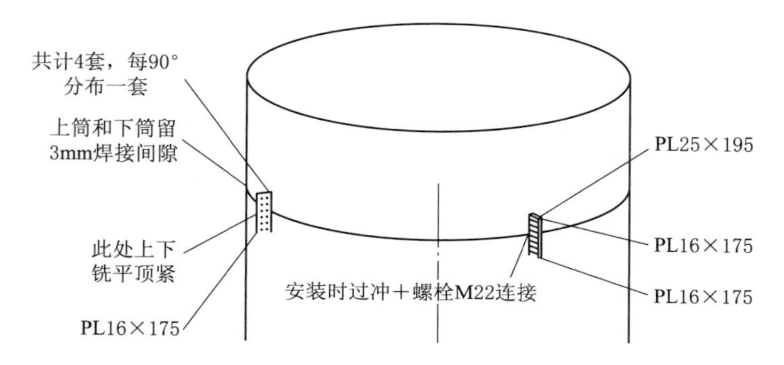

图 7－3－9　“承插式”对口工装示意图

两种对口方案的比较见表 7－3－6。

表 7－3－6　　两种对口方案的比较

项　目	方　案　一	方　案　二
工、器具	常规纤维板	“承插式”对口工装、全站仪
施工效率	就位快捷但无法预留焊接的缝隙，后期焊接比较困难，施工时间较长	上下槽口承插完成后仅需微调，实现焊缝的预留，施工时间较短
承载力	履带吊直接起吊，满足最重段筒体（94.6t）的吊装承载需要	需进行受力计算没选择合适的材料来满足最重段筒体（94.6t）的吊装承载需要
加工周期	加工周期为 10 个工作日	加工周期为 12 个工作日
对其他工序的影响	未留焊接缝隙，后期需焊接时困难而且时间长影响下道工序的施工	预留焊接缝隙，对口完成后对筒体高空角度微调加固后立马可以焊接，对下道工序的施工影响微乎其微
安全性	高空焊接操作时间长，危险性高	高空仅需微调，操作便捷，危险性小
经济性	材料费用低，焊接耗费人工较大	需提前焊接对口工装，角度调整便捷，操作简单
方案对比	材料费用低，对口简单，焊接较为困难	一次性完成筒体高空对口，焊接缝隙预留
结论	不采用	采用

5）筒体高空角度微调加固。

方案一：采用人字形顶板，如图 7-3-10 所示。

方案二：采用托架工装，如图 7-3-11 所示。

图 7-3-10 人字形顶板示意图

图 7-3-11 托架工装效果图

托架工装采用支撑钢结构构架、顶部托弧板、千斤顶组装而成。超高超长且超重筒体起吊就位后，由于筒体与地面夹角非 90°，需采用对口托架进行角度保证，并提供水平支撑力防止筒体自重发生的倾斜，对口托架上部托弧板可利用千斤顶实现筒体角度的微调，使筒体保证在设计倾斜角度状态下进行环焊口焊接加固。

两种高空角度微调加固方案的比较见表 7-3-7。

表 7-3-7 两种高空角度微调加固方案的比较

项　目	方　案　一	方　案　二
工、器具	人字形顶板	托架工装
施工效率	位置锁定困难，角度调整困难，耗时长	能够高空对筒体快速定位加固，角度微调，用时短
承载力	需进行受力计算选择合适的材料来满足最重段筒体（94.6t）的吊装承载需要，但结构不稳定	需进行受力计算选择合适的材料来满足最重段筒体（94.6t）的吊装承载需要，结构稳定
加工周期	加工周期为 12 个工作日	加工周期为 22 个工作日

续表

项　目	方　案　一	方　案　二
对其他工序的影响	结构不够稳定，筒体高空角度微调加固困难，误差大，对下道工序具有较大困难	结构稳定，能在高空中对筒体快速角度微调加固，对下道工序基本无影响
安全性	工作量小，但是不够稳定，所涉及危险点多	托架结构安全，安全隐患小
经济性	结构简单，需投入人工、材料相对较小	结构复杂，耗费人工材料费用略大但可重复利用，安全可靠，操作简单
方案对比	耗费少，操作便捷，效率低，危险性高	耗费多，效率高，安全性高，便于操作
结论	不采用	采用

详细论证过程略。

（3）确定最佳方案。通过以上分析论证，结合实际我们最终确定了钢烟囱安装的最佳方案，如图 7－3－12 所示。

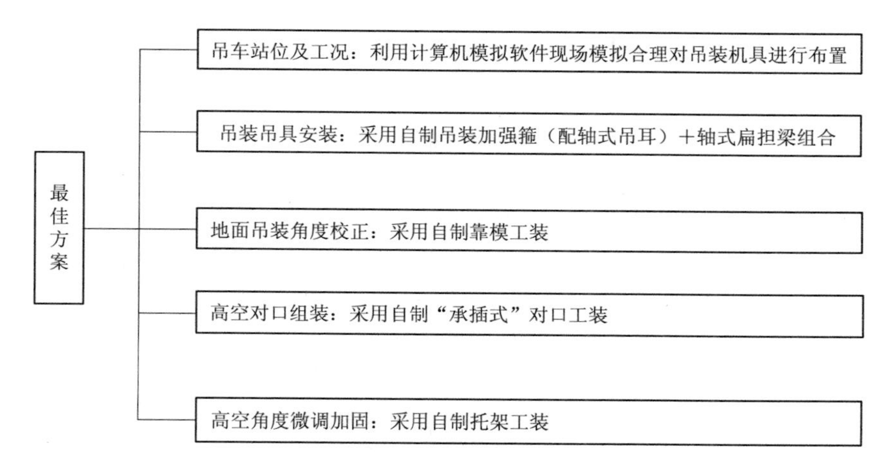

图 7－3－12　最佳方案图

5. 制定对策

小组根据确定的最佳方案，制定了对策表，见表 7－3－8。

表 7－3－8　　对　策　表

序号	工序	对策	目标	措施（改的合理）	地点	负责人
1	吊车就位	利用计算机 Tekla 三维模拟软件现场	机器合理布置，满足烟囱吊装需求	（1）吊装前检查吊车工况。（2）吊装前划定吊车站位	办公室、现场	×××
2	吊装吊具安装	自制轴式扁担梁＋抱箍	一次性实现筒体从卧式改变为立式、筒体自空中角度调整等工作。保证筒体周长偏差不大于 6mm、筒体椭圆度偏差不大于 12mm	制作完成后检查扁担梁及吊装加强箍尺寸、质量	现场	×××

续表

序号	工序	对策	目标	措施（改的合理）	地点	负责人
3	地面吊装角度校正	自制靠模工装	在地面对筒体倾斜角度矫正，使得每层分别筒体达到77°、79°、84°、84°、87°、87°、87°的图纸设计角度	制作完成后检查靠模工装质量，确保安全可靠	现场	×××
4	高空就对口组装	自制“承插式”对口工装	实现快速准确的一次性实现上下筒体的对口组对，保证筒体错边不大于5mm	制作完成后校验上下槽口位置及尺寸，保证对口的精准性	现场	×××
5	高空角度微调加固	自制托架工装	对口托架安放在平台大梁上对筒体进行角度微调加固，保证筒体标高偏差不大于12mm、三筒体每层旋转度不大于3°	制作完成后检查托架工装质量，确保安全可靠	现场	×××

小组成员施工前编写了作业指导书，结合最佳方案编制了如下具体对策：

（1）对策一：吊车就位。

通过计算机Tekla三维模拟软件模拟得出吊车的站位及工况，由于烟囱分七层吊装，以第一层吊车就位起吊为例，第二层到第七层参照第一层进行施工。

（2）对策二：轴式扁担梁+吊装加强箍（箍上配套布置轴式吊耳）吊具。

详细论证过程略。

（3）对策三：地面角度校正。

1）靠模工装加工制作。2018年7月10日至2018年8月1日加工制作。

2）靠模工装组装。2018年8月1—6日组装。

3）靠模工装现场使用。靠模工装简易来说就是在地下将筒体在高空中所需要的角度调整出来。筒体吊点设置完成后，指挥SCC9000/900t履带吊及CC1000/200t履带吊吊车溜尾起钩，起钩后利用下部吊点设置的倒链进行筒体倾斜角度调整，然后吊至角度校正靠模一侧，进行角度校正。角度校正靠模采用两根筒体自身倾斜角度与靠模角度存在偏差时，利用倒链进行调整，直至角度合适恰好靠进靠模的圆弧板圆弧内。根据已计算得出的筒体角度数据调整靠模角度，保证制作的精密性。

（4）对策四：制作“承插式”对口工装。

1）“承插式”对口工装加工制作。2018年7月20日至2018年8月1日加工制作。

2）靠“承插式”对口工装组装。2018年8月6—10日组装。

3）“承插式”对口工装现场使用。对口装置为上下槽钢承插式，上、下段筒体各焊接四套。当两段筒体对口时上槽钢侧翼钢板提前与下槽钢相碰，低于坡口的3mm，作为环焊口的焊接间隙，便于焊接施工。

(5) 对策五：制作托架工装。

1) 托架工装加工制作。2018 年 7 月 10 日至 2018 年 8 月 1 日时间加工。

2) 托架工装组装。2018 年 8 月 1—6 日时间组装。

3) 托架工装现场使用支撑托架与上述的靠模工装的区别在于它是在空中发挥作用。

支撑托架是对筒体在地面靠模工装的角度调整下调入高空在对口再一次进行高精度的方位、角度调整。支撑托架有两个作用，一是高空中对口到位后，在筒体焊接前进行筒体辅助倚靠性就位及倾斜度调整，同时实现焊接加固后各筒体未通过钢梁连接成整体前单个筒体不发生过大挠度。支撑托架顶部装有微调丝杠，可以实现筒体小尺寸倾斜度的调整，辅助后续钢梁与筒体的焊接安装。二是支撑托架可以在高空进行四个角度的调节，吻合筒体的 77°、79°、84°、87°的四个角度。该套支撑托架可以用在 0m 层、30m 层、55m 层、80m 层、105m 层、130m 层、155m 层因各筒体之间间距缩小，无法同时三套各自支撑单个筒体，所以支撑托架改装为一套托架，在托架顶部安装一块 20mm 厚钢板作为平台板，提前根据托架高度即与筒体的位置关系，在钢板平台上设置三个独立的圆弧形托板，让三个筒体与圆弧托板的圆弧进行支撑倚靠。

6. 对策实施

以上对策的设定经过专家组多次论证会从综合安全性、经济性及可行性等多方面论证确定可行，我单位依照对策进行对策实施。

(1) 实施一：吊车就位，根据吊车站位布置图及根据工况选用表指导起吊，如图 7-3-13 所示，工况验收见表 7-3-9。

图 7-3-13 吊车就位

表 7-3-9　　工 况 验 收 表

层数	吊装时间	工况验收
第一层 （即 0.5～33m）	A 筒体：2018-8-25 B 筒体：2018-8-20 C 筒体：2018-8-12	A、B 筒体 主吊机械：SCC9000/900t 履带吊 LJDB _ 96 _ 85° _ 18m _ 80+250+80、60m 副臂、吊装半径 32m。 溜尾机械：CC1000/200t 履带吊 48m 主臂、吊装半径 12m。 C 筒体 主吊机械：SCC9000/900t 履带吊 LJDB _ 96 _ 80° _ 18m _ 280+250+80、60m 副臂、吊装半径 46m。 溜尾机械：CC1000/200t 履带吊 48m 主臂、吊装半径 12m
第二层 （即 33～58m）	A 筒体：2018-9-20 B 筒体：2018-9-16 C 筒体：2018-9-10	A、B 筒体 主吊机械：SCC9000/900t 履带吊 LJDB _ 96 _ 85° _ 18m _ 0+250+80、60m 副臂、吊装半径 32m。 溜尾机械：CC1000/200t 履带吊 48m 主臂、吊装半径 11m。 C 筒体 主吊机械：SCC9000/900t 履带吊 LJDB _ 96 _ 85° _ 18m _ 130+250+80、60m 副臂、吊装半径 39m。 溜尾机械：CC1000/200t 履带吊 48m 主臂、吊装半径 11m
第三层 （即 58～83m）	A 筒体：2018-10-06 B 筒体：2018-10-16 C 筒体：2018-10-01	A、B 筒体 主吊机械：SCC9000/900t 履带吊 LJDB _ 96 _ 85° _ 18m _ 80+250+80、60m 副臂、吊装半径 32m。 溜尾机械：CC1000/200t 履带吊 48m 主臂、吊装半径 10m。 C 筒体 主吊机械：SCC9000/900t 履带吊 LJDB _ 96 _ 80° _ 18m _ 280+250+80、60m 副臂、吊装半径 46m。 溜尾机械：CC1000/200t 履带吊 48m 主臂、吊装半径 10m
第四层 （83～108m）	A 筒体：2018-10-21 B 筒体：2018-10-30 C 筒体：2018-10-24	A、B 筒体 主吊机械：SCC9000/900t 履带吊 LJDB _ 96 _ 85° _ 18m _ 0+250+80、60m 副臂、吊装半径 33m。 溜尾机械：CC1000/200t 履带吊 48m 主臂、吊装半径 12m。 C 筒体 主吊机械：SCC9000/900t 履带吊 LJDB _ 96 _ 80° _ 18m _ 280+250+80、60m 副臂、吊装半径 34m。 溜尾机械：CC1000/200t 履带吊 48m 主臂、吊装半径 12m
第五层 （即 108～133m）	A 筒体：2018-11-09 B 筒体：2018-11-14 C 筒体：2018-11-07	主吊机械：SCC9000/900t 履带吊 LJDB _ 96 _ 85° _ 18m _ 0+250+80、60m 副臂、吊装半径 33m。 溜尾机械：CC1000/200t 履带吊 48m 主臂、吊装半径 14m
第六层 （即 133～158m）	A 筒体：2018-12-09 B 筒体：2018-12-07 C 筒体：2018-12-02	主吊机械：SCC9000/900t 履带吊 LJDB _ 96 _ 85° _ 18m _ 0+250+80、84m 副臂、吊装半径 38m。 溜尾机械：CC1000/200t 履带吊 48m 主臂、吊装半径 14m
第七层 （即 158～180m）	A 筒体：2018-12-25 B 筒体：2018-12-23 C 筒体：2018-12-21	主吊机械：SCC9000/900t 履带吊 LJDB _ 96 _ 85° _ 18m _ 0+250+80、96m 副臂、吊装半径 42m。 溜尾机械：CC1000/200t 履带吊 48m 主臂、吊装半径 12m

(2) 实施二：筒体采用轴式扁担梁＋吊装加强箍（箍上配套布置轴式吊耳）吊具吊装，如图 7－3－14 所示，工况验收见表 7－3－10。

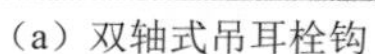

(a) 双轴式吊耳栓钩

(b) 轴式扁担梁、吊耳细部

(c) 吊装完成摘钩

图 7－3－14 轴式扁担梁＋吊装加强箍吊具吊装

表 7－3－10 工况验收表

层数	筒体周长偏差/mm	目标要求/mm	筒体椭圆度偏差/mm	目标要求/mm	检查验收
第一层	3	≤6	6	≤12	合格
第二层	3	≤6	5	≤12	合格
第三层	4	≤6	1	≤12	合格
第四层	2	≤6	5	≤12	合格
第五层	4	≤6	4	≤12	合格
第六层	1	≤6	3	≤12	合格
第七层	1	≤6	6	≤12	合格

(3) 实施三：筒体采用靠模工装进行地面角度校正，如图 7－3－15 所示，工况验收见表 7－3－11。

表 7－3－11 工况验收表

层数	筒体设计角度/(°)	筒体实际角度/(°)	目标要求/(°)	角度偏差/(°)	检查验收
第一层	77	76.2	≤±1	−0.8	合格
第二层	79	79.4	≤±1	0.4	合格
第三层	84	84.6	≤±1	0.6	合格
第四层	84	84.7	≤±1	0.7	合格
第五层	87	86.8	≤±1	−0.2	合格
第六层	87	866.6	≤±1	−0.4	合格
第七层	87	87.1	≤±1	0.1	合格

（a）靠模工装制作安装

（b）进行角度控制

图 7-3-15 采用靠模工装进行地面角度校正

（4）实施四：筒体采用“承插式”对口工装对口组装，如图 7-3-16 所示，工况验收见表 7-3-12。

（5）实施五：采用筒体托架工装进行高空角度微调加固，如图 7-3-17 所示，工况验收见表 7-3-13。

（a）“承插式”对口工装制作

（b）采用“承插式”对口工装对接

图 7-3-16　筒体采用“承插式”对口工装对口组装

表 7-3-12　　工 况 验 收 表

层数	筒体错边量/mm	目标要求/mm	检查验收
第一层	0.2	≤5	合格
第二层	0.5	≤5	合格
第三层	0.5	≤5	合格
第四层	0.1	≤5	合格
第五层	0.5	≤5	合格
第六层	0.9	≤5	合格
第七层	0.7	≤5	合格

（a）托架工装加工制作

（b）在高空中进行角度微调加固

图 7-3-17　采用筒体托架工装进行高空角度微调加固

表 7-3-13　　工况验收表

层数	筒体标高偏差/mm	目标要求/mm	筒体旋转度/(°)	目标要求/(°)	检查验收
第一层	5	≤12	1	≤3	合格
第二层	5	≤12	0.6	≤3	合格
第三层	7	≤12	0.3	≤3	合格
第四层	4	≤12	0.8	≤3	合格
第五层	6	≤12	0.9	≤3	合格
第六层	3	≤12	0.2	≤3	合格
第七层	8	≤12	0.8	≤3	合格

7. 效果检查

对策实施后，小组成员进行了效果检查，如图 7-3-18、图 7-3-19 所示。

图 7-3-18　180m 三管曲线自立式钢烟囱吊装完成全景图

图 7-3-19 180m 三管曲线自立式钢烟囱航拍图

（1）目标值检查。在精心策划、合理组织下，优质、高效地完成了 180m 三管曲线自立式钢烟囱施工任务。

1）筒体标高偏差不大于 8mm。

2）每层单根筒体旋转度不大于 1°。

3）筒体对口错边量不大于 1mm。

4）筒体周长偏差不大于 4mm。

5）椭圆度偏差不大于 6mm。

（2）效益检查。

1）经济效益。本项目研究成果可有效减少大型机械周转移位，解决了大型倾斜筒体角度找正、高空对口效率及角度微调、防自重变形等一系列问题，可节约很多人工费及机械费。

a. 采用 SCC9000/900t 履带吊＋CC1000/200t 履带吊协同作业相比传统塔机吊装作业，可节省机械及人工费用约 230 万元。

b. 采用轴式扁担梁＋轴式吊耳进行吊装作业，可节省人工费用约 3 万元。

c. 筒体吊装前地面靠模工装角度找正及“承插式”对口工装使用，可节省对口人工费费用约 3 万元。

d. 采用对口托架工装进行高空角度微调及防自重变形，可节约人工费费用约 3.3 万元。

2）社会效益。

a. 180m 三管曲线自立式钢烟囱尚属全国首例，我单位过运用计算机软件三维模拟技术、自制轴式扁担梁及轴式吊耳双轴式吊具吊装、自制靠模工装、自制“承插式”对口工装、自制托架工装，解决了钢烟囱筒体高空吊装、对口组装、地面角度校正、高空对口组装、高空角度微调加固等问题，业主及监理对施工工艺质量给予了高度评价，为公司赢得了荣誉。

b. 本次烟囱吊装过程中多种工艺的成功应用，可以在行业内外进行大力推广，为更多工业厂区选用钢烟囱提供了施工技术支持和经验借鉴。

c. 本工程也会使更多的大型多脚曲线式筒体及其他异形结构形式的建构筑物的建造成为可能，更为传统烟囱结构形式更新换代奠定了坚实基础，符合国家绿色发展战略要求，为推动国家绿色发展战略助力。

8. 标准化

为巩固小组取得的成果，我们编写了标准化指导书（技术标准、管理制度、工艺文件等），并将其纳入工程总结，为后续工程提供借鉴。

9. 总结

（1）专业技术方面。本次 QC 成果取得成功，使小组成员对今后的大管径吊装、高空对口、高空角度精度调整、降低高空危险作业等技术开辟了新的工作思路。

（2）管理技术方面。小组成员科学地运用分析问题的方法，以事实为依据，用数据说话，提高了解决现场实际问题的手段和创新能力。

（3）下一步我们将会持续加强对新技术、新工艺的研究和学习，并将围绕新课题继续开展活动。

二、科技进步活动成果

（一）获奖情况

（1）《三管自立式钢烟囱施工技术研究》《三管自立式钢烟囱制作工艺研究》荣获 2018 年度中国电建集团核电工程有限公司科技进步奖一等奖，如图 7-3-20 所示。

图 7-3-20　科技进步获奖证书

(2)《超高三管曲线自立式钢烟囱施工技术研究》荣获中电建协科技奖二等奖。

(二) 申报材料要点

1. 科技成果创新点概述

超高三管曲线自立式钢烟囱结构形式呈曲线状，超高、超重、无外附着，在钢烟囱的加工制作、高空位置控制、整体水平度控制、角度控制、整体几何尺寸控制、对口组装、焊接变形控制等方面具有较大难度。

(1) 利用 Tekla 软件整体建模，详细拆分构件，将筒体按照吊装需求分成段，各部套单独出图，精确到每块板都能在图纸中详细体现，方便现场制作加工。通过模拟筒体吊装过程，确定机具合理站位布置，规避因考虑不周造成的机械周转移位的成本浪费。

(2) 所有异形构件采用数控切割机下料，节约了材料及人工。

(3) 钢板卷制采用四辊数控卷板机卷制，焊接采用埋弧自动焊接，提高了工作效率，更好的保证筒体圆度。

(4) 自制轴式扁担梁及轴式吊耳双轴式吊具，实现成超长段筒体卧式及立式状态自由转换，减少构件状态改变带来的换钩、摘钩工作，减少摩擦。

(5) 自制靠模工装，实现筒体在地面达到设计倾斜度，避免高空角度调整风险。

(6) 自制“承插式”对口工装，一次性完成超高空曲线段筒体环焊缝对口及间隙均匀预留，确保上下段筒体对口准确率、焊缝间隙预留。

(7) 自制托架工装，解决了超高三管曲线自立式钢烟囱吊装阶段高耸筒体倾斜悬臂状态定位难的问题，实现筒体高空角度微调、定位加固。

2. 与同类先进成果主要技术指标比对情况简述

Tekla 模拟软件技术、新型数控切割机技术、数控四辊卷板机筒体卷制技术更精准保证了筒体的尺寸和圆度，轴式扁担梁及轴式吊耳双轴式吊具吊装技术基本消除吊具与筒体产生挤压变形，可降低筒体周长偏差 2mm，椭圆度偏差 6mm。“承插式”对口工装实现筒体一次性快速对口并预留焊缝可降低筒体对口错边量 4mm。靠模工装、托架工装减少了高空角度定位调整时长，避免了筒体发生较大的旋转，可降低筒体筒体标高偏差 4mm、每层旋转度 2°。

3. 推广应用情况及前景简述

本成果 2016 年 10 月至 2017 年 12 月、2018 年 6 月至 2018 年 12 月分别应用于聊城信源铝业有限公司 3×700MW 级高效超超临界空冷机组工程、山钢日照精品钢铁基地 2×350MW 自备电厂工程钢烟囱施工中。通过运用多项技术，研制多项工艺提高了钢烟囱施工效率，保证了工程质量。本成果在火力发电厂及化工企业选用钢烟囱施工中将快速得到推广应用，同时本成果也适用于工业厂区选用钢烟囱的施工以及大型多脚曲线式筒体及其他异形结构形式的建构筑物的建造施工。

4. 节能减排及经济效益情况

成果可实现混凝土、钢筋、模板等相关传统建筑材料的不使用，并减少钢材、焊材的浪费，缩短了加工制作、机具运行和焊接时长，降低对周围环境的污染。

(1) Tekla 软件模拟技术，节省机械及人工费用共计 251 万元，节约工期 7 天。

(2) 轴式扁担梁及轴式吊耳技术，节省人工费用约 3 万元，节约工期 8 天。

（3）靠模工装技术及“承插式”对口工装技术，节省人工费费用约 3 万元，节约工期 15 天。

（4）托架工装技术，节约人工费用约 3.3 万元，节约工期 5 天。

5. 获专利、新纪录及奖励情况

（1）2018 年 1 月，获得国家实用新型专利。专利名称：“承插式”管道对口安装工具；专利号：ZL201720844576.5。

（2）2018 年 1 月，获得国家实用新型专利。专利名称：大、中型口径管道坡口加工辅助工具；专利号：ZL201720844524.8。

6. 申报单位内部评审结论意见

本成果运用 Tekla 软件模拟技术、新型数控切割下料技术、四辊数控卷板机卷制技术，研制双轴式吊具、靠模工装、“承插式”对口工装、托架工装，使钢烟囱整个安装过程合理有序，始终处于安全、快速、优质的可控状态，制作及安装对口错边量、筒体周长、椭圆度、标高偏差、每层筒体旋转度等工艺质量得到良好控制，提高了施工效率，保证了工程质量。该成果先进、可靠，工艺优良，具有广泛的推广价值，同意申报。

三、国家级工法申报

（一）工法内容简述

山钢日照精品钢铁基地 2×350MW 自备电厂工程，烟囱设计为 180m 三管曲线自立式钢烟囱。该钢烟囱结构形式尚属国内首次采用，因其高耸、无外支撑，要完成超高空吊装、组装、焊接等工作，存在较大的施工难度，目前国内尚无施工前例，无施工经验借鉴。国际上现知日本等国家有过类似超高耸钢烟囱，吊装机械较为常规，但是施工技术搜集有限无法形成有效的技术经验借鉴。中国电建集团核电工程有限公司在山钢日照精品钢铁基地 2×350MW 自备电厂工程中，研究出烟囱安装工艺流程，即筒体进场组装→吊装吊具安装→吊车就位起吊→筒体地面角度校正→筒体高空对口组装→筒体高空角度微调加固→焊接摘钩。总结形成了应用性较强的施工工法。

（1）采用计算机 Tekla 三维模拟软件模拟筒体吊装过程，确定吊装机械站位布置、计算超高、超重吊装作业是否抗杆及负载率过大。

（2）采用轴式扁担梁及轴式吊耳双轴式吊具，实现成超长段筒体卧式及立式状态自由转换。

（3）采用筒体起吊前倾斜角度找正的靠模工装，在起钩前在地面实现筒体设计倾斜度调整，减少了高空角度调整风险。

（4）由于烟囱筒体呈曲线倾斜状，导致高空环焊缝间隙难以对口及均匀预留，针对该情况，研制“承插式”环焊缝对口及间隙均匀预留工装一次性完成超高空曲线段筒体环焊缝对口及间隙均匀预留，确保上下段筒体对口准确率、焊缝间隙预留。

（5）针对 180m 高空曲线段筒体吊装阶段高耸筒体倾斜悬臂状态定位难的问题，采用筒体可调角度托架定位工装，实现 180m 高曲线段筒体倾斜筒体的快速定位加固。

本工法在山钢日照精品钢铁基地 2×350MW 自备电厂工程 180m 三管曲线自立式钢烟囱的安装施工中成功应用，降低了施工难度，加快了施工进度，并减少人工及机械成本的投用，使施工计划提前完成，取得了很好的经济效益，为更多地域选用钢制烟囱提供了施工技术支持与可能，可在同行业领域内推广应用。

（二）关键技术及保密点

1. 大型吊装机械协同作业站位计算机三维模拟布置技术

通过计算机 Tekla 三维模拟软件现场模拟，合理对吊装机械布置，解决大件吊装作业的同时并解决场地受限、钢烟囱自身结构尺寸带来的障碍影响问题，确定吊装机械后，需要根据构件分节尺寸、荷载、吊装半径、吊装范围内障碍物（是否抗杆），以及选用机械的数量及站位关系，从而实现吊装作业顺利进行。

2. 自制轴式扁担梁及轴式吊耳双轴式吊具吊装技术

180m 三管曲线自立式钢烟囱，在吊装施工过程中，筒体卧式组装、竖向吊装，吊装机械与吊具、筒体构件，需经过多次状态转变，采用轴式扁担梁及轴式吊耳组合工装，可一次性实现筒体从卧式改变为立式、筒体自空中角度调整等工作，避免构件状态改变带来的换钩、摘钩工作。

3. 自制角度找正靠模工装进行筒体角度调整技术

筒体由卧式改为立式后，在继续起钩上升前，必须在地面对筒体的设计倾斜角度进行调整到位，角度找正靠模工装采用托弧板、支撑钢结构框架、可调角度轴承销可以实现筒体倾斜角度矫正，以保证筒体的设计倾斜角度。

4. 自制“承插式”工装筒体高空对口技术

“承插式”对口工装，采用高强螺栓连接副及连接板设计而成。超高空钢烟囱筒体的组对及焊缝预留极具施工难度，本项目采用四套上下承插板进行焊接缝隙调整，螺栓孔设计时考虑焊接缝隙，承插板采用高强螺栓穿插连接，在利用承插连接板对口时同步实现焊接缝隙的预留。

5. 自制托架工装对超长倾斜筒体高空角度微调、加固技术

对口托架采用支撑钢结构构架、顶部托弧板、千斤顶组装而成。超高超长且超重筒体起吊就位后，由于筒体与地面夹角非 90°，需采用对口托架进行角度调整，并提供水平支撑力防止筒体自重发生的倾斜，对口托架上部托弧板可利用千斤顶实现筒体角度的微调，使筒体保证在设计倾斜角度状态下进行环焊口焊接加固。

（三）技术水平和技术难度

三管自立式钢烟囱为全国首例，目前国内尚无施工前例，国际上现知日本等国家有过类似施工案例，但施工技术案例有限，无法形成有效对比。本工法技术先进、成熟可靠、科学合理，技术水平已达到国内领先水平，通过运用计算机软件三维模拟技术、自制轴式扁担梁及轴式吊耳双轴式吊具吊装、自制靠模工装、自制“承插式”对口工装、自制托架工装，解决了钢烟囱筒体高空吊装、对口组装、地面角度校正、高空对口组装、高空角度微调加固等问题。

（四）工法应用情况及应用前景

本工法 2018 年 6 月至 2018 年 12 月成功应用于山钢日照精品钢铁基地 2×350MW 自备电厂工程 180m 三管曲线自立式钢烟囱的安装施工。三管曲线自立钢烟囱通过“二运一备”方案实现在保证两台机组不停机情况下对钢排烟筒的防腐进行检修维护。三管曲线自

立钢烟囱结构合理、造型美观；占地面积少；结构自重轻，施工周期短；三管自立钢烟囱通过采用计算机软件三维模拟技术、轴式扁担梁及轴式吊耳双轴式吊具吊装技术、靠模工装技术、“承插式”对口工装技术、托架工装技术，很好地解决了钢烟囱高空吊装、对口组装、角度校正等问题。综合以上优点，超高三管式（多脚式）自立式钢烟囱在火力发电厂及化工企业中的应用将迅速得到有效推广利用，对整个环境资源保护及社会经济可持续发展具有推动意义，在行业内有着广阔的应用前景，对于有类似占地、结构自重、工期紧张、检修要求高的工程项目也极具使用价值。

（五）经济效益和社会效益（包括节能和环保效益）

本工法在山钢日照精品钢铁基地 2×350MW 自备电厂工程 180m 三管曲线自立式钢烟囱的安装施工中得到成功应用。

（1）山钢日照精品钢铁基地 180m 三管曲线自立式钢烟囱计划施工工期为 239 天，施工人员投入 70 人；实际施工工期为 199 天，其中本施工技术对大型周转节省施工工期约 7 天。采用轴式扁担梁及轴式吊耳，可节省施工工期约 8 天。地面靠模工装角度找正及“承插式”对口工装，可节省施工工期约 5 天。采用高空对口托架工装进行筒体角度微调及防自重变形支撑，可节约工期 20 天，主吊机械为 SCC9000/900t 履带吊，辅助吊装机械为 CC1000/200t 履带吊。

（2）经济效益计算如下：

1）采用大型机械协同作业站位布置模拟技术，可减少机械周转及移位。预计可节省机械及人工费用约 21 万元。

2）采用吊装加强箍、轴式扁担梁及轴式吊耳进行吊装作业，可节省人工费用约 3 万元。

3）筒体吊装前地面角度靠模工装找正及“承插式”对口工装使用，可节省对口人工费费用约 3 万元。

4）采用对口托架工装进行高空角度微调及防自重变形，可节约人工费费用约 3.3 万元。

相对于以往混凝土外筒加钢内筒的设计形式，本工法取消了混凝土烟囱外筒，可以有效实现施工工期的缩短，混凝土、钢筋、模板等相关传统建筑材料的不使用和少用，其社会意义及经济效益显著。本工法研究成功，为更多地域环境、复杂地况建造高大、高耸建构筑物提供经验借鉴，将会使更多的大型多脚曲线式筒体及其他异形结构形式的建构筑物的建造成为可能，更为传统烟囱结构形式更新换代奠定了坚实基础，符合国家绿色发展战略要求，为推动国家绿色发展战略助力。

（六）应用实例

本工法山钢日照精品钢铁基地 2×350MW 自备电厂工程 180m 三管曲线自立式钢烟囱的安装施工中成功应用，施工计划提前完成，应用效果良好。

（1）工程概况。山钢日照精品基地 2×350MW 自备电厂工程（以下简称为“本工程”），场址位于山东省日照市岚山工业园区，是为山钢集团日照有限公司年产 850 万 t 钢配套项目，该电厂定位为企业自备电厂，自发自用，满足日照钢铁基地电力需要。钢烟囱设计为三管自立式，烟囱由 3 根筒体、6 层连接钢梁、筒体加强环、电梯井梁组成，烟囱筒体高180m，筒体（含加强环）总重2100t，最大单筒重约94.6t，最小单筒重32t。3根钢筒根部三足鼎立式布置，上部三筒紧靠，三筒筒体圆心截面呈等边三角形布置，底部筒心两两相距40m，顶部筒心两两相距4.752m，3根烟囱等径设计。烟囱各部分垂直高度（计算至大梁中心标高）为：基部节0.5m，第一段29.5m，第二段25m，第三段25m，第四段25m，第五段25m，第六段25m，第七段23m，顶部平台以上筒段高2m。

烟囱自上而下设置6层平台，平台中心标高依次为：30m、55m、80m、105m、130m、155m、178m，平台大梁高度3m，将3根烟囱连接固定在一起。烟囱的折形弯曲在每层平台位置的上下两节筒体连接时体现。3根烟囱仅C筒体上设计有螺旋爬梯，另外两根没有。3根烟囱中间设置有一部直达140m平台的电梯，电梯在140m及以下各层均设置有进/出门，在烟囱55m平台上方设置有烟道。

（2）施工情况。山钢日照精品钢铁基地2×350MW自备电厂工程180m三管曲线自立式钢烟囱安装施工计划施工工期为239天，施工人员投入70人。实际施工工期为199天，其中本施工技术对大型周转节省施工工期约7天。采用轴式扁担梁及轴式吊耳，可节省施工工期约8天。地面靠模工装角度找正及“承插式”对口工装，可节省施工工期约5天。采用高空对口托架工装进行筒体角度微调及防自重变形支撑，可节约工期20天。

（3）工程检测与结果评价。180m三管曲线自立式钢烟囱安装完成后，一次性通过现场监理验收。整个安装过程合理有序，始终处于安全、快速、优质的可控状态，制作及安装对口错边量、筒体周长、椭圆度、标高偏差、每层筒体旋转度等工艺质量得到良好控制，实际施工工期比计划工期提早完成。如此高效、优质地完成了国内首个180m三管曲线自立式钢烟囱安装施工任务，起到了国内该类型项目工程的典范作用，受到了监理、业主的一致好评。